普通高等教育土木工程学科精品规划教材(专业核心课适用)

建筑钢结构设计

DESIGN OF BUILDING STEEL STRUCTURE

陈志华　尹　越　刘红波　编著

U0218307

天津大学出版社
TIANJIN UNIVERSITY PRESS

内 容 提 要

本教材根据最新的专业技术规范编写而成。全书分 6 章,内容包括:钢结构设计概论,单层厂房钢结构设计,门式刚架轻型钢结构,多层房屋钢结构体系,高层房屋钢结构,预埋件、钢结构防护及施工验收。本教材主要讲述了钢结构设计的思想方法和基本理论,从不同结构体系的特点入手,详细论述结构选型和布置、荷载效应和组合、结构整体分析、构件和节点设计等内容,同时加入钢结构防护及施工验收的相关知识,便于读者更好地理解、掌握和应用。

本教材可作为高等院校土木工程专业的本科教材,也可供该专业的专科学生、研究生及工程技术人员参考。

图书在版编目(CIP)数据

建筑钢结构设计 / 陈志华,尹越,刘红波编著. —
天津 : 天津大学出版社, 2019.2(2020.9 重印)
普通高等教育土木工程学科精品规划教材. 专业核心
课适用
ISBN 978-7-5618-6324-4

Ⅰ. ①建… Ⅱ. ①陈… ②尹… ③刘… Ⅲ. ①建筑结
构 – 钢结构 – 结构设计 – 高等学校 – 教材 Ⅳ.
①TU391.04

中国版本图书馆 CIP 数据核字(2019)第 003714 号

JIANZHU GANGJIEGOU SHEJI

出版发行	天津大学出版社
地　　址	天津市卫津路 92 号天津大学内(邮编:300072)
电　　话	发行部:022-27403647
网　　址	www.tjupress.com.cn
印　　刷	廊坊市海涛印刷有限公司
经　　销	全国各地新华书店
开　　本	185mm×260mm
印　　张	15
字　　数	382 千
版　　次	2019 年 2 月第 1 版
印　　次	2020 年 9 月第 2 次
定　　价	56.00 元

普通高等教育土木工程学科精品规划教材

编审委员会

普通高等教育土木工程学科精品规划教材

编写委员会

总序

　　随着我国高等教育的发展,全国土木工程教育状况有了很大的发展和变化,教学规模不断扩大,对适应社会的多样化人才的需求越来越紧迫。因此,必须按照新的形势在教育思想、教学观念、教学内容、教学计划、教学方法及教学手段等方面进行一系列的改革,按照改革的要求编写新的教材就显得十分必要。

　　高等学校土木工程学科专业指导委员会编制了《高等学校土木工程本科指导性专业规范》(以下简称《规范》),《规范》对规范性和多样性、拓宽专业口径、核心知识等提出了明确的要求。本丛书编写委员会根据当前土木工程教育的形势和《规范》的要求,结合天津大学土木工程学科已有的办学经验和特色,对土木工程本科生教材建设进行了研讨,并组织编写了"普通高等教育土木工程学科精品规划教材"。为保证教材的编写质量,我们组织成立了教材编审委员会,聘请一批学术造诣深的专家做教材主审,同时成立了教材编写委员会,组成了系列教材编写团队,由长期给本科生授课的具有丰富教学经验和工程实践经验的老师完成教材的编写工作。在此基础上,统一编写思路,力求做到内容连续、完整、新颖,避免内容重复交叉和真空缺失。

　　"普通高等教育土木工程学科精品规划教材"将陆续出版。我们相信,本套系列教材的出版将对我国土木工程学科本科生教育的发展与教学质量的提高以及土木工程人才的培养产生积极的作用,为我国的教育事业和经济建设做出贡献。

丛书编写委员会

土木工程学科本科生教育课程体系

通识教育

↓

专业教育

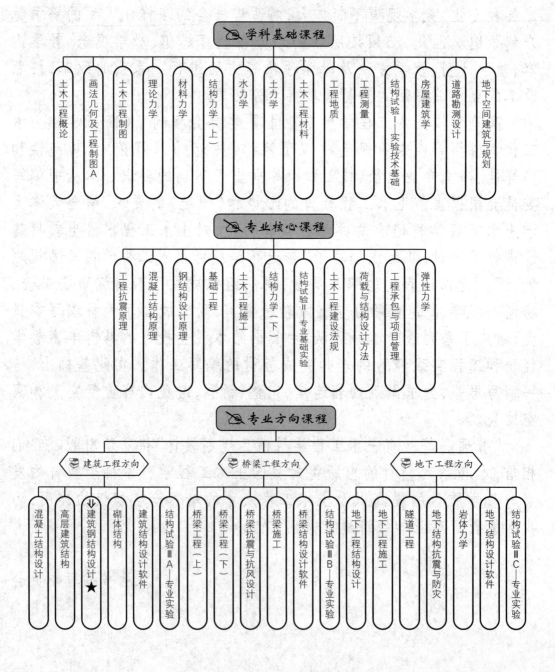

学科基础课程

土木工程概论 | 画法几何及工程制图A | 土木工程制图 | 理论力学 | 材料力学 | 结构力学（上） | 水力学 | 土力学 | 土木工程材料 | 工程地质 | 工程测量 | 结构试验I——实验技术基础 | 房屋建筑学 | 道路勘测设计 | 地下空间建筑与规划

专业核心课程

工程抗震原理 | 混凝土结构原理 | 钢结构设计原理 | 基础工程 | 土木工程施工 | 结构力学（下） | 结构试验II——专业基础实验 | 土木工程建设法规 | 荷载与结构设计方法 | 工程承包与项目管理 | 弹性力学

专业方向课程

建筑工程方向

混凝土结构设计 | 高层建筑结构 | 建筑钢结构设计★ | 砌体结构 | 建筑结构设计软件 | 结构试验IIIA——专业实验

桥梁工程方向

桥梁工程（上） | 桥梁工程（下） | 桥梁抗震与抗风设计 | 桥梁施工 | 桥梁结构设计软件 | 结构试验IIIB——专业实验

地下工程方向

地下工程结构设计 | 地下工程施工 | 隧道工程 | 地下结构抗震与防灾 | 岩体力学 | 地下结构设计软件 | 结构试验IIIC——专业实验

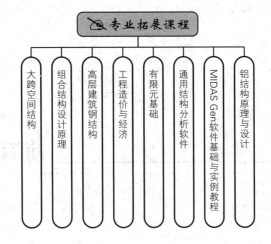

专业拓展课程

- 大跨空间结构
- 组合结构设计原理
- 高层建筑钢结构
- 工程造价与经济
- 有限元基础
- 通用结构分析软件
- MIDAS Gen软件基础与实例教程
- 铝结构原理与设计

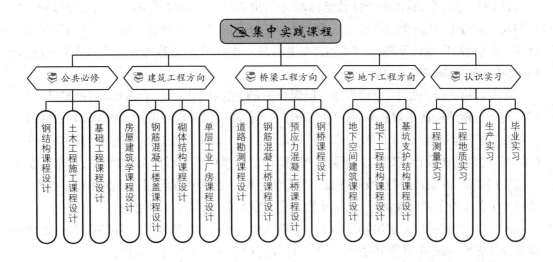

集中实践课程

公共必修
- 钢结构课程设计
- 土木工程施工课程设计
- 基础工程课程设计

建筑工程方向
- 房屋建筑学课程设计
- 钢筋混凝土楼盖课程设计
- 砌体结构课程设计
- 单层工业厂房课程设计

桥梁工程方向
- 道路勘测课程设计
- 钢筋混凝土桥课程设计
- 预应力混凝土桥课程设计
- 钢桥课程设计

地下工程方向
- 地下空间建筑课程设计
- 地下工程结构课程设计
- 基坑支护结构课程设计

认识实习
- 工程测量实习
- 工程地质实习
- 生产实习
- 毕业实习

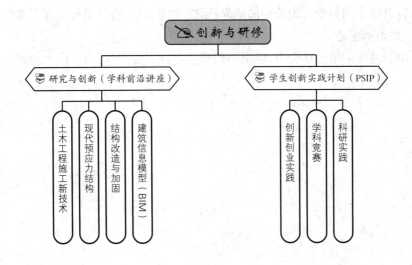

创新与研修

研究与创新（学科前沿讲座）
- 土木工程施工新技术
- 现代预应力结构
- 结构改造与加固
- 建筑信息模型（BIM）

学生创新实践计划（PSIP）
- 创新创业实践
- 学科竞赛
- 科研实践

前言

自 1996 年以来,我国钢产量已连续 22 年居世界第一。同时,在国家建筑工业化和装配化的政策支持下,建筑钢结构已被应用于社会各个领域,其设计理论和建造水平也取得重大进步。在《钢结构设计原理》的基础上,本书将进一步介绍建筑钢结构设计的基本方法,是《钢结构设计原理》的延伸和扩展。

本书以第一版为蓝本,全面参照我国现行的《钢结构设计标准》(GB 50017—2017)、《高层民用建筑钢结构技术规程》(JGJ 99—2015)、《建筑结构荷载规范》(GB 50009—2012)和《建筑抗震设计规范》(GB 50011—2010)等最新标准与规范重新进行了梳理和修订;补充了"单层厂房钢结构设计"和"门式刚架轻型钢结构"两章内容;在修订的过程中,基本保留了工程实例丰富和内容浅显易懂的特点。为了便于读者更好地理解相关概念和设计思路,重新梳理了部分章节的逻辑顺序,进一步校正了文字纰漏,修订了不妥之处。

本书以单层钢结构、多层钢结构和高层钢结构为重点,详细介绍了不同钢结构体系的特点及设计思路和原则,还阐述了预埋件、钢结构防护及施工验收等相关内容。

本书的编著得到了天津大学本科教改重点项目的支持;为尽可能保证内容丰富完整,书中的部分内容引用了同行专家论著中的成果;研究生杨姝姮、楼舒阳等参加了部分文字校稿工作,在此一并表示感谢。

笔者在编著过程中虽已尽全力,但书中仍难免存在不妥之处,希望广大读者不吝提出改进意见。

陈志华

2019 年 1 月

目　　录

第1章　钢结构设计概论 ……………………………………………………… (1)

1.1　钢结构的特点和应用 …………………………………………………… (1)

1.2　钢结构设计的思想和技术措施 ………………………………………… (5)

1.3　钢结构设计的计算方法和规定 ………………………………………… (6)

1.4　钢结构设计的发展方向 ………………………………………………… (10)

第2章　单层厂房钢结构设计 ……………………………………………… (12)

2.1　单层厂房钢结构体系 …………………………………………………… (12)

2.2　单层厂房的普通钢屋架结构 …………………………………………… (28)

2.3　横向框架和框架柱 ……………………………………………………… (44)

2.4　吊车梁结构体系 ………………………………………………………… (61)

第3章　门式刚架轻型钢结构 ……………………………………………… (79)

3.1　概述 ……………………………………………………………………… (79)

3.2　门式刚架的形式和结构布置 …………………………………………… (81)

3.3　门式刚架设计 …………………………………………………………… (83)

3.4　支撑构件设计 …………………………………………………………… (100)

3.5　檩条设计 ………………………………………………………………… (103)

3.6　墙梁设计 ………………………………………………………………… (109)

第4章　多层房屋钢结构体系 ……………………………………………… (113)

4.1　多层房屋钢结构体系的类型 …………………………………………… (113)

4.2　多层房屋钢结构的建筑和结构布置 …………………………………… (114)

4.3　多层房屋钢结构的荷载及其组合 ……………………………………… (117)

4.4　多层房屋钢结构的内力分析 …………………………………………… (120)

4.5　楼面和屋面结构 ………………………………………………………… (130)

4.6　框架柱 …………………………………………………………………… (141)

4.7　支撑结构 ………………………………………………………………… (148)

4.8　框架节点 ………………………………………………………………… (152)

4.9　构件的拼接 ……………………………………………………………… (157)

4.10　柱脚 …………………………………………………………………… (160)

第5章　高层房屋钢结构 …………………………………………………… (164)

5.1　高层房屋钢结构的概念和特点 ………………………………………… (164)

5.2　高层房屋钢结构的材料选用 …………………………………………… (166)

5.3　高层房屋钢结构体系的特点及选型 …………………………………… (168)

5.4　高层房屋钢结构体系的结构布置原则 ………………………………… (173)

5.5　高层房屋钢结构体系的荷载及荷载组合 ……………………………… (175)

5.6　高层房屋钢结构体系的分析 …………………………………………… (184)

5.7　偏心支撑框架和防屈曲支撑框架设计 ………………………………… (188)

第 6 章　预埋件、钢结构防护及施工验收 ………………………………… (195)

6.1　预埋件设计 ……………………………………………………………… (195)

6.2　钢结构的防腐与防火 …………………………………………………… (206)

6.3　钢结构的施工及验收 …………………………………………………… (216)

参考文献 ……………………………………………………………………… (228)

第1章 钢结构设计概论

1.1 钢结构的特点和应用

我国钢产量自 1996 年达到 1 亿吨之后,已连续 22 年位居世界首位,2016 年超过 8 亿吨。2016 年全球主要钢铁生产企业钢产量排名前十的企业中,中国就占据了 5 位,我国成为名副其实的钢铁大国,这些企业在满足国家基础设施建设、推动国民经济发展方面起着举足轻重的作用。

钢结构具有强度高、自重轻、抗震性能好、施工速度快、地基费用省、占用面积小、工业化程度高、外形美观等一系列优点,同时能够实现材料的循环利用,降低能耗、不可再生资源消耗量以及碳排放量,符合我国可持续发展战略以及创建节能环保型社会的理念,属于绿色环保建筑体系,在房屋建筑领域被广泛采用。由于钢结构已经成为国内外建筑业发展的主流和趋势,预计未来几年钢结构行业将快速扩张。

我国的钢结构经历了从中华人民共和国成立之初的节约用钢国策、1985 年鼓励用钢到 1998 年推广建筑用钢。2015 年 11 月,国务院总理李克强主持召开国务院常务会议,明确提出"结合棚改和抗震安居工程等,开展钢结构建筑试点,扩大绿色建材等使用";2016 年 3 月,国务院总理李克强又在第十二届全国人民代表大会第四次会议上表示,积极推广绿色建筑和建材,大力发展钢结构和装配式建筑,提高建筑工程标准和质量,从国家的层面上发出了推广应用钢结构的声音,为钢结构在建筑领域的应用提出了明确的政策导向。

建筑钢结构以房屋钢结构为主要对象,按传统的耗钢量大小来区分,可分为普通钢结构、重型钢结构和轻型钢结构。其中重型钢结构指采用大截面和厚板的结构,如高层钢结构房屋、重型厂房和某些公共建筑;轻型钢结构指采用轻型屋面和墙面的门式刚架房屋、多层钢结构等,网架、网壳等空间结构也属于轻型钢结构范畴。以上是钢结构的主要类型,另外还有索结构、组合结构、复合结构等。

1.1.1 钢结构的特点

钢结构在工程中得到广泛应用和发展,是由于钢结构与其他结构相比有下列特点。

1. 材料强度高

钢的容重虽然较大,但强度却高得更多,与其他建筑材料相比,钢材的容重与屈服点的比值最小。在相同的荷载和约束条件下,采用钢结构时,结构的自重通常较小。当跨度和荷载相同时,钢屋架的质量只有钢筋混凝土屋架质量的 1/4 ～ 1/3,若用薄壁型钢屋架或空间结构则更轻。由于质量较轻,便于运输和安装,因此钢结构特别适用于跨度大、高度高、荷载大的结构,也适用于可移动、有装拆要求的结构。

2. 钢材的塑性和韧性好

钢材质地均匀,有良好的塑性和韧性。由于钢材的塑性好,钢结构在一般情况下不会因偶然超载或局部超载而突然断裂破坏;钢材的韧性好,使钢结构对动荷载的适应性较强。钢材的这些性能为钢结构的安全可靠提供了充分的保证。

3. 钢材更接近均质等向体,计算可靠

钢材的内部组织比较均匀,非常接近均质体,其各个方向的物理力学性能基本相同,接近各向同性体。在使用应力阶段,钢材处于理想弹性工作状态,弹性模量高达 206 GPa,因而非线性效应较小。上述性能与力学计算假定较为符合。因此,钢结构计算准确、可靠性较高,适用于有特殊重要意义的建筑物。

4. 建筑用钢材的焊接性良好

建筑用钢材的焊接性好,使钢结构的连接大为简化,可满足制造各种复杂形状结构的需要。但焊接时温度很高,且分布很不均匀,结构各部位的冷却速度也不同,因此,在高温区(焊缝附近)材料性质有退化的可能,且会产生明显的焊接残余应力,使结构中的应力状态复杂化。

5. 钢结构制造简便,施工方便,具有良好的装配性

钢结构由各种型材组成,都采用机械加工,在专业化的金属结构厂制造,制造简便,成品的精确度高。制成的构件可运到现场拼装,采用螺栓连接。因结构较轻,故施工方便,建成的钢结构也易于拆卸、加固或改建。

钢结构的制造虽需较复杂的机械设备和严格的工艺要求,但与其他建筑结构比较,钢结构的工业化生产程度最高,能成批大量生产,制造精确度高。采用工厂制造、工地安装的施工方法,可缩短周期、降低造价、提高经济效益。

6. 钢材的不渗漏性良好

钢材的组织非常致密,当采用焊接连接,甚至铆钉或螺栓连接时,都易做到不渗漏,因此钢材是制造容器,特别是高压容器、大型油库、气柜、输油管道的良好材料。

7. 钢材易锈蚀,应采取防护措施

钢材在潮湿环境中,特别是在有腐蚀性介质的环境中容易锈蚀,必须涂油漆或镀锌加以保护,而且在使用期间还应定期维护。这就使钢结构的维护费用比钢筋混凝土结构高。我国已研制出一些高效能的防护漆,其防锈效能和镀锌相同,但费用却低得多。

8. 钢结构的耐热性好,但防火性差

钢材耐热而不防火,随着温度升高,强度明显降低。温度在 250 ℃ 以内时,钢的性能变化很小;温度达到 300 ℃ 以上,强度逐渐下降;达到 450 ~ 650 ℃ 时,强度几乎完全丧失。因此,钢结构的耐火性能较钢筋混凝土差。为了提高钢结构的耐火等级,通常采用包裹的方法。但这样处理既提高了造价,又增加了结构所占的空间。我国成功研制了多种防火涂料,当涂层厚度达 15 mm 时,可使钢结构的耐火极限达到 1.5 h,通过增减涂层厚度,可满足钢结构不同耐火极限的要求。

1.1.2 钢结构的应用

在工程结构中,钢结构是应用比较广泛的一种建筑结构。一些高度较高或跨度较大的

结构、荷载或吊车起重量很大的结构、有较大振动荷载的结构、高温车间的结构、密封要求很高的结构、要求能活动或经常装拆的结构等,可考虑采用钢结构。按其应用的钢结构形式,可分为以下 11 类。

1. 单层厂房钢结构

单层厂房钢结构一般用于重型车间的承重骨架,例如冶金工厂的平炉车间、初轧车间、混铁炉车间,重型机械厂的铸钢车间、水压机车间、锻压车间,造船厂的船体车间,电厂的锅炉框架,飞机制造厂的装配车间以及其他工厂跨度较大车间的屋架、吊车梁等。我国鞍钢、武钢、包钢和上海宝钢等几个著名的冶金联合企业的许多车间都采用了各种规模的钢结构厂房,上海重型机器厂、上海江南造船厂中都有高大的钢结构厂房。

以上提到的冶金工业、重型机器制造工业以及大型动力设备制造工业等的很多厂房都属于重型厂房。厂房中备有 100 t 以上的重级或中级工作制吊车,厂房高度达 20 ~ 30 m,其主要承重结构(屋架、托架、吊车架、柱等)常全部或部分采用钢结构。有强烈热辐射的车间也经常采用钢结构。

2. 大跨钢结构

大跨钢结构在民用建筑中主要用于体育场馆、会展中心、火车站候车室、机场航站楼、展览馆、影剧院等。其结构体系主要采用桁架结构、网架结构、网壳结构、悬索结构、索膜结构、开合结构、索穹顶结构、张弦结构等。

在各类大跨度结构体系中,网架结构由于平面布置灵活、结构空间工作性能好、用钢量省、设计施工技术成熟等优点,自 20 世纪 80 年代以来得到迅速发展,目前我国网架结构的覆盖面积达到世界第一。

近年来,张弦结构和索穹顶结构凭借其优美的外观和高效的承载性能,得到了快速发展,我国建造了一批代表性工程,如世界上跨度最大的张弦桁架结构(跨度 148 m)——黄河口模型试验大厅;世界上跨度最大的圆形弦支穹顶结构(跨度 122 m)——济南奥体中心体育馆;世界上首个滚动式张拉索节点的大跨度弦支穹顶结构——山东茌平体育馆;国内第一个百米级新型复合式索穹顶结构——天津理工大学体育馆。

3. 多层、高层钢结构

钢结构具有自重小、强度高、施工快捷等突出的优点,多层、高层尤其是超高层建筑,采用钢结构尤为理想。因而自 1885 年美国芝加哥建起第一座高 55 m 的钢结构大楼以来,一幢幢高层、超高层钢结构建筑如雨后春笋般拔地而起。

目前已建成的钢结构建筑,如巴黎的埃菲尔铁塔、东京的东京塔、芝加哥的西尔斯大厦、纽约的帝国大厦,国内的天津高银 117 大厦(高 621 m,目前高度排名世界第六)、天津津湾广场 9 号楼、香港中银大厦等,它们既是大都市的标志性建筑,又是建筑钢结构应用的代表性实例。

4. 塔桅结构

钢结构还用于高度较高的无线电桅杆、微波塔、广播和电视发射塔架、高压输电线路塔架、化工排气塔、石油钻井架、大气监测塔、旅游瞭望塔、火箭发射塔等。我国在 20 世纪 60 至 90 年代建成的大型塔桅结构有 200 m 高的广州电视塔、210 m 高的上海电视塔、194 m 高的南京跨越长江输电线路塔、325 m 高的北京环境气象桅杆、212 m 高的汕头电视塔、260 m 高的大庆电视塔等。

这些结构除了自重较小、便于组装外，还因构件截面小而大大减小了风荷载，取得了更好的经济效益。

5. 板壳结构的密闭压力容器

钢结构常用于要求密闭的容器，如大型储液库、煤气库炉壳等要求能承受很大内力的容器，另外，温度急剧变化的高炉结构、大直径高压输油管和煤气管道等也采用钢结构。上海在 1958 年就建成了容积为 54 000 m³ 的湿式贮气柜。一些容器、管道、锅炉、油罐等的支架也采用钢结构。

6. 桥梁结构

由于钢桥建造简便、迅速，易于修复，因此钢结构广泛用于中等跨度和大跨度桥梁中。我国著名的杭州钱塘江大桥是最早自己设计的钢桥，此后的武汉长江大桥、南京长江大桥均为钢结构桥梁，其规模和难度都举世闻名，这标志着我国的桥梁事业已步入世界先进行列。上海市政建设重大工程之一黄浦江大桥也采用钢结构。

7. 移动结构

钢结构可用于装配式活动房屋、水工闸门、升船机、桥式吊车和各种塔式起重机、龙门起重机、缆索起重机等。这类结构随处可见，这些年高层建筑的发展促使塔式起重机像雨后春笋般矗立在街头。我国制定了各种起重机系列标准，这促进了建筑机械的大发展。

需要搬迁或拆卸的结构，如流动式展览馆和活动房屋等，采用钢结构最适宜，不但重量轻，便于搬迁，而且由于采用螺栓连接，便于装配和拆卸。

8. 轻钢结构

在中小型房屋建筑中，弯曲薄壁型钢结构、圆钢结构及钢管结构多用在轻型屋盖中。此外，还有用薄钢板做成折板结构，把屋面结构和屋盖的主要承重结构结合起来，使其成为一体的轻钢屋盖结构体系。

荷载特别小的小跨度结构及高度不大的轻型支架结构等也常采用钢结构，因为对于这类结构，结构自重起重要作用。例如，采用轻屋面的轻钢屋盖结构，耗钢量比普通钢结构省 25% ~50%，自重减小 20% ~50%。与钢筋混凝土结构相比，用钢指标接近，但结构自重却减小了 70% ~80%。

9. 受动力荷载作用的结构

由于钢材具有良好的韧性，直接承受较大起重量或跨度较大的桥式吊车的吊车梁，常采用钢结构。此外，设有较大锻锤或动力设备的厂房以及对抗震性能要求高的结构，也常采用钢结构。

10. 其他构筑物

运输通廊、栈桥，各种管道支架以及高炉、锅炉构架等也常采用钢结构。如宁夏大武口电厂采用了长度为 60 m 的预应力输煤钢栈桥，已于 1986 年建成使用。近年来，某些电厂的桥架也采用钢网架结构等。

11. 住宅钢结构

据统计,我国 1998 年兴建住宅 4.76 亿 m², 1999 年增至 5.0 亿 m², 其中绝大部分为黏土砖砌体结构,部分为细混凝土结构。面对黏土砖生产破坏耕地、水泥生产破坏植被,将造成严重的大气污染,而我国的人均耕地面积和人均植被面积均位居世界榜尾、钢材生产过剩等现实,国务院于 1999 年颁发了 72 号文件,提出要发展钢结构住宅产业,在沿海大城市限期停止使用黏土砖。这无疑是一项十分必要和适时的重大决策,对促进我国国民经济的持续发展,推动住宅产业的技术进步,改善居住质量和保护环境都产生了积极影响。

1.2　钢结构设计的思想和技术措施

1.2.1　设计思想

钢结构设计应在以下设计思想的基础上进行。

(1)钢结构在运输、安装和使用过程中必须有足够的强度、刚度和稳定性,整个结构必须安全可靠。

(2)合理选用材料、结构方案和构造措施,应符合建筑物的使用要求,具有良好的耐久性。

(3)尽可能节约钢材,减小钢结构重量。

(4)尽可能缩短制造、安装时间,节约劳动工日。

(5)结构要便于运输、便于维护。

(6)在可能的条件下,尽量注意美观,特别是外露结构,有一定的建筑美学要求。

根据以上各项要求,钢结构设计应该重视、贯彻和研究充分发挥钢结构特点的设计思想和降低造价的各种措施,做到技术先进、经济合理、安全适用、确保质量。

1.2.2　技术措施

为了体现钢结构的设计思想,可以采取以下技术措施。

(1)尽量在规划结构时做到尺寸模数化、构件标准化、构造简洁化,以便于钢结构制造、运输和安装。

(2)尽量采用新的结构体系,例如用空间结构体系代替平面结构体系,结构形式要简化、明确、合理。

(3)尽量采用新的计算理论和设计方法,推广适当的线性和非线性有限元方法,研究薄壁结构理论和结构稳定理论。

(4)尽量采用焊缝和高强螺栓连接,研究和推广新型钢结构连接方式。

(5)尽量采用具有较好经济指标的优质钢材、合金钢或其他轻金属,尽量使用薄壁型钢。

(6)尽量采用组合结构或复合结构,例如钢与钢筋混凝土组合梁、钢管混凝土构件及由索组成的复合结构等。

　　钢结构设计应因地制宜、量材使用，切勿生搬硬套。上述措施不是在任何场合都行得通的，应结合具体条件进行方案比较，采用技术、经济指标都好的方案。此外，还要总结、创造和推广先进的制造工艺和安装技术，任何脱离施工的设计都不是成功的设计。

1.3　钢结构设计的计算方法和规定

　　设计钢结构时，必须满足一般的设计准则，即在充分满足功能要求的基础上，做到安全可靠、技术先进、确保质量和经济合理。结构计算的目的是保证结构构件在使用荷载作用下能安全可靠地工作，既要满足使用要求，又要符合经济要求。结构计算是根据拟定的结构方案和构造，按所承受的荷载进行内力计算，确定出各杆件的内力，再根据所用材料的特性，对整个结构和构件及其连接进行核算，看其是否符合经济、安全、适用等方面的要求。但从一些现场记录、调查数据和试验资料看来，计算中所采用的标准荷载和结构实际承受的荷载之间、钢材力学性能的取值和材料的实际数值之间、计算截面和钢材的实际尺寸之间、计算所得的应力值和实际应力数值之间以及估计的施工质量与实际质量之间，都存在一定的差异，所以计算结果不一定很安全可靠。为了保证安全，结构设计的计算结果必须留有余地，使之具有一定的安全度。建筑结构的安全度是保证房屋或构筑物在一定使用条件下连续正常工作的安全储备，有了这个储备，才能保证结构在各种不利条件下正常使用。

1.3.1　钢结构计算方法

　　我国的钢结构计算方法，从1949年以来有过四次变化：中华人民共和国成立初期到1957年，采用总安全系数的容许应力计算法；1957年到1974年，采用三个系数的极限状态计算法；1974年到1988年，采用以结构的极限状态为依据，进行多系数分析，用单一安全系数的容许应力设计法；目前新的钢结构设计标准，采用以概率论为基础的一次二阶矩极限状态设计法。

　　1957年以前，钢结构采用总安全系数的容许应力计算法进行设计，安全系数为定值且都凭经验选定。而设计的结构和不同构件的安全度不可能相等，这种设计方法显然是不合理的。

　　20世纪50年代，出现了一种新的设计方法——极限状态设计法，即根据结构或构件能否满足功能要求来确定它们的极限状态。一般规定有两种极限状态。第一种是结构或构件的承载力极限状态，包括静力强度、动力强度和稳定等计算。当达到此极限状态时，结构或构件达到了最大承载能力而发生破坏，或产生了不适于继续承受荷载的巨大变形。第二种是结构或构件的变形极限状态，或称为正常使用极限状态。达此极限状态时，结构或构件虽仍保持承载能力，但在正常荷载作用下产生的变形使结构或构件已不能满足正常使用的要求（静力作用产生的过大变形和动力作用产生的剧烈振动等），或不能满足耐久性的要求。各种承重结构都应按照上述两种极限状态进行设计。

　　极限状态设计法比容许应力计算法要合理些，也先进些。它把有变异性的设计参数采用概率分析引入结构设计中。根据应用概率分析的程度，其可分为三种水准，即半概率极限状态设计法、近似概率极限状态设计法和全概率极限状态设计法。

我国采用的极限状态设计法属于水准一,即半概率极限状态设计法。只有少量设计参数,如钢材的设计强度、风雪荷载等采用概率分析确定其设计值,大多数荷载及其他不定性参数由于缺乏统计资料而仍采用经验值;同时结构构件的抗力(承载力)和作用效应之间并未进行综合的概率分析,因而仍然不能使所设计的各种构件有相同的安全度。

20世纪60年代末,国外提出了近似概率极限状态设计法,即水准二,主要引入了可靠性设计理论。可靠性包括安全性、适用性和耐久性。该方法把影响结构或构件可靠性的各种因素都视为独立的随机变量,根据统计分析确定失效概率来度量结构或构件的可靠性。

1.3.2　承载力极限状态

1. 近似概率极限状态设计法

结构或构件的承载力极限状态方程可表达为

$$Z = g(x_1, x_2, \cdots, x_n) = 0 \tag{1-1}$$

式中,x_i 是影响结构或构件可靠性的各物理量,都是相互独立的随机变量,例如材料抗力、几何参数和各种作用产生的效应(内力)。各种作用包括恒载、可变荷载、地震、温度变化和支座沉陷等。

将各因素概括为两个综合随机变量,即结构或构件的抗力 R 和各种作用对结构或构件产生的效应 S,式(1-1)可写成

$$Z = g(R, S) = R - S = 0 \tag{1-2}$$

结构或构件的失效概率可表示为

$$p_f = g(R - S < 0) \tag{1-3}$$

设 R 和 S 的概率统计值均服从正态分布(设计基准期取50年),可分别算出它们的平均值 μ_R、μ_S 和标准差 σ_R、σ_S,则极限状态函数 $Z = R - S$ 也服从正态分布,它的平均值和标准差分别为

$$\mu_Z = \mu_R - \mu_S; \quad \sigma_Z = \sqrt{\sigma_R^2 + \sigma_S^2} \tag{1-4}$$

图1-1表示极限状态函数 $Z = R - S$ 的正态分布。图中由 $-\infty$ 到0的阴影面积表示 $R - S < 0$ 的概率,即失效概率 p_f,需采用积分法求得。由图可见,平均值 μ_Z 等于 $\beta\sigma_Z$,显然 β 值和失效概率 p_f 存在如下对应关系:

$$p_f = \Phi(-\beta) \tag{1-5}$$

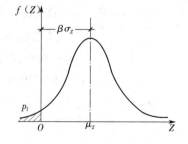

图1-1　$Z = R - S$ 的正态分布

这样,只要计算出 β 值就能获得对应的失效概率 p_f,见表1-1。β 称为可靠指标,由下式计算:

$$\beta = \frac{\mu_Z}{\sigma_Z} = (\mu_R - \mu_S) / \sqrt{\sigma_R^2 + \sigma_S^2} \tag{1-6}$$

当 R 和 S 的统计值不服从正态分布时,结构构件的可靠指标应以它们的当量正态分布的平均值和标准差代入式(1-6)计算。

表 1-1　失效概率与可靠指标的对应值

β	2.5	2.7	3.2	3.7	4.2
p_f	5×10^{-3}	3.5×10^{-3}	6.9×10^{-4}	1.1×10^{-4}	1.3×10^{-5}

由于 R 和 S 的实际分布规律相当复杂,我们采用了典型的正态分布,因而算得的 β 和 p_f 值是近似的,故称这种方法为近似概率极限状态设计法。在推导 β 的计算公式时,只采用了 R 和 S 的二阶中心矩,同时还作了线性化的近似处理,故又称之为"一次二阶矩法"。

这种设计方法只需知道 R 和 S 的平均值和标准差或变异系数,就可计算构件的可靠指标,β 值满足规定即可。我国采用的可靠指标:Q235 钢 $\beta = 3 \sim 3.1$,对应的失效概率 $p_f \approx 0.001$;Q345 钢 $\beta = 3.2 \sim 3.3$,对应的失效概率 $p_f \approx 0.0005$。

由上列公式可见,此法把构件的抗力(承载力)和作用效应的概率分析联系在一起,以可靠指标作为量度结构构件可靠度的尺度,可以较合理地对各类构件的安全度作定量分析比较,以达到等安全度的设计目的。但是这种设计方法比较复杂,较难掌握,很多人也不习惯,因而仍宜采用广大设计人员所熟悉的分项系数设计公式。

2. 分项系数表达式

因为

$$S = G + Q_1 + \sum_{i=2}^{n} \psi_{c_i} Q_i$$

取

$$G = \gamma_G C_G G_k$$

$$Q_1 = \gamma_{Q_1} C_{Q_1} Q_{1k}$$

$$Q_i = \gamma_{Q_i} C_{Q_i} Q_{ik}$$

引入结构重要性系数,则

$$S = \gamma_0 \left(\gamma_G C_G G_k + \gamma_{Q_1} C_{Q_1} Q_{1k} + \sum_{i=2}^{n} \psi_{c_i} \gamma_{Q_i} C_{Q_i} Q_{ik} \right) \tag{1-7}$$

式中　γ_0——结构重要性系数,把结构分成一、二、三 3 个安全等级,分别采用 1.1、1.0 和 0.9;

C——荷载效应系数,即单位荷载引起的结构构件截面或连接中的内力,按一般力学方法确定(其角标 G 指永久荷载,Q_i 指各可变荷载);

G_k、Q_{ik}——永久荷载和各可变荷载的标准值,见荷载规范;

ψ_{c_i}——第 i 个可变荷载的组合值系数,取 0.6,只有 1 个可变荷载时取 1.0;

γ_G——永久荷载分项系数,一般采用 1.2,当永久荷载效应对结构构件的承载力有利时,宜采用 1.0;

γ_{Q_1}、γ_{Q_i}——第 1 个和其他第 i 个可变荷载分项系数,一般情况可采用 1.4。

式中,Q_1 是引起构件或连接最大荷载效应的可变荷载效应。对于一般的排架和框架结构,由于很难区分产生最大效应的可变荷载,故可采用以下简化式计算:

$$S = \gamma_0 \left(\gamma_G C_G G_k + \psi \sum_{i=1}^{n} \gamma_{Q_i} C_{Q_i} Q_{ik} \right) \tag{1-8}$$

式中,荷载组合值系数 ψ 取 0.85。

构件本身的承载能力(抗力) R 是材料性能和构件几何因素等的函数,即

$$R = f_k \frac{A}{\gamma_R} = f_d A \tag{1-9}$$

式中　γ_R——抗力分项系数,Q235 钢取 1.087,Q345 钢和 Q390 钢取 1.111;

　　　f_k——材料强度的标准值,Q235 钢第一组为 235 MPa,Q345 钢第一组为 345 MPa, Q390 钢第一组为 390 MPa;

　　　f_d——结构所用材料和连接的设计强度;

　　　A——构件或连接的几何因素(如截面面积和截面抵抗矩等)。

考虑到一些结构构件和连接工作的特殊条件,有时还应乘以调整系数。例如施工条件较差的高空安装焊缝和铆钉连接,应乘以 0.9;单面连接的单个角钢按轴心受力计算强度和连接时,应乘以 0.85。

将式(1-7)、式(1-8)和式(1-9)代入式(1-2),可得

$$\gamma_0 \left(\gamma_G C_G G_k + \gamma_{Q_1} C_{Q_1} Q_{1k} + \sum_{i=2}^{n} \psi_{c_i} \gamma_{Q_i} C_{Q_i} Q_{ik} \right) \leqslant f_d A \tag{1-10}$$

及

$$\gamma_0 \left(\gamma_G C_G G_k + \psi \sum_{i=1}^{n} \gamma_{Q_i} C_{Q_i} Q_{ik} \right) \leqslant f_d A \tag{1-11}$$

为了照顾设计工作者的习惯,将上列公式改写成应力表达式

$$\gamma_0 \left(\sigma_{Gd} + \sigma_{Q_1 d} + \sum_{i=2}^{n} \psi_{c_i} \sigma_{Q_i d} \right) \leqslant f_d \tag{1-12}$$

及

$$\gamma_0 \left(\sigma_{Gd} + \psi \sum_{i=1}^{n} \sigma_{Q_i d} \right) \leqslant f_d \tag{1-13}$$

式中　σ_{Gd}——永久荷载设计值 G_d 在结构构件的截面或连接中产生的应力,$G_d = \gamma_G G_k$;

　　　$\sigma_{Q_1 d}$——第 1 个可变荷载的设计值($Q_{1d} = \gamma_{Q_1} Q_{1k}$)在结构构件的截面或连接中产生的应力(该应力大于其他任意第 i 个可变荷载设计值产生的应力);

　　　$\sigma_{Q_i d}$——第 i 个可变荷载的设计值($Q_{id} = \gamma_{Q_i} Q_{ik}$)在结构构件的截面或连接中产生的应力。

其余符号同前。这就是现行《钢结构设计标准》中采用的计算公式。

各分项系数值是经过校准法确定的。所谓校准法是使按式(1-10)计算的结果基本符合按式(1-6)求得的可靠指标 β。不过当荷载组合不同时,应采用不同的各分项系数才能符合 β 值的要求,这给设计带来了困难。因此用优选法对各分项系数采用定值,使各不同荷载组合计算结果的 β 值相差最小。

当考虑地震荷载的偶然荷载组合时,应按抗震设计规范的规定进行。

对于结构构件或连接的疲劳强度计算,由于疲劳极限状态的概念还不够确切,只能暂时沿用容许应力设计法,还不能采用上述极限状态设计法。

式(1-12)和式(1-13)虽然用应力计算式表达,但和过去的容许应力设计法不同,其是一种比较先进的设计方法。不过由于有些因素尚缺乏统计数据,暂时只能根据以往的设计经验来确定。还有待继续研究和积累有关的统计资料,进而才能采用更为科学的全概率

极限状态设计法(水准三)。

1.3.3　正常使用极限状态

结构构件的第二种极限状态是正常使用极限状态。钢结构设计主要控制变形和挠度,仅考虑短期效应组合,不考虑荷载分项系数。

$$v = v_{Gk} + v_{Q1k} + \sum_{i=2}^{n} \psi_{ci} v_{Qik} \leqslant [v] \qquad (1-14)$$

式中　　v_{Gk}——永久荷载标准值在结构或构件中产生的变形值;

　　　　v_{Q1k}——第 1 个可变荷载的标准值在结构或构件中产生的变形值(该值大于其他任意第 i 个可变荷载标准值产生的变形值);

　　　　v_{Qik}——第 i 个可变荷载的标准值在结构或构件中产生的变形值;

　　　　$[v]$——结构或构件的容许变形值,按规范规定采用。

有时只需要保证结构和构件在可变荷载作用下产生的变形能够满足正常使用的要求,这时式(1-14)中的 v_{Gk} 可不计入。

1.4　钢结构设计的发展方向

我国钢产量已连续 22 年居世界第一,且还在不断增加,钢结构的应用将有更大的发展。为了适应这一新的形势,钢结构的建造技术应该迅速提高。通过对国内外的现状分析可知,钢结构未来的发展方向有以下几个。

1. 高强钢和高性能钢的研究和应用

"十一五"期间,我国粗钢总产量超过 26 亿吨,我国已成为全球钢铁大国。但是伴随而来的是产能过剩、产品结构不合理和高能耗的压力。当行业面临淘汰时,发展高强钢和高性能钢将成为行业突破资源、环境限制,提升竞争力,实现产业结构升级的重要手段。

国外高强钢发展很快,1969 年美国规范列入屈服强度为 685 MPa 的钢材,1975 年苏联规范列入屈服强度为 735 MPa 的钢材。我国 Q390、Q420、Q460 等高强钢已经有大量的工程应用,如国家体育场、中央电视台总部大楼等采用了国产 Q460 钢材;更高强度的钢材正在逐步开展研究,如 Q550、Q690、Q960。今后,随着冶金工业的发展,研究强度更高的钢材及其合理使用将是重要的课题。

2. 结构和构件计算的研究和改进

现在已广泛应用新的计算技术和测试技术对结构和构件进行深入计算和测试,为了解结构和构件的实际性能提供了有利条件。但目前建筑钢结构多采用弹性设计,对结构稳定设计采用二阶段设计方法,即结构整体稳定设计和杆件局部稳定设计。未来需要进一步研究同时考虑结构整体稳定和杆件局部稳定的高等分析方法,并逐步研究建筑钢结构的塑性设计理论,从而提高结构设计效率和结构合理性,降低建造成本。

3. 空间钢结构体系的研究与应用

近年来,钢管混凝土组合结构、型钢混凝土组合结构、张弦结构等新型结构形式得到快速发展,这些结构适用于高层建筑、高耸结构和轻型大跨屋盖结构等,对减少耗钢量有重要意义。

未来需要进一步研究适用于工业建筑、民用建筑、城市桥梁等基础设施领域的高性能钢结构体系;研究高性能钢结构的高效连接和装配安装技术;研究高性能钢结构体系的受力机理、精细化计算理论、全寿命期设计理论与设计方法;研究高性能钢结构体系的防灾减灾、检测评价等关键技术。

4. 既有建筑钢结构诊治与性能提升技术

我国大量既有工业与民用建筑钢结构随着使用年限的增加先后出现了结构性能退化、安全性和耐久性降低等问题,工业建筑钢结构的腐蚀和疲劳损伤问题尤其突出,民用建筑钢结构受地震、火灾和暴风雪等自然和人为灾害的影响,也出现了不同程度的破损,部分建筑年久失修,存在安全隐患,且使用功能不完善,房屋舒适性低,亟待更新改造和功能提升。我国的建筑钢结构已进入改造和新建并重的阶段,提出了既有建筑钢结构安全性检测评定与加固改造新技术方面的需求。

因此,未来需要进一步研究复杂环境下基于性能的既有建筑鉴定评估方法和既有工业建筑结构可靠性评价指标及全寿命评价关键技术;研究基于远程监控和大数据技术的既有工业建筑结构诊治数据平台;研究工业建筑结构加固改造、减隔振和寿命提升技术;研究工业建筑绿色高效围护结构体系及节能评价技术;研究存量工业建筑非工业化改造技术,开展工程示范。

5. 装配式建筑钢结构体系及其工程应用

自党的十八大提出要"推进新型工业化、信息化、城镇化、农业现代化同步发展"以来,国家多次提出发展装配式建筑的政策要求,2016 年以来,政策指向更加明显,在国家政策指导下,我国装配式建筑发展的步伐已全面提速。而装配式建筑的技术储备严重不足,迫切需要适合我国现状的装配式结构体系、构件、三板及配套技术,尤其缺少成套的技术体系。因此,未来需要重点研究钢结构成套装配技术;研究钢结构住宅配套墙板和楼板技术;研究高层装配式建筑隔震减震技术;编制相应的装配式技术标准与施工工法;建立基于设计、加工、施工一体化的全过程信息平台,大力推广装配式技术在工程中的应用,推进我国的装配式建筑产业快速发展。

此外,模块建筑作为装配式建筑的高端产品,具有装配率高和绿色环保等突出的优势,成为我国建筑领域重点发展的方向之一。但适合我国国情的模块建筑关键技术相对缺乏,亟待研发多高层钢结构模块建筑体系,综合考虑模块建筑管线、室内外装修及防火防腐集成技术要求,进行钢结构模块单元标准化设计,研究拼接节点技术及钢结构模块建筑耗能减震技术,形成多高层钢结构模块建筑体系集建筑、结构和室内装修于一体的方法,为我国模块建筑的发展奠定基础。

第2章 单层厂房钢结构设计

2.1 单层厂房钢结构体系

2.1.1 单层厂房钢结构的组成和设计程序

1. 单层厂房钢结构的组成

单层厂房结构必须具有足够的强度、刚度和稳定性,以抵抗来自屋面、墙面、吊车设备等的各种竖向及水平荷载的作用。

单层厂房钢结构一般是由屋架、托架、柱、吊车梁、制动梁(或桁架)、各种支撑以及墙架等构件组成的空间骨架(图2-1)。

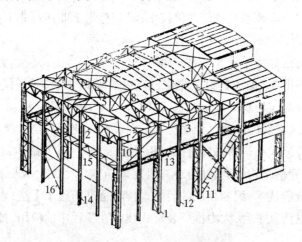

图2-1 单层厂房钢结构

1—框架柱;2—屋架;3—托架;4—中间屋架;5—天窗架;6—横向水平支撑;

7—纵向水平支撑;8、9—天窗支撑;10、11—柱间支撑;12—抗风柱;

13—吊车梁系统;14—山墙柱;15—山墙抗风桁架;16—山墙柱间支撑

图2-1中的这些构件按其作用,可归并成下列体系。

(1)横向平面框架:厂房的基本承重结构,由框架柱和横梁(或屋架)构成,承受作用于厂房的横向水平荷载和竖向荷载并将其传递到基础。

(2)纵向平面框架:由柱、托架、吊车梁及柱间支撑等构成。其作用是保证厂房骨架的纵向不可变性和刚度,承受纵向水平荷载(吊车的纵向制动力、纵向风力等)并将其传递到基础。

(3)屋盖结构:由天窗架、屋架、托架、屋盖支撑及檩条等构成。

(4)吊车梁及制动梁:主要承受吊车的竖向荷载及水平荷载,并将其传到横向框架和纵向框架。

（5）支撑：包括屋盖支撑、柱间支撑及其他附加支撑。其作用是将单独的平面框架连成空间体系，以保证结构具有必要的刚度和稳定性，也有承受风力及吊车制动力的作用。

（6）墙架：承受墙体的重量和风力。

此外，还有一些次要的构件，如梯子、门窗等。在某些厂房中，由于工艺操作上的要求，还设有工作平台。

各种构件的用钢量占整个厂房结构总用钢量的比例大致如表 2 – 1 所示。

厂房按单位面积计算的用钢量，是评定设计的经济合理性的一项重要指标。各类厂房单位面积用钢量的统计数值见表 2 – 2。

表 2 – 1　厂房主要构件用钢量百分比参考值　　　　　　　%

构件名称	厂房类型		
	中型厂房	重型厂房	特重型厂房
柱子	30 ~ 45	35 ~ 50	40 ~ 50
吊车梁	15 ~ 25	25 ~ 35	25 ~ 35
屋盖	30 ~ 40	20 ~ 35	10 ~ 20
墙架构件	5	5 ~ 10	5 ~ 10

表 2 – 2　厂房结构的用钢量指标

车间类型	吊车起重量/t	吊车轨顶标高/m	用钢量/（kg/m²）
轻型	0 ~ 5	0 ~ 6	35 ~ 50
	10 ~ 20	8 ~ 16	50 ~ 80
中型	30 ~ 50	10 ~ 16	75 ~ 120
	70 ~ 100	16 ~ 20	90 ~ 170
重型	125 ~ 175	10 ~ 20	200 ~ 300
	175 ~ 350	16 ~ 26	300 ~ 400

2．单层厂房钢结构的设计程序

厂房结构设计一般分为三个阶段。

1）结构选型及整体布置

该阶段主要包括：柱网布置，确定横向框架形式及主要尺寸，布置屋盖结构、吊车梁系统及墙架、支撑体系，选择各部分结构采用的钢材标号。这时应充分了解生产工艺和使用要求，建厂地区的自然地质资料、交通运输、材料供应等情况，密切与建筑、工艺设计人员配合，进行多方案的分析比较，以确定出最合理的结构方案。

2）技术设计

根据已确定的结构方案进行荷载计算、结构内力分析，计算（或验算）各构件所需要的截面尺寸并设计各构件间的连接。

3）结构施工图绘制

根据技术设计确定的构件尺寸和连接，绘制施工图纸。同时应了解钢材供应情况、钢结构制造厂的生产技术条件和安装设备等条件。

2.1.2　单层厂房钢结构的布置

1. 柱网

横向框架和纵向框架的柱形成一个柱网,柱网的布置不仅要考虑上部结构,而且应考虑下部结构,诸如基础和设备(地下管道、烟道、地坑等设施)等。柱网主要根据工艺、结构与经济的要求布置。

从工艺要求方面考虑,柱的位置应和车间的地上设备、机械及起重运输设备等协调。柱下基础应和地下设备(如设备基础、地坑、地下管道、烟道等)相配合。此外,柱网布置还要适当考虑生产过程的可能变动。

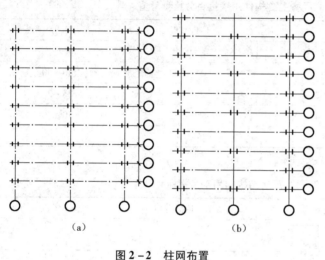

从结构要求方面考虑,所有柱列的柱间距均相等的布置方式最为合理(见图2-2(a))。这种布置方式的优点为厂房横向刚度最大,屋盖和支撑系统布置最为简单合理,全部吊车梁的跨度均相同。在这种情况下,厂房构件的重复性较大,从而可使结构构件达到最大限度的定型化和标准化。

图2-2　柱网布置
(a)柱距相等　(b)柱距不等

但结构的理想状态有时得不到满足。例如,一个双跨钢结构制造车间,其生产流程是零件加工—中间仓库—拼焊连接,顺着厂房纵向进行,但横向需要联系,中部要有横向通道,因此中列柱中部柱距较大(见图2-2(b)),部分中列纵向框架有托架,柱距变为边柱距的2倍。

从经济性来看,柱的纵向间距的大小对结构重量影响较大。柱距越大,柱及柱基础所用的材料越少,但屋盖结构和吊车梁的重量将随之增加。在柱子较高、吊车起重量较小的车间中,放大柱距可能影响经济效果。最经济柱距虽然可通过理论分析确定,但最好还是通过具体方案比较来确定。

在一般车间中,边列柱的间距采用6 m较经济。各列柱距相等且接近最经济柱距的柱网布置最为合理。但是,在某些场合,由于工艺条件的限制或为了增加厂房的有效面积、考虑到将来工艺过程可能改变等情况,往往需要采用不相等的柱距。

增大柱距时,沿厂房纵向布置的构件,如吊车梁、托架等由于跨度增大而用钢量增加;但柱和柱基础由于数量减少而用钢量降低。经济的柱距应使总用钢量最少。表2-3给出了设有50/10 t吊车、柱距为6 m的厂房,不同跨度对屋盖结构、吊车梁用钢量的影响。

表 2 - 3　厂房跨度对用钢量的影响

跨度/m		18	24	30
用钢量/(kg/m²)	屋盖结构	270	282	310
	吊车梁	118	93	83
	合计	388	375	393

由表 2 - 3 可见,屋盖结构与吊车梁两项的总用钢量随跨度加大而略有变化,但柱的用钢量则随跨度增大而减小,因此在厂房面积一定时采用较大的跨度比较有利。

国内外厂房的跨度和柱距都有逐渐增大的趋势,如日本、德国新建厂房的柱距一般为 12 m、15 m,甚至更大,而且把 15 m 作为冷、热轧车间的经济柱距。

构件统一化、标准化可降低制作和安装费用,因而设计时,跨度应以 3 m、柱距应以 6 m 为模数。

综上所述,一般当厂房内吊车起重量 $Q \leqslant 100$ t、轨顶标高 $H \leqslant 14$ m 时,边列柱采用 6 m、中列柱采用 12 m 的柱距;当吊车起重量 $Q \leqslant 150$ t、轨顶标高 $H \leqslant 16$ m 时,或当地基条件较差、处理较困难时,边列柱与中列柱均宜采用 12 m 的柱距。

当生产工艺有特殊要求时,也可局部或全部采用更大的柱距。

近来有扩大柱网尺寸的趋势(特别是轻型和中型车间),设计成适用于多种生产条件的灵活车间,以适应工艺过程的可能变化,同时节约车间面积和减少安装劳动量。

2. 温度缝

温度变化时厂房结构将产生温度变形及温度应力。温度变形和温度应力的大小与厂房平面尺寸、结构刚度和温差等有关,无约束构件的温度变形为

$$\Delta L = \alpha \Delta t L \qquad (2-1)$$

式中　α——钢材的线膨胀系数;

　　　Δt——温度差;

　　　L——构件的长度。

所以当厂房平面尺寸很大时,为避免产生过大的温度应力,应在厂房的横向或纵向设置温度缝,如图 2 - 3 所示。

根据使用经验和理论分析,规范中规定钢结构厂房温度区段的长度如表 2 - 4 所示。当厂房长度不超过表列数值时,可不计温度应力。在温度变形相同的情况下,横向框架中横梁与柱铰接比横梁与柱刚接柱中的温度应力低得多,所以根据分析结果,可将铰接时的横向温度区段长度比表中数值加大 25%。柱间支撑的刚度比单柱大得多,厂房的纵向温度变形的不动点必然接近柱间支撑的中点,当有两道柱间支撑时为两支撑距离的中央。表 2 - 4 中的数值是按温度区段长度等于不动点到温度区段端部距离的 2 倍确定的。因此当柱间支撑不对称布置时,柱间支撑的中点至温度区段端部的距离不得大于表 2 - 4 中数值的 60%。

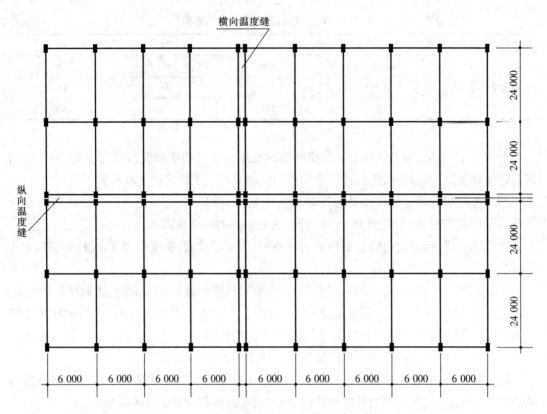

图 2 - 3　横向与纵向温度缝的设置(示意图)

表 2 - 4　温度区段长度值　　　　　　　　　　　　　　　　m

结构性质	纵向温度区段 (垂直于跨度方向)	横向温度区段(沿跨度方向)	
		屋架和柱刚接	屋架和柱铰接
采暖房屋和非采暖地区的房屋	220	120	150
热车间和采暖地区的非采暖房屋	180	100	125
露天结构	120	—	—

注:厂房柱为其他材料时,应按相应规范的规定设置温度缝。围护结构可根据具体情况参照有关规范单独设置温度缝。

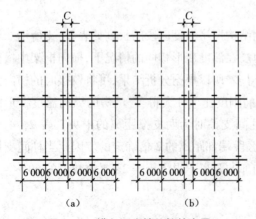

图 2 - 4　横向温度缝处柱的布置

(a)温度缝处单轴线　　(b)温度缝处双轴线

横向温度缝最普通的做法是在缝的两旁各设置一个框架,其间不用纵向构件相互联系。温度缝处柱的布置一般采用图 2 - 4(a)的方案,就是温度缝的中线与厂房的定位轴线相重合;也可采用温度缝处的柱距保持原有模数的方案(图 2 - 4(b))。后一种方案将加大厂房的长度,增加建筑面积,增加屋面板类型,因此只在设备布置条件不允许用前一种方案时才采用。缝旁的两柱可放在同一基础上,其轴线间距一般可采用1.0 m,但在重型厂房中,有时需采用1.5 ~

2.0 m。

当厂房宽度较大时,横向刚度可能比纵向刚度大,此时应设置纵向温度缝。但若纵向温度缝附近也设置双柱,不仅柱数增多,而且在纵向和横向温度缝相交处有 4 个柱子,使构造变得复杂。因此,一般仅在车间宽度大于 100 m(热车间和采暖地区的非采暖厂房)或 120 m(采暖厂房和非采暖地区的厂房)时才考虑设置纵向温度缝,否则可根据计算适当加强结构构件。

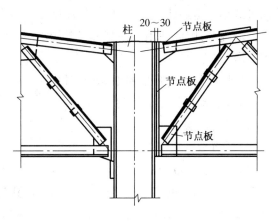

为了节约材料,简化构造,纵向温度缝有时也采用板铰(图 2 - 5)或活动支座的办法。但这种做法只适宜对横向刚度要求不大的车间。

3. 横向框架

厂房的基本承重结构通常采用框架体系。这种体系能够保证必要的横向刚度,同时其净空又能满足使用上的要求。

横向框架按其静力图来分,主要有横梁与柱铰接和横梁与柱刚接两种。如按跨数来分,则有单跨的、双跨的和多跨的。

图 2 - 5　板铰温度缝

凡框架横梁与柱的连接构造不能抵抗弯矩者称为铰接框架(图 2 - 6),能抵抗弯矩者称为刚接框架(图 2 - 7)。在某些情况下,刚接框架又可派生出一种上刚接下悬臂式框架,即将框架柱的上段柱在吊车梁顶面标高处设计成铰接,而下段柱则像露天栈桥柱那样按悬臂柱考虑(图 2 - 8)。

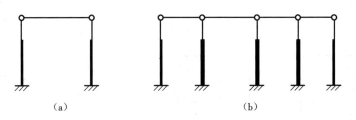

(a)　　　　　　　　　　　　(b)

图 2 - 6　铰接框架的计算简图

(a)单跨　(b)多跨

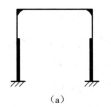
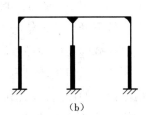
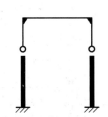

(a)　　　　　　　　　　(b)

图 2 - 7　刚接框架的计算简图

(a)单跨　(b)双跨

图 2 - 8　上刚接下悬臂式框架的计算简图

框架柱的柱脚一般均刚性固定于基础;当柱顶与横梁刚接时,依附于主框架的边列柱可做成铰接。

铰接框架对柱基沉降的适应性较强,且安装方便、计算简单、受力明确,缺点是下段柱的弯矩较大,厂房的横向刚度稍差。但在多跨厂房中铰接框架的优点远多于缺点,故目前在多跨厂房中,铰接框架得到广泛应用。

刚接框架对减小下段柱的弯矩,增大厂房的横向刚度有利。由于下段柱截面高度较小,从而可减小厂房的建筑面积,但却使屋架受力复杂化,连接构造亦麻烦,且对柱基础的差异沉降比较敏感,因此适用于柱基沉降差较小、对横向刚度要求较高的重型厂房,特别是单跨重型厂房。

下列情况的单跨厂房一般采用刚接框架:

(1)设有硬钩吊车的厂房;

(2)设有两层吊车的厂房;

(3)设有软钩重级工作制吊车,当起重量 $Q \geqslant 50$ t,屋架下弦标高大于或等于 18 m 时;

(4)高跨比 $H/L \geqslant 1.5$,且跨度 $L \geqslant 24$ m 的厂房。

在具有重屋盖的多跨刚接框架中,为了简化计算特别是改善中列柱与屋架的连接构造,曾将屋架与柱的连接在竖直荷载作用下设计成塑性铰(即在中列柱顶使屋架上弦与柱的连接在拉力作用下发生塑性变形,但仍然可以传递压力),在水平荷载作用下,屋架一端为铰接,另一端为刚接。这种方式可以简化计算和构造,而且不影响框架的横向刚度,在采用重屋盖时比较有利。现在多跨厂房绝大部分已采用铰接框架,故目前较少采用塑性铰。塑性铰的布置及构造见图 2 -9 及图 2 -10。

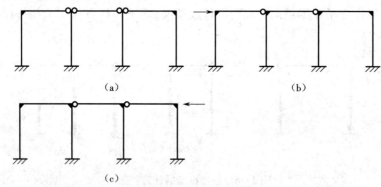

图 2 -9　塑性铰的布置

(a)塑性铰的布置简图　(b)、(c)各种荷载作用下形成的塑性铰

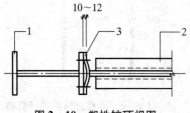

图 2 -10　塑性铰顶视图

1—柱;2—屋架上弦杆;3—T 形连接件端板

上刚接下悬臂式框架的下段柱弯矩最大,往往因加大下段柱截面高度而导致增大厂房建筑面积,这是它的主要缺点。但上段柱和屋架组成的刚架可以不考虑吊车荷载的作用,故有利于在屋盖结构中采用新的结构体系而不受吊车动力作用的影响,且计算简单,有时亦可利用上段柱中的塑性铰释放多跨厂房中的横向温度应力,从而避免设置纵向温度缝,使结构

大为简化。

4. 屋盖结构

屋盖结构体系有无檩及有檩两种布置方案。

无檩方案是在屋架上直接设置大型钢筋混凝土屋面板,如图 2 - 11 所示。该方案的屋架间距及屋面板跨度一般为 6 m,也有 12 m 的,其优点是屋盖的横向刚度大,整体性好,构造简单,较为耐久,构件种类和数量少,施工进度快,易于铺设保温层等;其缺点是屋面自重较大,因而屋盖及下部结构用料较多,且由于屋盖重量大,对抗震也不利。

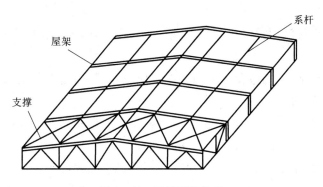

图 2 - 11　无檩屋盖体系

有檩方案是在钢屋架上设置檩条,檩条上面再铺设石棉瓦或瓦楞铁或压型钢板或钢丝网水泥槽板等轻型屋面材料(图 2 - 12)。有檩方案具有构件质量轻、用料省、运输安装均较轻便等优点;它的缺点是屋盖构件数量较多,构造较复杂,吊装次数多,组成的屋盖结构横向整体刚度较差。

当柱距较大时,纵向布置的檩条或

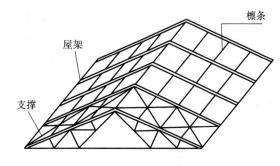

图 2 - 12　有檩屋盖体系

大型屋面板跨度大,用料很不经济,这时宜在柱上增设托架,在托架上设中间屋架,再设置屋面板或檩条,或在横向框架上布置纵横梁,以减小檩条的跨度,这就形成了复杂布置。

无檩方案多用于对刚度要求较高的中型以上厂房,有檩方案则多用于对刚度要求不高的中、小型厂房,但近年来修建的宝钢、武钢等的大量冶金厂房也采用了有檩方案。因此,到底选择哪种方案,应综合考虑厂房规模、受力特点、使用要求、材料供应及运输、安装等条件。

屋盖结构由于以下种种原因会引发一些事故,应引起设计者的注意。

(1)屋盖积灰过厚,长期未进行清扫,大大超过设计荷载,有时达 1 倍以上,使檩条、屋架和托架受力过大,有时甚至造成整个屋盖倒塌。

(2)厂房结构在施工过程中钢材除锈不良,在使用过程中又不加以维护,因而造成结构锈蚀严重,削弱了杆件断面,降低了结构的强度和稳定性,以致不能继续使用。如某烧结厂的钢屋盖每年锈蚀 0.2 ~ 0.3 mm,屋架仅用几年就需更换;又如某转炉车间,由于屋架上聚集了大量腐蚀性烟尘,杆件受到严重腐蚀,最后倒塌。

（3）结构选型不当，使受拉杆件在使用过程中受压，因而失稳破坏。如某厂平炉车间中列柱上的天窗架斜拉杆在使用过程中由于屋架向下挠曲而受压失稳。

（4）某厂天窗架节点板厚度较小，连接焊缝过大，施焊时引起节点板脆裂；节点板边缘与单腹杆轴线的交角太小，节点板宽度不够，因而在施工过程中断裂。

（5）钢材质量不合格，碳、硫、磷含量过高，施焊时钢材开裂。

（6）没有设置屋盖支撑，或者设置不当，使屋架侧向失稳破坏。

（7）屋盖结构中的杆件长细比太大，运输和安装时未予加固，使杆件弯曲变形过大，影响使用。

（8）自防水屋面渗漏现象严重，影响使用，加上防水措施后，增大了屋盖的荷载，降低了屋盖结构的安全度。

（9）在轻钢结构中，若构造设计不当或施工质量不好，引起偏心受力，将大大降低结构的安全度，甚至引发事故。

（10）在重级工作制车间，特别是设有夹钳或刚性料耙车间的厂房中，当支撑拉杆的长细比 $\lambda \geqslant 350$ 时，振动较大，连接节点板有损坏现象。

屋盖结构的布置和设计应尽可能采用以下设计思想和方法。

（1）屋盖结构的选型应根据生产工艺和建筑造型的要求综合考虑材料供应、施工能力、生产维修诸因素，以获取较好的经济效益。其具体形式主要取决于屋面材料、天窗形式、钢材供应情况以及施工吊装能力等因素。一般情况下轻屋面采用有檩屋盖体系，重屋面采用无檩屋盖体系。天窗形式按通风和采光要求确定。纵向天窗构造简单，钢材消耗指标不高，应用范围最广；横向天窗和井式天窗构造复杂，钢材消耗指标并不低，故应用较少。只有当通风要求很高，需要很大的排风面积时，才以采用下沉式横向天窗为宜。在一个温度区段内一般只采用一种天窗形式，但在特殊情况下，亦可采用多种天窗形式，甚至在一个跨度内亦可采用兼有纵向和横向作用的混合型天窗。

（2）屋架间距与屋面材料有关。

①对无檩屋盖，屋架间距一般采用 6 m，个别情况也有采用 9 m 或 12 m 的。

②对有檩屋盖，当采用瓦楞板、槽瓦、大波瓦等屋面材料时，屋架间距采用 6 m；当采用压型金属板时，屋架间距宜采用 10～20 m，此时应将屋盖支撑体系设置在上弦平面内。

（3）屋盖结构形式应尽量统一，减少安装部件的种类。

（4）屋架、托架一般采用桁架式，当受到某些条件限制（如本身为刚接结构或有净空要求、抗扭要求等）时，可以采用实腹式结构。檩条一般为实腹式或蜂窝梁式。

（5）根据实际需要，可在厂房中某一、二榀屋架处考虑设置安装、检修吊车或其他设备的吊点。

（6）钢材的质量应符合要求，在施工图中明确提出，严格加以控制。为了方便订货和施工，同种构件宜选用同种钢材，钢材规格不宜太多。

（7）屋盖支撑的布置，应能保证结构在施工和使用期间的刚度和稳定性，满足使用要求，并能传递风力或地震荷载以及其他水平荷载。

（8）屋盖结构的设计应考虑施工要求，做到方便施工、加快进度、减小施工量，如：充分利用吊装设备,有条件时,尽量考虑整体吊装;尽量减少高空焊接;为保证吊装时所必需的刚度,屋架高度不宜太高,弦杆在平面外的长细比不宜太大;各种安装接头要便于施工。

(9)当屋架与托架(梁)搭接时,在设计上应尽量不使托架(梁)受扭,并在构造上采取抗扭措施。

(10)屋盖结构在运输和安装时的强度和稳定性问题,一般采取临时加固措施予以解决,在设计中可不予验算。

2.1.3　支撑体系和墙架

当平面框架只靠屋面构件、吊车梁和墙梁等纵向构件相连时,厂房结构的整体刚度较差,在受到水平荷载作用后,往往由于刚度不足,沿厂房的纵向产生较大的变形,影响厂房的正常使用,有时甚至可能导致破坏。因而必须把厂房结构组成一个具有足够强度、刚度和稳定性的空间整体结构,可靠而又经济合理的方法是在平面框架之间有效地设置支撑,使厂房结构成为几何不变体系。

厂房支撑体系主要有屋盖支撑和柱间支撑两部分。

1. 支撑体系的作用

图 2-13 表示一座没有设置支撑的单跨厂房结构。分析该结构的受力情况后,可以发现以下重要问题。

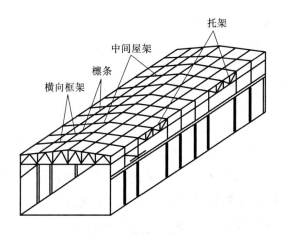

图 2-13　支撑作用分析图

(1)屋架上弦出平面(垂直于屋架平面)的计算长度等于屋架的跨度。按这样大的计算长度设计上弦受压杆件,不但极不合理,而且实际实施也有困难。平行铺设的檩条对弦杆不能起侧向固定支撑的作用,因为当弦杆以半波的形式侧向鼓凸时,所有檩条都将随之平移而不起支撑作用。同样,屋架下弦受拉杆件平面外的计算长度也太大,特别是端节间的下弦杆受压时,问题更为严重。

(2)作用在端墙上的水平风力,一部分将由墙架柱传递至端部屋架的下弦(或上弦)节点。如屋架的弦杆不与相邻屋架的相应弦杆利用支撑组成水平桁架,则它在风力作用下将发生水平弯曲,这是一般屋架的弦杆所不能承受的。此外,由于柱沿厂房纵向的刚度很小,它与基础的连接在这个方向一般接近铰接,吊车梁又都简支于柱上,因此,由柱及吊车梁等构件组成的纵向框架,在上述风力及吊车的纵向制动力等的作用下,将产生很大的纵向变形或振动。在严重情况下,甚至有使厂房倾倒的危险。

(3)当某一横向框架受到横向荷载(如吊车的横向制动力)作用时,由于各个横向框架之间没有用在水平面中具有较大刚度的结构联系起来,不能将荷载分布到邻近的横向框架上,因而需由这个横向框架独立承担。这样,结构的横向刚度将显得不足,侧移和横向振动较大,影响结构的使用性能和寿命。

(4)由于托架在水平方向的刚度极小,所以支撑在托架上的中间屋架不很稳定,容易横向动摇和振荡。

(5)当横向框架的间隔较大时,需在框架柱之间设立墙架柱以承担作用在纵向墙上的水平风载,可是在图2-13所示的结构中,墙架柱的上端无法设支撑点。

(6)在安装过程中,由于屋架的跨度较大,而它的侧向刚度又很小,故很容易倾倒。

(7)由于各个横向框架之间缺乏联系,因此除了结构的横向和纵向刚度不足外,如果厂房受到斜向或水平扭力,则在局部或整个结构中将产生较大的歪斜和扭动。

由此可见,支撑体系是厂房结构的重要部分。适当而有效地布置支撑体系可将各个平面结构连成整体,提高骨架的空间刚度,保证厂房结构具有足够的强度、刚度和稳定性。

2. 屋盖支撑

1)屋盖支撑的作用

屋盖支撑的作用主要有:

①保证结构的空间作用;

②增强屋架的侧向稳定性;

③传递屋盖的水平荷载;

④便于屋盖的安全施工。

因此,支撑是屋盖结构的必需组成部分。

屋架是组成屋盖结构的主要构件,其平面外的刚度较小。仅由平面屋架、檩条及屋面板组成的屋盖结构是不稳定的空间体系,所有屋架可能向一侧倾倒,屋盖支撑则可起到稳定的作用。一般的做法:将屋盖两端的两榀相邻屋架用支撑连成稳定体系,其余中间屋架用系杆或檩条与这个端屋架稳定体系连接,以保证整个屋盖结构的空间稳定。如果屋盖结构长度较大,除了两端外,中间还要设置1~2道横向支撑。

屋架侧向有支撑作用,对受压的上弦杆,增加了侧向支撑点,以减小上弦杆在平面外的计算长度,增强其侧向稳定性;对受拉的下弦杆,也可减小平面外的自由长度,并可避免在动力荷载下发生过大的振动。

屋盖结构在风荷载、地震作用或吊车水平荷载作用下,其水平力可通过支撑体系传给柱和基础。

在安装屋架时,首先吊装有横向支撑的两榀屋架,并将支撑和檩条联系好形成稳定体系;然后吊装其他屋架并与之相连,以保证安全施工。

支撑体系在屋盖结构中有着重要作用,是传递荷载、增强稳定性、保证安全不可缺少的一部分。

2）屋盖支撑的布置

屋盖支撑的布置虽因桁架的形状而异，但基本上有五种，即上弦横向支撑、下弦横向支撑、下弦纵向支撑、竖向支撑和系杆。梯形屋架支撑的典型布置如图 2-14 所示。

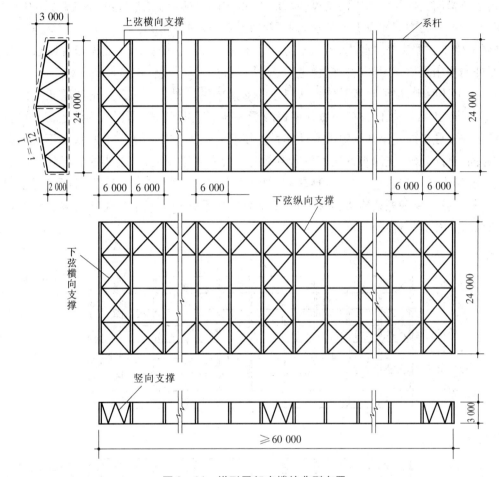

图 2-14 梯形屋架支撑的典型布置

（1）上弦横向支撑以两榀屋架的上弦杆作为支撑桁架的弦杆，檩条为竖杆，另加交叉斜杆共同组成水平桁架。上弦横向支撑将两榀屋架在水平方向联系起来，以保证屋架的侧向刚度。上弦杆在平面外的计算长度因上弦横向支撑而缩短，没有横向支撑的屋架则用上弦系杆或檩条与之相联系，由此增大屋盖结构的整体空间刚度。

（2）下弦横向支撑是以屋架下弦杆为支撑桁架的弦杆，以系杆和交叉斜杆为腹杆，共同组成水平桁架。

（3）下弦纵向支撑以系杆为弦杆，以屋架下弦为竖杆。下弦水平支撑在横向与纵向共同形成封闭体系，以增大屋盖结构的空间刚度。下弦横向支撑承受端墙的风荷载，减小弦杆的计算长度和受动力荷载时的振动。下弦纵向支撑传递水平力，在有托架时还可保证托架平面外的刚度。

（4）竖向支撑使两榀相邻屋架形成空间几何不变体系，以保证屋架的侧向稳定。

（5）系杆充当屋架上下弦的侧向支撑点，以保证无横向支撑的其他屋架的侧向稳定。

带天窗的屋架也需布置支撑,其上弦水平支撑一般布置在天窗架的上弦,仍保留天窗架下的屋架上弦水平支撑,天窗支撑与屋架支撑共同形成一个封闭空间。

支撑布置原则:房屋两端必须布置上下弦横向支撑和竖向支撑,屋架两边布置下弦纵向支撑,下弦横向支撑与下弦纵向支撑必须形成封闭体系;横向支撑的间距不应超过 60 m,当房屋较长时,可在中间增设上下弦横向支撑和相应的竖向支撑(图 2 – 14);竖向支撑一般布置在屋架跨中和端竖杆平面内,当屋架跨度大于 30 m 时,在跨中 1/3 处再布置两道竖向支撑;系杆的作用是增强屋架的侧向稳定性,减小弦杆的计算长度,传递水平荷载。

根据上述原则,也可布置其他形状屋架的支撑体系。图 2 – 15 为三角形屋架支撑的布置。三角形屋架上弦横向支撑布置在屋盖两端,一般多用轻型屋面材料,因此上弦布置有檩条,檩条与上弦横向支撑共同组成刚性体系。在有上弦横向支撑处,布置相应的下弦横向支撑和竖向支撑。竖向支撑布置在三角形屋架的两边中间系杆上,与屋架的上下弦横向支撑组成刚度较大的稳定体系。在三角形屋架中可不布置下弦纵向支撑,因为风荷载可通过刚度较大的上弦支撑和檩条传递,受拉的屋架下弦仅用系杆相互联系就能满足减小计算长度和保证整体空间稳定性的要求。

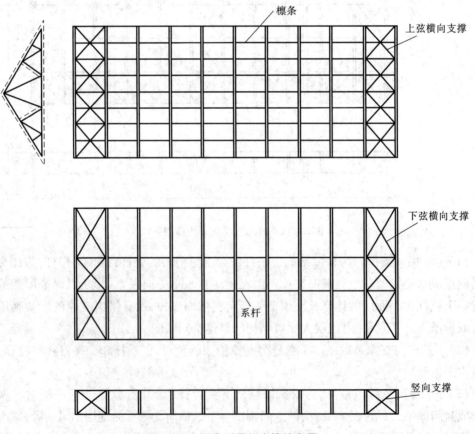

图 2 – 15 三角形屋架支撑的布置

3. 柱间支撑

1) 柱间支撑的作用

(1) 与框架柱组成刚性纵向框架,保证厂房的纵向刚度。因为柱在框架平面外的刚度远小于在框架平面内的刚度,而柱间支撑的抗侧移刚度比单柱平面外的刚度约大 20 倍,因此设置柱间支撑对加强厂房的纵向刚度十分有效。

(2) 承受厂房的纵向力,把吊车的纵向制动力、山墙风荷载、纵向温度力、地震力等传至基础。

(3) 为框架柱在框架平面外提供可靠的支撑,减小柱在框架平面外的计算长度。

2) 柱间支撑的设置

柱间支撑在吊车梁以上的部分称为上柱支撑,以下的部分称为下柱支撑。当温度区段不很长时,一般设置在温度区段中部,这样可使吊车梁等纵向构件随温度变化比较自由地伸缩,以免产生过大的温度应力。当温度区段很长,或采用双层吊车起重量很大时,为确保厂房的纵向刚度,应在温度区段中间 1/3 的范围内布置两道柱间支撑;为避免产生过大的温度应力,两道支撑间的距离不宜大于 60 m(图 2 - 16)。在温度区段的两端还要布置上柱支撑,以直接承受屋盖的横向水平支撑传来的山墙风荷载,然后经吊车梁传给下柱支撑,最后传给基础。

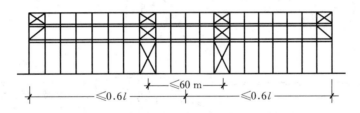

图 2 - 16　柱间支撑的设置

l—温度区段长度

4. 支撑的计算和构造

屋盖支撑都是平行弦桁架,其弦杆是屋架的上下弦杆或者刚性系杆,腹杆多用单角钢组成十字交叉形式,斜杆与弦杆的夹角为 30°~60°。通常横向水平支撑节点间的距离为屋架上弦节间距离的 2~4 倍。纵向水平支撑的宽度取屋架下弦端节间的长度,为 3~6 m。

屋架竖向支撑也是平行弦桁架,其腹杆体系可根据长宽比例确定,当长宽相差不大时采用交叉式(图 2 - 17(a)),相差较大时宜用单斜杆式(图 2 - 17(b))。

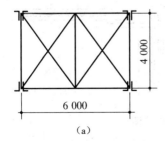

(a)

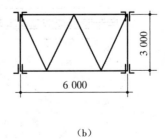

(b)

图 2 - 17　屋盖结构竖向支撑

(a) 交叉式腹杆体系　(b) 单斜杆式腹杆体系

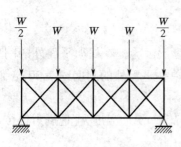

图 2-18 横向水平支撑计算简图

屋盖支撑受力较小,截面尺寸一般由杆件的容许长细比和构造要求确定。承受端墙传来的水平风荷载的屋架下弦横向支撑,可根据水平桁架节点上的集中风力进行分析,此时可假定交叉腹杆中的压杆不起作用,仅拉杆受力,使超静定体系简化为静定体系(图 2-18)。

支撑与屋架的连接构造应尽可能简单方便,支撑斜杆有刚性杆与柔性杆之分,刚性杆采用单角钢,柔性杆采用圆钢,采用圆钢柔性杆时,最好用花篮螺栓预加应力,以增大支撑的刚度。为了便于安装,支撑节点板应事先焊好,然后与屋架用螺栓连接,一般采用 C 级螺栓,M20,每块节点板至少用两个螺栓(图 2-19)。

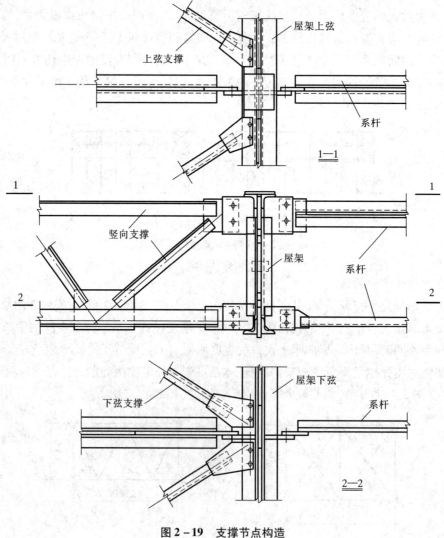

图 2-19 支撑节点构造

5. 墙架结构

墙架结构一般由墙架梁和墙架柱组成。在非承重墙中,墙架构件除了传递作用在墙面上的风力外,尚须承受墙身的自重,并将其传至墙架柱及主要的横向框架,然后传给基础。

当柱的间距在 8 m(采用预应力钢筋混凝土大型墙板时可放宽到 12 m)以内时,纵墙可不设墙架柱。

端墙墙架中有柱与横梁,柱的位置应与门架和屋架下弦横向水平支撑的节点相配合,墙架柱最后与水平支撑联系,以传递风荷载。当厂房高度较大时,可在适当高度设置水平抗风桁架,以减小墙架柱的计算跨度和屋架水平支撑的风荷载,这些桁架支撑在横向框架柱上(图 2 – 20)。

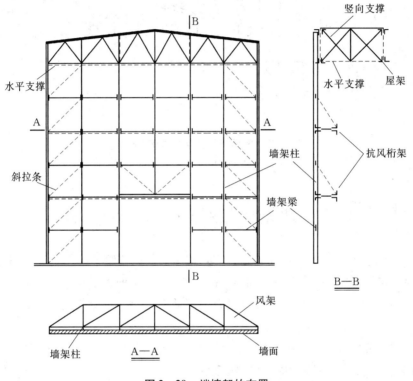

图 2 – 20　端墙架的布置

图 2 – 20 中斜虚线表示的斜拉条是保证端墙墙架横向刚度的主要杆件,设置有足够截面面积和强度的斜拉条或交叉腹杆后,端墙墙架可以代替端部横向框架平面内的竖向支撑。

墙架柱的位置应与屋架下弦横向水平支撑的节点相配合,有困难时应采取适当的构造措施(图 2 – 21(b)、(c)),使墙架柱的水平反力直接传至支撑桁架的节点上。端墙墙架柱不应承受屋架上的竖向荷载,故此柱上端与屋架之间应采取只能传递水平力的"板铰"连接(图 2 – 21)。

当沿厂房横向的风力、地震作用、吊车制动力作用在屋盖支撑系统上时,屋盖支撑系统必须以两端(或一端)的端墙墙架和横向框架为支撑结构,通过端墙墙架和各横向框架共同把这些外力传递到基础和地基。当端墙墙架具有很大的刚度时,能大大减小横向框架承受的水平力。故布置和设计端墙墙架应与设计柱间支撑一样重视,它们对于厂房结构的整体安全是非常重要的。

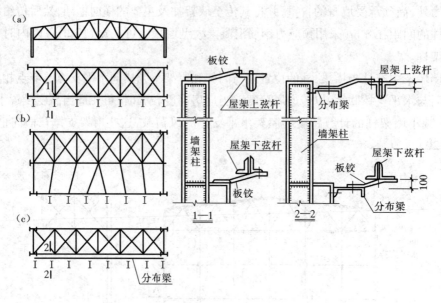

图 2 - 21　端墙墙架柱与屋面支撑的联系
(a)无分布梁　(b)长板铰 + 分布梁　(c)短板铰 + 分布梁

2.2　单层厂房的普通钢屋架结构

单层厂房的钢屋架以横向弯曲的受力方式把屋面荷载传给下部结构。当屋面荷载作用于屋架节点时,屋架的所有杆件只受轴心力的作用,杆件截面上的应力均匀分布;与实腹梁相比,屋架对材料的利用较为充分,因而具有用钢量省、自重小、易做成各种形式和较大跨度以满足不同的要求等特点。

按能承受荷载的大小、使用的跨度、杆件截面的组成及构造等特点,屋架可分为普通钢屋架(以角钢为主)、钢管屋架和轻钢屋架三类。

普通钢屋架采用由两个角钢组成的 T 形截面,并在杆件汇交处用焊缝把各杆连到节点板上。它具有取材容易、构造简单、制造安装方便、与支撑体系形成的屋盖结构整体刚度好、工作可靠、适应性强(用于工业厂房时吊车吨位一般不受限制)等一系列优点,因而目前在我国的工业与民用房屋中应用仍很广泛。它的缺点是由于采用了厚度较大的普通型钢,因此耗钢量较大,在屋架跨度较大或较小时不够经济,适宜的跨度一般为 18 ~ 36 m。

2.2.1　钢屋架的类型和尺寸

1. 选型和布置原则

确定屋架外形及腹杆布置时,应以适用、经济和制造安装方便为原则。

从满足使用要求出发,屋架的外形应与屋面材料的排水要求相适应,如屋面采用瓦类、铁皮、钢丝网水泥槽板等,屋架上弦坡度应做得大些,以利于排水,一般为1/5 ~ 1/2;当采用大型屋面板、上铺卷材防水屋面时,屋架上弦坡度要求小些,一般为1/12 ~ 1/8。

从满足经济要求出发,屋架的外形应尽量与弯矩图相配合。因为一般跨度的屋架弦杆通常都设计成定截面的，屋架外形与弯矩图一致时，屋架弦杆的内力沿全长均匀分布，能够充分发挥材料的作用。腹杆的布置应使短杆受压，长杆受拉，且数量宜少，总长度要短，杆件夹角宜为30°~60°，杆件夹角过小，将使节点构造难以处理。还要注意尽量做到使弦杆承受节点荷载。

从制造安装方便出发，屋架的节点构造要简单合理，节点的数目宜少些；应使屋架的形式便于工厂分段制造、装车运输及现场安装。

全面满足上述所有要求是困难的，一般还要根据材料供应情况、屋架的跨度、荷载大小综合考虑，最后选定。

2. 钢屋架的外形

普通钢屋架的外形有矩形（平行弦）、三角形、梯形、曲拱形及梭形等（图2-22）。在确定钢屋架的外形时，应考虑房屋的用途、建筑造型和屋面材料的排水要求等。

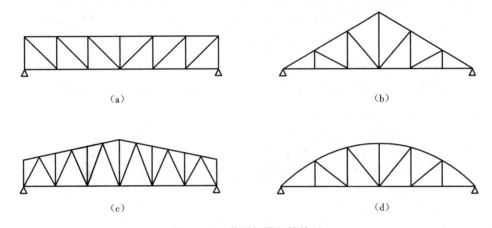

图 2-22　普通钢屋架的外形

(a)矩形屋架　(b)三角形屋架　(c)梯形屋架　(d)曲拱形屋架

矩形屋架（图2-22(a)）的优点是上下弦平行，腹杆长度相等，杆件类型较少，节点构造相同，符合标准化、工业化制造要求；缺点是平行弦排水较差，跨中弯矩大而桁架高度未增加，弦杆内力较大。因此，平行桁架一般用于托架或支撑体系。

三角形屋架（图2-22(b)）比较符合简支梁的弯矩图，腹杆受力较小，但弦杆内力变化较大，支座处弦杆内力最大，跨中弦杆内力最小，故弦杆截面未能充分发挥作用。三角形屋架与柱子铰接，房屋横向刚度较差。三角形屋架一般用于屋面坡度较大的屋盖结构或中小跨度的轻型屋面结构中。

梯形屋架（图2-22(c)）的受力情况较三角形屋架为好，腹杆较短，与柱可刚性连接。梯形屋架一般用于坡度较小的屋盖中，现已成为工业厂房屋盖结构的基本形式。

曲拱形屋架（图2-22(d)）最符合弯矩图，但上弦（或下弦）弯成曲线形比较费工，如改为折线形则较好。曲拱形屋架用在有特殊要求的房屋中。

3. 钢屋架的腹杆形式

平行弦桁架的腹杆形式有单斜杆式、菱形、K形和十字交叉形等（图2-23）。

在单斜杆式腹杆（图2-23(a)）中，较长的斜杆受拉，较短的竖杆受压，是比较经济的腹

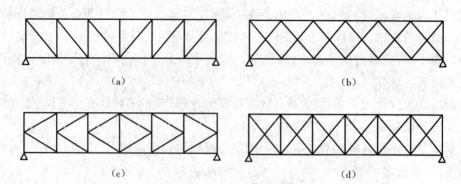

图 2－23　平行弦桁架的腹杆形式

(a)单斜杆式腹杆　(b)菱形腹杆　(c)K 形腹杆　(d)十字交叉形腹杆

杆形式。菱形腹杆(图 2－23(b))受力较小,截面上有两根斜杆受力,但用料较多。K 形腹杆(图 2－23(c))用在桁架较高时,可减小竖杆长度。十字交叉形腹杆(图 2－23(d))宜用在承受反复荷载的桁架中,有时斜杆可用柔性杆。

三角形屋架多用芬克式腹杆(图 2－24(a)),其受力合理,且可分为两榀小屋架,便于运输。单斜杆式腹杆(图 2－24(b))数量较少,且节点构造简便,也是合理的布置形式。

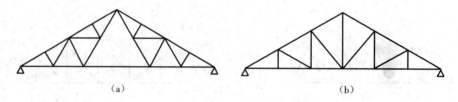

图 2－24　三角形屋架的腹杆形式

(a)芬克式腹杆　(b)单斜杆式腹杆

梯形屋架的支座端斜杆最好向外倾斜,使桁架与柱刚性连接(图 2－25(a)),这种布置使桁架受压的上弦自由长度较受拉的下弦为小。如果大型屋面板的主肋正好搁置在上弦节点之间,则宜用再分式腹杆(图 2－25(b)),以避免上弦产生局部弯矩。

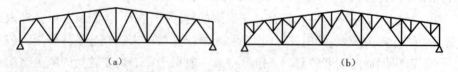

图 2－25　梯形屋架的腹杆形式

(a)桁架与柱刚性连接　(b)再分式腹杆

曲拱形屋架的腹杆多用单斜杆式。有时为了缩短腹杆,下弦也起拱,形成新月形式(图 2－26(a))。为了配合顶部采光,常采用三角式上弦杆(图 2－26(b))。

4. 钢屋架的主要尺寸

屋架的主要尺寸有跨度、高度、节间宽度。

屋架跨度应根据工艺和使用要求确定,并与屋面板宽度的模数配合,常用的模数为 3 m,因此屋架跨度为 3 m 的倍数,有 12 m、15 m、18 m、21 m、24 m、27 m、30 m、36 m,也有更

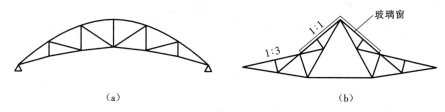

图 2 - 26   曲拱形屋架的腹杆形式

（a）新月形式的腹杆   （b）三角式上弦杆

大的跨度。三角形屋架有檩屋盖结构的跨度尺寸比较灵活，可以不受 3 m 模数的限制。

屋架高度应根据经济、刚度、建筑等要求以及屋面坡度、运输条件等因素来确定。三角形屋架高度较大，一般高度 $h = (1/6 \sim 1/4) l$（l 为跨度），以满足屋面应具有较大坡度的要求。梯形屋架坡度较小，屋架高度应满足刚度要求，当上弦坡度为 $1/12 \sim 1/8$ 时，跨中高度一般为 $(1/10 \sim 1/6) l$，跨度大（或屋面荷载小）时取小值，反之取大值。梯形屋架的端部高度：当屋架与柱铰接时为 $1.6 \sim 2.2$ m，刚接时为 $1.8 \sim 2.4$ m，端弯矩大时取大值，反之取小值。确定端部高度后可根据屋面坡度推算跨中高度，但桁架高度应小于运输高度 3.85 m。

屋架上弦节间的划分要根据屋面材料确定，采用大型屋面板时，上弦节间为 $1.5 \sim 1.8$ m；采用檩条时，则根据檩条间距确定，一般为 $0.8 \sim 3.0$ m。尽可能使屋面荷载直接作用在屋架节点上，避免上弦产生局部弯矩。

2.2.2   钢屋架的计算分析

1. 计算假定

（1）钢屋架的节点为铰接。

（2）屋架所有杆件的轴线都在同一平面内，且相交于节点的中心。

（3）荷载都作用在节点上，且都在屋架平面内。

上述假定是理想的情况，实际上由于节点的焊缝连接具有一定的刚度，杆件不能自由转动，因此节点不完全是铰接，故在屋架杆件中有一定的次应力。根据分析，对于由角钢组成的 T 形截面，次应力对屋架的承载能力影响很小，设计时可不予考虑。但对于刚度较大的箱形和 H 形截面，当弦杆截面高度与长度（节点中心间的距离）之比大于 $1/10$（对弦杆）或大于 $1/15$（对腹杆）时，应考虑节点刚度所引起的次应力。其次，由于制造偏差和构造原因等，杆件轴线不一定全部交于节点中心，外荷载也可能不完全作用在节点上，所以节点上可能有偏心弯矩。

如果上弦有节间荷载，应先将节间荷载换算成节点荷载，才能计算各杆件的内力。而在设计上弦时，还应考虑节间荷载在上弦引起的局部弯矩，上弦按偏心受压构件计算。

2. 荷载

1）荷载类型和组合

荷载可分为永久荷载和可变荷载。

永久荷载指屋面材料和檩条、支撑、屋架、天窗架等结构的自重。

可变荷载指屋面活荷载、积灰荷载、雪荷载、风荷载以及悬挂吊车荷载等。其中屋面活荷载和雪荷载不会同时出现,可取两者中的较大值计算。

屋架内力应根据使用过程和施工过程中可能出现的最不利荷载组合计算。在屋架设计时应考虑以下三种荷载组合:

(1)永久荷载 + 可变荷载;

(2)永久荷载 + 半跨可变荷载;

(3)屋架、支撑和天窗架自重 + 半跨屋面板重 + 半跨屋面活荷载。

屋架上、下弦杆和靠近支座的腹杆按第一种荷载组合计算;跨中附近的腹杆在第二、三种荷载组合作用下内力可能最大而且可能变号。如果在安装过程中能保证屋脊两侧的屋面板对称均匀铺设,则可以不考虑第三种荷载组合。

采用轻质屋面材料的三角形屋架,在风荷载和永久荷载作用下原来受拉的杆件可能变为受压;另外,对于采用轻质屋面的厂房,要注意在排架分析时求得的柱顶最大剪力会使屋架下弦出现变号内力(即压力)或附加内力。

2)荷载计算

各种荷载作用下节点荷载汇集按下式计算:

$$P_i = \gamma_i q_k a s \qquad (2-2)$$

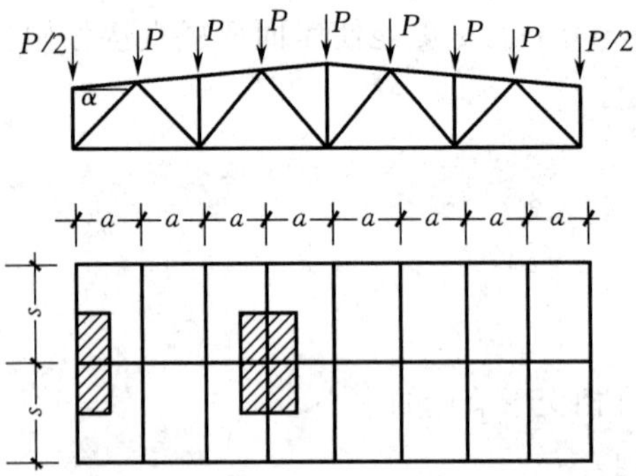

图 2 – 27　节点荷载汇集简图

式中　　q_k——每平方米屋面水平投影面上的标准荷载值,由于屋面构造层的重量沿屋面分布,计算时需把它折算到水平投影面上,即 $q_k = g/\cos\alpha$,其中,g 为沿屋面坡向作用的荷载,α 为上弦与水平面的夹角;

a——屋架弦杆节间的水平长度;

s——屋架的间距(图 2 –27);

γ_i——荷载分项系数,对永久荷载取 1.3,对可变荷载取 1.5。

屋架及支撑自重的荷载可按下面的经验公式估算:

$$q_k = 0.117 + 0.011l \qquad (2-3)$$

式中　l——屋架的跨度,m。

当不设吊顶时,可以假设屋架自重全部作用在上弦节点上;有吊顶时,则平均分配于上、下弦节点。

当设有悬挂吊车时,必须考虑悬挂吊车与屋架连接的具体情况,以求出其对屋架的最大作用力。

对于风荷载,当屋面与水平面的夹角小于 30°时,一般可不考虑,但对于瓦楞铁等轻型屋面、开敞式房屋以及风荷载大于 490 N/m² 时,则应按照荷载规范的规定计算风荷载的作用。

对有较大振动设备的厂房(如锻工车间)和地震烈度大于 9 度的地震区房屋,应参照

《建筑抗震设计规范》考虑附加竖向荷载的作用。

　　3. 内力分析

　　计算屋架杆件的内力时假设:屋架各杆为理想直杆,轴线均在同一平面内且汇交于节点;各节点均理想铰接。显然上述假设和实际情况有差别。由于制造偏差和构造上的原因,各杆不是理想直杆,也不一定都在同一平面内且相交于一点,但这些差异已在杆件的初弯曲、初偏心中予以考虑。焊接节点并非理想铰接,而是有相当大的刚度,在杆件中将产生一定的次应力。试验研究和理论分析结果表明:在普通钢屋架中这种次应力对屋架的承载能力影响很小,设计时可忽略不计。

　　1)轴向力

　　屋架杆件的轴向力可用数解法或图解法求得。对三角形和梯形屋架用图解法比较方便,对平行弦屋架用数解法较方便。在某些设计手册中有常用屋架的内力系数表,只要将屋架节点荷载乘以相应杆件的内力系数,即可得该杆件的内力。

　　2)上弦局部弯矩

　　上弦有节间荷载时,除轴向力外,还有局部弯矩。关于局部弯矩的计算,既要考虑上弦的连续性,又要考虑上弦节点的弹性位移。为了简化,可近似地按简支梁计算出弯矩 M_0,然后乘以调整系数。端节间的正弯矩 $M_1 = 0.8M_0$,其他节间的正弯矩和节点负弯矩 $M_2 = 0.6M_0$(图 2 - 28)。当屋架与柱刚接时,除上述计算的屋架内力外,还应考虑在排架分析时所得的屋架端弯矩对屋架杆件内力的影响(图 2 - 29)。

　　将按图 2 - 28 的计算简图算出的屋架杆件内力与按铰接屋架计算出的内力组合,取最不利情况的内力设计屋架杆件。

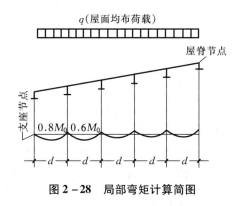

图 2 - 28　局部弯矩计算简图

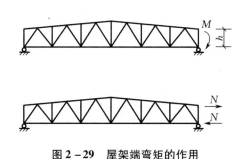

图 2 - 29　屋架端弯矩的作用

2.2.3　钢屋架的杆件设计

　　1. 杆件的计算长度

　　在理想的铰接屋架中,压杆在屋架平面内的计算长度应是节点中心间的距离。但由于节点具有一定的刚性,当某一压杆在屋架平面内失稳屈曲、绕节点转动时,将受到与节点相连的其他杆件的阻碍,显然这种阻碍相当于弹性嵌固,这对压杆的工作是有利的。理论分析和试验证明阻碍节点转动的主要因素是拉杆,节点上的拉杆数量愈多,拉力和拉杆的线刚度愈大,则嵌固程度也愈大,由此可确定杆件在屋架平面内的计算长度。图 2 - 30 所示的普通钢屋架的受压弦杆、支座竖杆及端斜杆的两端节点上压杆多、拉杆少,杆件本身线刚度又大,故节点的嵌固程度较小,可偏于安全地视为铰接,计算长度取其几何长度,即 $l_{0x} = l$,l 是杆件的几何长度。对于其他腹杆,由于一端与上弦杆相连,嵌固作用不大,可视为铰接,另一端与下弦杆相连的节点上拉杆数量多、拉力大、拉杆刚度也大,所以嵌固程度较大,计算长度取 $l_{0x} = 0.8l$。屋架弦杆在屋架平面外的计算长度应取屋架侧向支撑节点之间的距离。对于上弦杆,在有檩方案中当檩条与支撑的交叉点不相连(图 2－30)时,此距离即为 $l_{0y} = l_1$,l_1 是支撑节点间的距离;当檩条与支撑的交叉点相连时,则 $l_{0y} = l_1/2$,即上弦杆在屋架平面外的计算长度等于檩距。在无檩屋盖设计中,根据施工情况,当不能保证所有大型屋面板都能以三点与屋架可靠焊连时,为安全起见,认为大型屋面板只能起刚性系杆作用,上弦杆平面外的计算长度仍取支撑节点之间的距离;若每块屋面板与屋架上弦杆都能够保证以三点可靠焊连,考虑到屋面板能起支撑作用,上弦杆在屋架平面外的计算长度可取两块屋面板的宽度,但不大于 3 m。屋架下弦杆在屋架平面内的计算长度取 $l_{0x} = l$,在屋架平面外的计算长度取 $l_{0y} = l_1$,l_1 为侧向支撑点间的距离,视下弦支撑及系杆设置而定。由于节点板在屋架平面外的刚度很小,当腹杆在平面外屈曲时只起板铰作用,故其平面外的计算长度取其几何长度,即 $l_{0y} = l$。

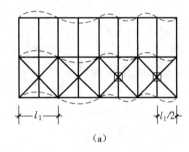
(a)

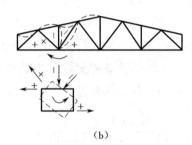
(b)

图 2－30　屋架杆件的计算长度

(a)屋架上弦平面外的计算长度　(b)屋架杆件平面内的计算长度

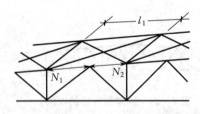

图 2－31　二节间压力不等时屋架弦杆平面外的计算长度

图 2－31 表示当屋架弦杆侧向支撑点间的距离为节间长度的 2 倍,且此二节间压力不等,根据理论分析计算这样的轴心压杆在屋架平面外的稳定性时,计算杆力仍取较大的轴力 N_1,计算长度按下式计算:

$$l_{0y} = l_1 \left(0.75 + 0.25 \frac{N_2}{N_1} \right) \qquad (2-4)$$

且

$$l_{0y} \geqslant 0.5 l_1$$

式中　N_1——较大的压力;

N_2——较小的压力或拉力,计算时取拉力为负,压力为正。

再分式腹杆体系的受压主斜杆及 K 形腹杆体系的竖杆(图 2－32(a)、(b)),其在屋架平面外的计算长度也按式(2－4)确定。但考虑上段(N_1 段)杆件的两端弹性嵌固作用较差,在屋架平面内的计算长度取其几何长度。

由双角钢组成的十字形截面杆件和单角钢腹杆,因截面的主轴不在屋架平面内(图

2 – 33），有可能绕主轴中的弱轴 y_0—y_0 发生斜平面屈曲，这时屋架下弦节点可起到一定的嵌固作用，故其计算长度取 $l_0 = 0.9l$。

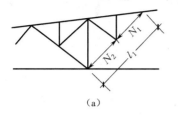 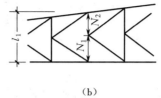

图 2 – 32　两段压力不等时腹杆平面外的计算长度　　　图 2 – 33　十字形截面的主轴

对于交叉式腹杆，交叉斜杆在桁架平面内的计算长度 l_{0x} 应取节点中心到交叉点间的距离。在桁架平面外的计算长度，则与杆件的受力性质和交叉点的连接构造有关，可按下列情况采用：对压杆，当相交的另一杆受拉，且两杆均不中断时为 $0.5l$；当相交的另一杆受拉，两杆中有一杆中断并以节点板搭接时为 $0.7l$；其他情况为 l。拉杆均取 $l_{0y} = l$，l 为节点中心间的距离，但需注意交叉节点不能作为节点考虑；当两交叉杆都受压时，不宜有一杆中断。

当确定交叉式腹杆中单角钢压杆斜平面内的长细比时，计算长度应取节点中心至交叉点的距离。

2. 杆件的截面形式

普通钢屋架的杆件一般采用等肢或不等肢双角钢组成 T 形截面或十字形截面，组合截面的两个主轴回转半径与杆件在屋架平面内和平面外的计算长度相配合，使两个方向的长细比比较接近，满足用料经济、连接方便的要求。

等边角钢相并（图 2 – 34（a）），其特点是 $i_y \approx (1.3 \sim 1.5)i_x$，即 y—y 方向的回转半径略大于 x—x 方向的，所以用在腹杆中较好，因为腹杆的 $l_{0x} = 0.8l$，$l_{0y} = l$，这样，$l_{0y} \approx 1.25 l_{0x}$，两个方向的长细比比较接近。

不等边角钢短肢相并（图 2 – 34（b）），其特点是 $i_y \approx (2.6 \sim 2.9)i_x$。在上下弦杆中，如果屋架平面外的计算长度 l_{0y} 等于屋架平面内的计算长度 l_{0x} 的 2～3 倍，即 $l_{0y} = (2 \sim 3)l_{0x}$，采用这种截面可使两个方向的长细比比较接近。

不等边角钢长肢相并（图 2 – 34（c）），其特点是 $i_y \approx (0.75 \sim 1.0)i_x$，用于端斜杆、端竖杆较好，因为这两种杆件的 $l_{0y} = l_{0x}$，可使两个方向的长细比相近。此外，当上弦杆有较大的弯矩作用时，也宜采用这种截面形式。

十字形截面（图 2 – 34（d）），其特点是 $i_y = i_x$，宜用于有竖向支撑相连的竖腹杆，以使竖向支撑与屋架节点不产生偏心作用。

为了使由两个角钢组成的杆件起整体作用，应在角钢的相并肢之间焊上垫板（图 2 – 35），垫板厚度与节点板厚度相同，宽度一般取 60 mm，长度应伸出角钢肢 15～20 mm，垫板间距在受压杆件中不大于 $40i$（i 为平行于垫板的单肢回转半径，对于十字形截面，i 为单角钢最小回转半径），在受拉杆件中不大于 $80i$。一根杆件在计算长度范围内至少布置两块垫板，如果只在中央布置一块，由于垫板处于杆件中心，剪力为零而不起作用。

3. 截面选择和计算

钢屋架所有杆件，不论是压杆还是拉杆，为了保证屋架杆件在运输、安装及使用阶段正

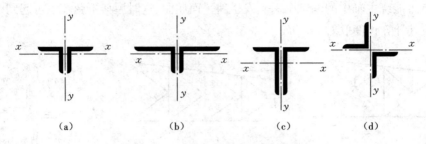

图 2 – 34　普通钢屋架杆件的截面形式

(a)等边角钢相并　(b)不等边角钢短肢相并　(c)不等边角钢长肢相并　(d)等边角钢对角布置

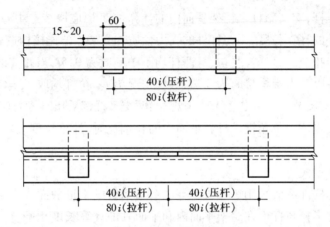

图 2 – 35　屋架杆件的垫板布置

常工作,都要满足一定的刚度要求,即所有杆件截面必须满足一定的长细比要求,如主要压杆为 150,次要拉杆可达到 400 等。

屋架的杆件应优先选用肢宽而薄的角钢,以增大其回转半径,但要求保证其局部稳定,一般角钢厚度不宜小于 4 mm,钢板厚度不小于 5 mm,因此角钢规格不宜小于∟ 45 × 4 或∟ 56 × 36 × 4。在同一榀屋架中,角钢规格不宜过多,一般为 5 ~ 6 种,以便于配料和订货。

当屋架跨度大于 24 m 时,弦杆可根据内力变化而改变截面,最好只改变一次,否则因设置拼接接头过多反而费工费料。改变截面的办法是变更角钢的肢宽,而不是肢厚,以便于弦杆拼接的构造处理。

屋架弦杆的内力可用数解法或图解法求得,然后根据受力大小选择截面和进行验算。

1)轴心拉杆

强度验算公式为

$$\sigma = \frac{N}{A_\mathrm{n}} \leqslant f \qquad (2-5)$$

式中　N——轴向拉力;

　　　A_n——杆件的净截面面积。

2)轴心压杆

强度验算公式同轴心拉杆。

稳定验算公式为

$$\sigma = \frac{N}{\varphi A} \leqslant f \tag{2-6}$$

式中　N——轴向压力；

　　　A——杆件的毛截面面积；

　　　φ——轴心压杆稳定系数。

在选择截面时，对于轴心压杆可先根据内力和材料强度计算值得到所需截面面积，然后选择适当的角钢型号，再进行强度和稳定验算。但压杆的 φ 和 A 是相互关联的未知值，可先假定一个，例如先假定长细比（弦杆 $\lambda = 70 \sim 100$，腹杆 $\lambda = 100 \sim 120$），从规范中查得 φ 值，代入式（2-6）得所需截面面积 A，再根据所需回转半径 $i_x = l_{0x}/\lambda$，$i_y = l_{0y}/\lambda$，选择角钢型号，最后得实际所用角钢的截面面积 A，回转半径 i_x、i_y，并按实际情况进行杆件稳定验算。

所有杆件均需满足容许长细比的要求：

$$\left.\begin{array}{l} \lambda_x = \dfrac{l_{0x}}{i_x} \leqslant [\lambda] \\[3mm] \lambda_y = \dfrac{l_{0y}}{i_y} \leqslant [\lambda] \end{array}\right\} \text{由双角钢组成 T 形截面} \tag{2-7}$$

$$\lambda = \frac{l_0}{i_{\min}} \leqslant [\lambda] \quad \text{单角钢或十字形截面} \tag{2-8}$$

3）偏心压杆

承受静力荷载或间接承受动力荷载的偏心压杆，允许在一定范围内发展塑性，其强度验算公式为

$$\frac{N}{A_n} + \frac{M_x}{\gamma_x W_{nx}} \leqslant f \tag{2-9}$$

式中　γ_x——截面塑性发展系数；

　　　M_x——上下弦杆跨中正弯矩或支座负弯矩；

　　　W_{nx}——弯矩作用平面内最大净截面抵抗矩。

直接承受动力荷载时，不能考虑塑性，用式（2-9）计算强度时应取 $\gamma_x = 1$。

稳定验算需考虑弯矩作用平面内和弯矩作用平面外。弯矩作用平面内的稳定验算公式为

$$\frac{N}{\varphi_x A} + \frac{\beta_{mx} M_x}{\gamma_x W_{1x}\left(1 - 0.8\dfrac{N}{N'_{Ex}}\right)} \leqslant f \tag{2-10}$$

式中　φ_x——弯矩作用平面内的轴心受压构件的稳定系数；

　　　N'_{Ex}——欧拉临界力，$N'_{Ex} = \pi^2 EA/(1.1\lambda_x^2)$；

　　　W_{1x}——弯矩作用平面内最大受压毛截面抵抗矩；

　　　β_{mx}——等效弯矩系数（当节间中点有一个横向集中力作用时，$\beta_{mx} = 1 - 0.2\dfrac{N}{N'_{Ex}}$；其他荷载情况时，$\beta_{mx} = 1$）。

弯矩作用平面外的稳定验算公式为

$$\frac{N}{\varphi_y A} + \frac{\eta \beta_{tx} M_x}{\varphi_b W_{1x}} \leqslant f \tag{2-11}$$

式中　φ_y——弯矩作用平面外的轴心受压构件的稳定系数;

　　　　φ_b——受弯构件的整体稳定系数;

　　　　β_{tx}——等效弯矩系数(当所考虑构件段有端弯矩和横向弯矩作用,且使构件段产生同向曲率时,$\beta_{tx}=1.0$,当使构件段产生反向曲率时,$\beta_{tx}=0.85$;所考虑构件段内无端弯矩,但有横向荷载作用时,$\beta_{tx}=1.0$);

　　　　η——调整系数,箱形截面为0.7,其他截面为1.0。

　　屋架中内力很小的腹杆和按构造需要设置的杆件,一般可按容许长细比选择截面而不必验算。

2.2.4　钢屋架的节点设计

1. 节点设计原则

(1)屋架杆件重心线应与屋架几何轴线重合,并交于节点中心,以避免引起偏心弯矩。但为了制造方便,角钢肢背到屋架轴线的距离可取 5 mm 的倍数,如用螺栓与节点板连接,可采用靠近杆件重心线的螺栓准线为轴线。

(2)当弦杆截面沿长度变化时,为了减小偏心和使肢背齐平,应使两个角钢重心线的中线与屋架轴线重合(图 2-36)。如轴线变动不超过较大弦杆截面高度的5%,在计算时可不考虑由此而引起的偏心弯矩。

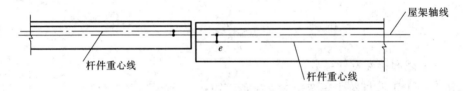

图 2-36　弦杆截面改变时的轴线位置

(3)当不符合上述规定,或节点处有较大偏心弯矩时,应根据交汇各杆的线刚度,将此弯矩分配于各杆(图 2-37),计算式为

$$M_i = M \frac{K_i}{\sum K_i} \tag{2-12}$$

式中　M_i——所计算杆件承担的弯矩;

　　　　M——节点偏心弯矩,$M = (N_1 + N_2) e$;

　　　　K_i——所计算杆件的线刚度,$K_i = \dfrac{I_i}{l_i}$;

　　　　$\sum K_i$——汇交于节点的各杆线刚度之和。

算得 M_i 后,杆件截面应按偏心受压(或偏心受拉)计算。

(4)直接支撑大型钢筋混凝土屋面板的上弦角钢可按图 2-38 所示方法予以加强。

(5)节点板的外形应尽量简单,优先采用矩形或梯形、平行四边形,节点板不应有凹角

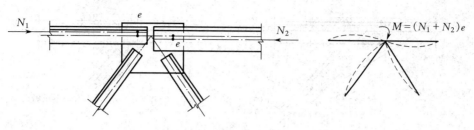

图 2 – 37　弦杆轴线的偏移

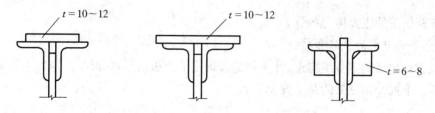

图 2 – 38　上弦角钢直接支撑大型屋面板时的加强

（图 2 – 39）。

（6）角钢端部的切割一般垂直于它的轴线，可切去部分肢，但绝不允许垂直肢完全切去而留下平行的斜切肢（图 2 – 40）。

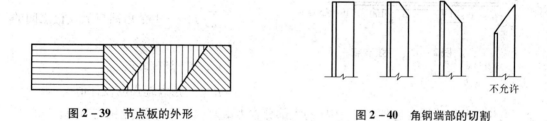

图 2 – 39　节点板的外形　　　　　　　　　**图 2 – 40　角钢端部的切割**

（7）在焊接屋架节点中，腹杆与弦杆或腹杆与腹杆边缘之间的距离一般采用 10 ~ 20 mm，用螺栓连接的节点，此距离可采用 5 ~ 10 mm（图 2 – 41）。

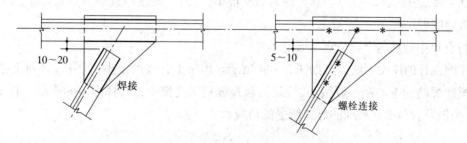

图 2 – 41　屋架杆件连接边缘的距离

（8）单斜杆与弦杆连接，应使之不出现偏心弯矩（图 2 – 42）。

（9）节点板应有足够的强度，以保证弦杆与腹杆的内力能安全传递。节点板厚度不得小于 6 mm，但不要大于 20 mm。根据不同的力大小，选用不同的节点板厚度。同一榀屋架中除支座处节点板比其他节点板厚 2 mm 外，所有节点板应采用同一厚度。节点板不得作

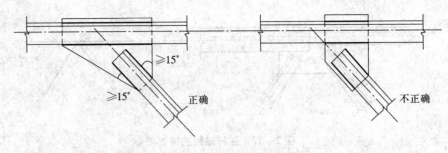

图 2-42　节点板焊缝位置

为拼接弦杆所用的主要传力构件。

2. 上、下弦节点的计算和构造

节点设计包括确定节点构造、计算焊缝及确定节点板的形状和尺寸,应结合屋架施工图绘制进行。下面介绍屋架的几个典型节点。

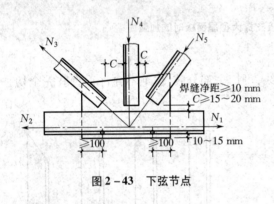

图 2-43　下弦节点

1) 无节点荷载的下弦节点(图 2-43)

各腹杆与节点板的连接角焊缝按各腹杆的内力计算:

$$\sum l_w = \frac{N_3(N_4 \text{ 或 } N_5)}{2 \times 0.7 h_f f_f^w} \quad (2-13)$$

式中　N_3、N_4、N_5——腹杆轴心力;

$\sum l_w$——1 个角钢与节点板之间的焊缝总长度;

h_f——焊缝高度;

f_f^w——角焊缝强度设计值。

当弦杆角钢连续通过节点时,弦杆的大部分轴力由角钢直接传递,角钢与节点板间的焊缝只承受二节间的杆力差值:

$$\Delta N = N_1 - N_2 (\text{当 } N_1 > N_2 \text{ 时})$$

求得 ΔN 后,仍按式(2-13)计算。通常 ΔN 很小,所需焊缝按构造在节点板范围内进行满焊一般均能满足要求。

2) 有集中荷载的上弦节点

无檩设计的屋架上弦节点如图 2-44 所示。由于上弦坡度很小,集中力 P 对上弦杆与节点板间焊缝的偏心距一般很小,可认为该焊缝只承受集中力与杆力差的作用。在 ΔN 作用下,角钢肢背与节点板间的焊缝所受的剪应力为

$$\tau_{\Delta N} = \frac{k_1 \Delta N}{2 \times 0.7 h_f l_w}$$

式中　k_1——角钢肢背上的内力分配系数;

l_w——每根焊缝的计算长度,取实际长度减 $2h_f$。

在 P 的作用下,上弦杆与节点板间的 4 条焊缝平均受力(当角钢肢尖与肢背间的焊缝高度相同时),其应力为

$$\sigma_P = \frac{P}{4 \times 0.7 h_f l_w}$$

肢背焊缝受力最大,因 $\tau_{\Delta N}$ 与 σ_P 间的夹角近于直角,所以应满足以下条件:

$$\sqrt{\tau_{\Delta N}^2 + \left(\frac{\sigma_P}{1.22}\right)^2} \leqslant f_f^w$$

设计时先取 h_f 按以上公式验算。

图 2–45 所示为有檩设计的屋架上弦节点。上弦坡度一般较大,节点集中荷载 P 相对于上弦焊缝有较大的偏心距 e,因此弦杆与节点板间的焊缝除受 ΔN、P 作用外,还受到偏心弯矩 $M = Pe$ 的作用。考虑到角钢肢背与节点板间的塞焊缝不易保证质量,可采用如下近似方法验算焊缝。假定塞焊缝"K"只均匀地承受力 P 的作用,其他力和偏心弯矩均由角钢肢尖与节点板间的焊缝"A"承担,于是"K"焊缝的强度条件为

$$\tau = \frac{P}{2 \times 0.7 h_f' l_w} \leqslant f_f^w$$

式中,$h_f' = \dfrac{t}{2}$,t 为节点板的厚度。这一条件通常均能满足。"A"焊缝承受的力有杆力差 $\Delta N = N_1 - N_2$(当 $N_1 > N_2$ 时)和偏心弯矩 $M = Pe + \Delta N e'$,e' 为弦杆轴线到肢尖的距离。ΔN 在焊缝"A"中产生的平均剪应力为

$$\tau = \frac{\Delta N}{2 \times 0.7 h_f l_w}$$

由 M 产生的焊缝应力为

$$\sigma_M = \frac{6M}{2 \times 0.7 h_f l_w^2}$$

焊缝"A"受力最大的点在该焊缝的两端 a、b 点,最大的合成应力应满足下式:

$$\sqrt{\tau_{\Delta N}^2 + \left(\frac{\sigma_M}{1.22}\right)^2} \leqslant f_f^w \qquad (2-14)$$

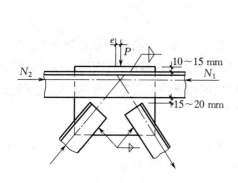

图 2–44　无檩的屋架上弦节点

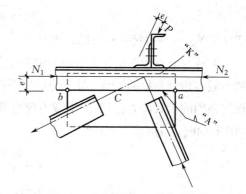

图 2–45　有檩的屋架上弦节点

3)弦杆的拼接节点

屋架弦杆的拼接有两种方式:工厂拼接和工地拼接。前者是为了型钢接长而设的杆件接头,宜设在杆力较小的节间;后者是由于运输条件限制而设的安装接头,通常设在节点处,

如图 2 – 46 所示。

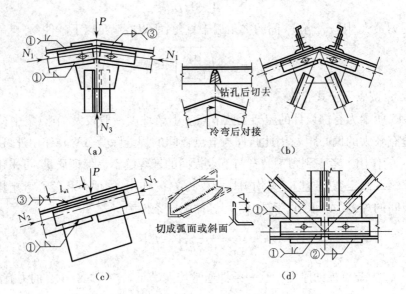

图 2 – 46 屋架的拼接节点

(a)竖腹杆上弦屋脊节点　(b)斜腹杆上弦屋脊节点　(c)上弦节点　(d)下弦节点

弦杆一般用连接角钢拼接,连接角钢的作用是传递弦杆的内力,保证弦杆在拼接节点处具有足够的刚度。拼接时,用安装螺栓定位并夹紧所连接的弦杆,以利于安装焊缝施焊。

连接角钢一般采用与被连弦杆相同的截面。为了与弦杆角钢密贴,需将连接角钢的棱角铲去。为了施焊方便和保证连接焊缝的质量,连接角钢的竖直肢应切去 $\Delta = t + h_f + 5$ (mm)(图 2 – 46(d)),式中 t 是连接角钢的厚度。

弦杆与连接角钢间的连接焊缝通常按被连弦杆的最大杆力计算,并平均分配给连接角钢肢尖的 4 条焊缝,如图 2 – 46 中的焊缝①,每条焊缝的长度为

$$l_{w1} = \frac{N_{max}}{4 \times 0.7 h_f f_f^w} + 2h_f \qquad (2 – 15)$$

式中 N_{max} ——拼接弦杆中的最大杆力。

弦杆与节点板间的连接焊缝计算应具体分析。连接角钢由于削棱切肢对截面的削弱一般不超过角钢面积的 15%,对于受拉的下弦杆,截面由强度计算确定,截面的削弱势必降低连接角钢的承载能力,降低的承载力应由节点板承受,所以下弦杆与节点板间的连接焊缝②(图 2 – 46(d))应按下式计算:

$$\tau = \frac{k_1 \times 0.15 N_{max}}{2 \times 0.7 h_f l_{w2}} \leqslant f_f^w \qquad (2 – 16)$$

式中 k_1 ——下弦角钢肢背上的内力分配系数。

对于受压的上弦杆,连接角钢截面的削弱一般不会降低接头的承载力。因为上弦截面是由稳定计算确定的,所以在图 2 – 46(c)所示的拼接接头处,上弦杆与节点板间的焊缝可根据传递集中力 P 计算;在图 2 – 46(a)、(b)所示的脊节点处,则需根据节点上的平衡关系来计算,上弦杆与节点板间的连接焊缝③应承受接头两侧弦杆的竖向分力与节点荷载 P 的

合力,焊缝③共有 2 条,每条的长度为

$$l_{w3} = \frac{P - 2N_1 \sin \alpha}{8 \times 0.7 h_f f_f^w} + 2h_f \tag{2-17}$$

上弦杆的水平分力由连接角钢承受。

连接角钢的长度 $L = 2l_{w1} + 10(\text{mm})$,10 mm 是空隙尺寸。考虑到拼接节点的刚度,L 应不小于 $400 \sim 600$ mm,跨度大的屋架取大值。

如果连接角钢截面的削弱超过受拉下弦截面的 15% ,宜采用比受拉弦杆厚一级的连接角钢,以免增加节点板的负担。为了减少应力集中,当弦杆肢宽在 130 mm 以上时,应将连接角钢肢斜切,如图 2-46 所示。根据节点构造需要,连接角钢需要弯成某一角度时,一般采用热弯即可,如需弯较大的角度,则采用如图 2-46 所示的先切肢后冷弯对焊的方法。

3. 支座节点

图 2-47、图 2-48 所示为支撑于钢筋混凝土或砖柱上的简支屋架支座节点。

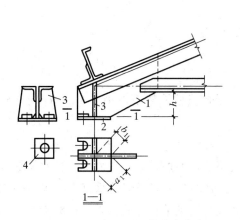
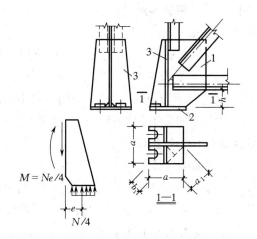

图 2-47　三角形屋架的支座节点

1—节点板;2—支座底板;3—加劲肋;4—垫板

图 2-48　梯形屋架的支座节点

1—节点板;2—支座底板;3—加劲肋

支座节点包括节点板、加劲肋、支座底板及锚栓等几部分。加劲肋的作用:加强支座底板的刚度,以较为均匀地传递支座反力并增强支座节点的侧向刚度。加劲肋要设在支座节点中心处,使其轴线与支座反力的作用线重合。为了便于节点焊缝施焊,下弦杆和支座底板间应留有一定距离 h ,h 不小于下弦水平肢的宽度,也不小于 130 mm。锚栓预埋于钢筋混凝土柱中(或混凝土垫块中),直径一般取 $20 \sim 25$ mm;为便于安装时调整位置,底板上的锚栓孔直径一般为锚栓直径的 $2 \sim 2.5$ 倍,可开成圆孔或椭圆孔。当屋架调整到设计位置后,用垫板套住锚栓且与底板焊接以固定屋架,垫圈的孔径稍大于锚栓直径。

支座节点的传力路线:屋架杆件的内力通过连接焊缝传给节点板,然后经由节点板和加劲肋传给底板,最后传给柱子。因此支座节点计算包括底板计算、加劲肋及其焊缝计算与底板焊缝计算三部分,计算原理与轴压柱柱脚相同,设计的具体步骤如下。

1)底板计算

支座底板所需净截面面积

$$A_n = \frac{N}{f_{cc}}$$

式中　N——屋架支座反力；

　　　f_{cc}——混凝土的抗压设计强度，当混凝土标号为 C20 号时，$f_{cc} = 10$ MPa。

设 ΔA 为锚栓孔面积，则底板所需毛面积为

$$A = A_n + \Delta A$$

采用方形底板时，边长 $a \geqslant \sqrt{A}$，也可取底板为矩形。当支座反力较小时，一般计算所得尺寸都较小，考虑到开栓孔的构造需要，通常要求底板的短边尺寸不得小于 200 mm。

底板厚度采用轴压柱柱脚底板厚度计算公式：

$$t \geqslant \sqrt{\frac{6M}{a_1 f}}$$

$$M = \beta q a_1^2$$

式中　f——钢材强度设计值；

　　　a_1——底板计算单元斜长；

　　　M——两边为直角支撑板时单位板宽的最大弯矩；

　　　q——底板单位板宽所承受的计算线荷载；

　　　β——系数，可在有关手册的表格中查到。

为使柱顶压力较均匀地分布，底板不宜过薄，对于普通钢屋架不得小于 14 mm，对于轻型钢屋架不得小于 12 mm。

2）加劲肋计算

加劲肋高度由节点板尺寸确定。三角形屋架支座节点的加劲肋应紧靠上弦杆水平肢并焊连（图 2 - 47）。加劲肋厚度与节点板厚度相同。加劲肋与节点板间的垂直焊缝可近似按传递支座反力的 1/4 计算，焊缝为偏心受力，每块肋板的两条垂直焊缝承受的荷载为

$$V = N/4 , M = \frac{Ne}{4}$$

节点板、加劲肋与底板间的水平焊缝可按均匀传递支座反力计算。考虑到节点板与底板间的水平焊缝连续通过，加劲肋应切角。计算焊缝长度时，应减掉切角部分。

2.3　横向框架和框架柱

2.3.1　横向框架的结构体系

1. 横向框架的形式

1）单层单跨厂房的横向框架

单层单跨厂房的横向框架主要有铰接框架（图 2 - 49（a））和刚接框架（图 2 - 49（b））两种。

横梁与柱铰接的框架多用在无桥式吊车或有轻型吊车的厂房结构中，其横向刚度较差，但在地基状况不太好和有不均匀沉降的地方却较适合。铰接框架多用于三角形屋架。

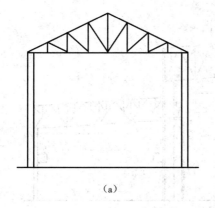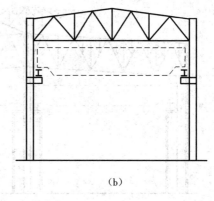

（a）　　　　　　　　　　　　　　　　（b）

图 2 – 49　单层单跨厂房的横向框架

（a）铰接框架　　（b）刚接框架

横梁与柱刚接的框架是常用的结构形式，其横向刚度好，宜用于有桥式吊车或悬挂吊车的厂房，但对支座不均匀沉降及温度作用比较敏感。刚接框架的横梁常为梯形桁架。

由于工艺要求，飞机制造厂的装配车间需要大跨度框架结构，造船厂的总装车间则需要高度大的框架结构（图 2 – 50）。

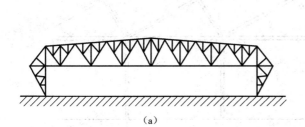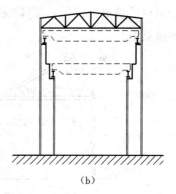

（a）　　　　　　　　　　　　　　　　（b）

图 2 – 50　跨度和高度大的横向框架结构

（a）跨度大的框架　　（b）高度大的框架

2）单层多跨厂房的横向框架

在一些轻工业厂或机械制造厂，由于生产线有许多横向联系，多跨厂房才能满足要求。单层多跨厂房的横向框架有等高多跨（图 2 – 51）和不等高多跨结构（图 2 – 52）。

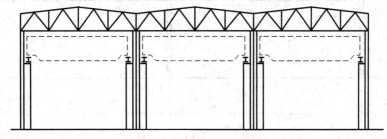

图 2 – 51　等高等跨的三跨厂房横向框架

等高等跨厂房的布置优点是厂房骨架构件的重复性较大，甚至可使结构构件定型化和

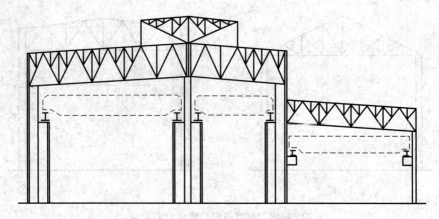

图 2-52　不等高不等跨的三跨厂房横向框架

标准化。

　　多跨框架也有铰接和刚接之分,一般无吊车的厂房或轻型厂房用铰接框架;有吊车的厂房以刚接框架为宜,以增大吊车运行时的厂房刚度和延长厂房结构的使用年限。

　　3)锯齿形厂房的横向框架

　　在一些要求采光和通风的车间中,常用锯齿形厂房横向框架(2-53)。锯齿一面是采光和通风的玻璃窗,另一面是屋面板,这种三角形的锯齿可做成框架式或桁架式,支撑在柱上或横梁上。

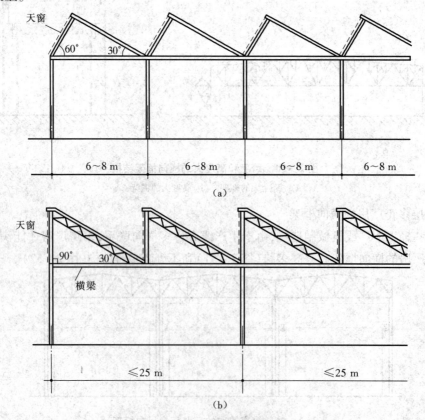

图 2-53　锯齿形厂房的横向框架

(a)框架式锯齿　(b)桁架式锯齿

支撑在边柱上的锯齿,为了加大支撑刚度,常做成桁架式,这种构造可使框架跨度放大到 35 m(图 2 - 54)。

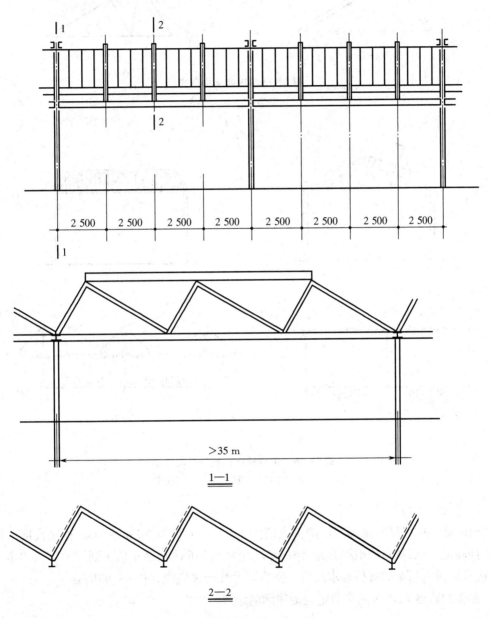

图 2 - 54　边柱桁架加强的锯齿形框架

三角形锯齿多数是框架式(2 - 55(a)),这种形式构造简单,但因有推力,在支座处需设拉杆;也有做成桁架式的(图 2 - 55(b)),用小型钢拼焊而成,可以节省材料。

4)带有横向天窗的横向框架

为了采光和通风,有时采用沿厂房横向设置的天窗,天窗可放在屋架上(图 2 - 56(a)),或屋架本身带天窗(图 2 - 56(b))。天窗与屋架和柱形成横向框架,此类框架往往做成铰接形式,用于轻型厂房中。

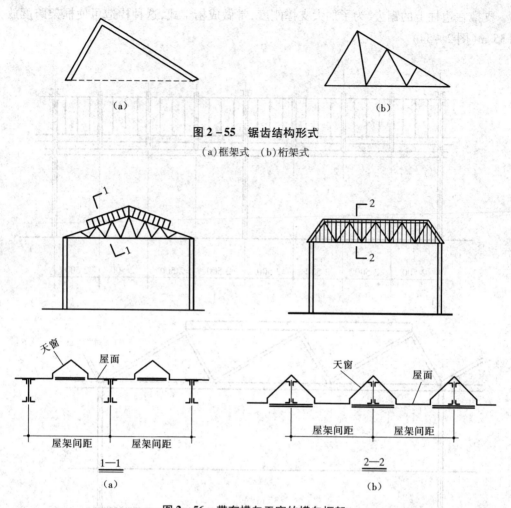

图 2 - 55　锯齿结构形式

(a)框架式　(b)桁架式

图 2 - 56　带有横向天窗的横向框架

(a)屋架上设横向天窗　(b)屋架带天窗

2. 横向框架的尺寸

横向框架的跨度常采用 6 m 的倍数,有 12 m、18 m、24 m、30 m、36 m。框架高度根据工艺条件确定,一般从室内地坪算起,到吊车轨顶标高为止。由吊车轨顶到屋架下弦的净空尺寸,应根据桥式吊车的规格要求确定。所有尺寸加起来应取 300 mm 的倍数。

框架的跨度 L,即车间纵向定位轴线间的距离。由图 2 - 57(a)可知:

$$L = L_k + \lambda_1 + \lambda_2 \tag{2 - 18a}$$

式中　L_k——吊车桥的跨度,可在吊车规格手册中查取;

　　　λ_1——边列柱定位轴线到吊车轨道中心的距离;

　　　λ_2——中列柱定位轴线到吊车轨道中心的距离。

λ_1、λ_2 的尺寸应保证边列柱的内边缘及中列柱的边缘与吊车桥之间有足够的空隙,由图 2 - 57(b)可知:

$$\lambda_1 = A + B + C \tag{2 - 18b}$$

式中　A——上柱内边缘至定位轴线的距离,当上柱轴线与定位轴线重合,上柱截面为对称

截面时,此值等于柱截面高度的一半;

B——吊车桥端部的外伸长度,根据吊车规格确定;

C——吊车桥外边缘至上柱内边缘的间隙尺寸(一般当吊车起重量 $Q \leqslant 50$ t 时,$C \geqslant$ 80 mm;当 $Q \geqslant 75$ t 时,$C \geqslant 100$ mm;吊车属重级工作制时,此处常常留安全通道,则 $C \geqslant 400$ mm)。

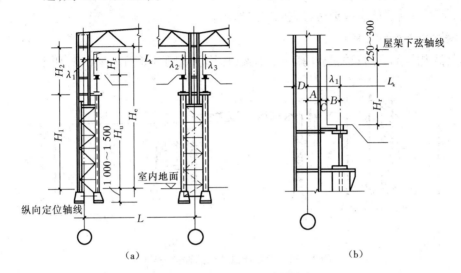

图 2-57　横向框架尺寸的确定

(a)横向框架总尺寸　(b)上柱尺寸

框架的有效高度 H_e,根据工艺设备要求及保证吊车正常运行所需的净空尺寸确定,由图 2-57 可知:

$$H_e = H_u + H_r + (250 \sim 300 \text{ mm}) \tag{2-19}$$

式中　H_u——室内地面到吊车轨顶的距离(即吊车轨顶标高),由工艺设备要求确定,并应符合 600 mm 的模数;

H_r——自吊车轨顶算起的吊车所需净空高度,可根据吊车规格查得;

250～300 mm——考虑屋架的挠度、下弦水平支撑下伸肢宽及安装制作偏差所留的空隙,当地基沉陷较大时,此尺寸应相应加大。

2.3.2　横向框架的计算

厂房结构实际上处于空间受力状态。钢结构厂房中形成空间工作状态的构件主要是大型屋面板和屋盖的纵向水平支撑,当厂房局部受到横向集中荷载如吊车横向制动力、吊车竖直荷载的偏心弯矩等作用时,纵向水平支撑可视为一系列以横向框架作为弹性支撑的水平弯曲的连续梁,通过连续梁的作用,将局部荷载分配到相邻的一系列框架上,从而减小了直接受载框架的负担。厂房在均布荷载的作用下,所有横向框架的受载及位移情况基本相同,显然在这种情况下,没有空间分配作用。一般厂房中,吊车横向制动力和吊车竖直荷载的偏心弯矩引起的柱子内力,在柱子内力总和中所占比重并不很大,为了计算简便,均以平面框架作为计算的基本单元而不考虑厂房的空间作用。内设起重量很大的桥式吊车的厂房,柱距较大、框架较高的重型厂房以及柱距不等的两跨以上厂房(即有拔柱的情况),考虑空间工作对降低钢柱的用钢量有显著效果时,才考虑框架的空间工作。

大型屋面板和屋架上弦杆焊接经灌缝后便可形成一个横向刚度很大的盘体。个别框架在局部荷载作用下产生侧移时,大型屋面板刚性盘体的空间作用远比屋盖纵向水平支撑的作用大。但由于大型屋面板和屋架上弦杆的焊接常常得不到保证,研究和试验工作还未深入进行,因而目前只能有限地考虑它的空间作用。

1. 横向框架的计算简图

对柱距相等的厂房只需要计算一个框架,计算单元划分如图 2 – 58(a)所示。

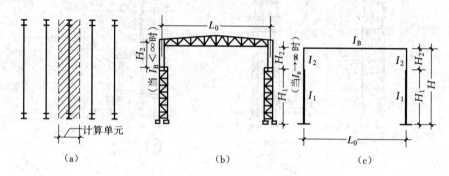

图 2 – 58　框架计算单元的划分与简图

(a)计算单元　(b)框架　(c)计算简图

进行框架内力分析时,按如图 2 – 58(b)所示的实际结构图计算十分繁复。为便于计算,一般进行如下简化。

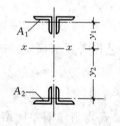

图 2 – 59　屋架截面

(1)桁架式横梁简化成等效的实腹式梁。等效的实腹式梁的惯性矩按下式计算:

$$I_B = (A_1 y_1^2 + A_1 y_2^2) K \qquad (2 - 20)$$

式中　A_1、A_2——桁架跨中上、下弦杆的毛截面面积;

y_1、y_2——桁架跨中上、下弦杆的重心线到桁架截面中和轴的距离(图 2 – 59);

K——考虑屋架高度变化和腹杆变形影响的折减系数,当屋架上弦坡度为 1/10 ~ 1/8 时,$K = 0.7$,当坡度为 1/15 ~ 1/12 时,$K = 0.8$,当坡度为 0 时,$K = 0.9$。

在刚接框架中,梯形屋架上弦坡度 $i \leqslant 1/7$ 时,横梁轴线可取为直线。

(2)对格构式框架柱,也以等效的实腹式柱代替,等效惯性矩

$$I_c = I_\infty \times 0.9 \qquad (2 - 21)$$

式中　I_∞——格构式柱的毛截面惯性矩。

阶形柱的上、下段柱轴线均以上柱轴线代替,但作用在各柱段上的竖向荷载的偏心距仍应算到各段柱的实际轴线。

(3)按图 2 – 58(c)所示的简图进行内力分析时,还可根据荷载及框架特点进一步简化。如当横梁刚度很大时,除直接作用于横梁上的竖直荷载外,由其他荷载作用引起的横梁转角

很小,可以忽略不计,近似认为横梁刚度无穷大(图 2 – 60(a))。横梁可视为刚度无穷大的
条件是

$$\frac{S_{AB}}{S_{AC}} \geqslant 4 \qquad\qquad (2-22)$$

式中　S_{AB}——横梁在 A 点的抗弯刚度(即当横梁远端固定时,使近端 A 点转动单位转角在
　　　　　　A 点所施加的弯矩值);

　　　　S_{AC}——柱在 A 点的抗弯刚度(即使柱在 A 点转动单位转角时在 A 点所施加的弯矩
　　　　　　值,见图 2 – 60(c))。

当不满足以上条件时,横梁应视为刚度有限(图 2 – 60(b))。

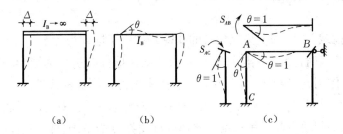

图 2 – 60　横梁刚度的计算

(a)刚度无限　(b)刚度有限　(c)计算模型

(4)柱子与基础刚接。地基条件较好时,基础转角很小,可以忽略;但当地基条件较差
时,忽略基础转角将给框架计算带来较大的误差,这时尚应考虑由基础转角产生的附加
内力。

(5)框架的计算跨度 L_0 取两个柱轴线之间的距离。框架的计算高度取值,下部自基础
顶面算起,上部需视横梁与柱的相对刚度而定:当横梁为无限刚度时,取到屋架传递支反力
的弦杆截面的重心(通常是下弦杆);当横梁为有限刚度时,取到屋架端部截面的形心(图
2 – 58(b))。

2. 作用在横向框架上的荷载

作用在框架上的荷载有如下几种:

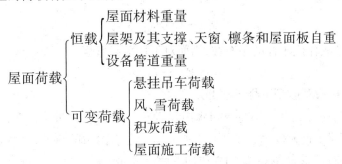

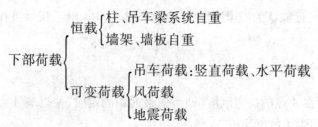

屋面荷载包括恒载及可变荷载,其标准值可由荷载规范查取,梁、柱等的自重可根据初选截面估算,墙架、墙板重量按实际情况确定,吊车荷载根据吊车规格查取。计算荷载时应注意下列几点。

(1)恒载的设计值应是标准值乘以分项系数 $\gamma_Q = 1.3$,活载的设计值应为标准值乘以分项系数 $\gamma_Q = 1.5$。

(2)对屋面荷载,一般均汇集成均布的线荷载作用于框架横梁上。

(3)计算风荷载时,为了简化计算,可将沿高度梯形分布折算为矩形均布并分别计算两个相反方向风的作用,屋架及天窗上的风荷载按集中力作用在框架柱顶。

(4)吊车运行时对厂房产生三种荷载作用:吊车竖直荷载、横向水平制动力及纵向水平制动力。纵向水平制动力通过吊车梁直接由柱间支撑传给基础,计算横向框架时不考虑。

吊车竖直荷载及水平横向制动力一般根据同一跨间两台满载吊车并排运行的最不利情况考虑。当起重小行车达吊车桥一端的极限位置时(图2-61(a)),靠近小行车一端的最大轮压达到最大值,而远离小行车一端的轮压最小,其标准值为

$$P_{kmin} = P_{kmax}\left(\frac{Q+G}{\sum P_{kmax}} - 1\right) \tag{2-23}$$

式中　P_{kmax}——吊车最大轮压标准值,根据吊车规格查取;

Q——吊车最大起重量;

G——吊车桥、小行车及其电气设备的总重,可根据吊车规格查取。

由于吊车梁一般都简支于柱,所以作用在吊车上的最大及最小竖直荷载 D_{max}、D_{min} 的设计值可由图2-61(b)所示的吊车梁的支反力影响线求得:

$$D_{max} = 1.5P_{kmax}\sum y_i \tag{2-24}$$

$$D_{min} = 1.5P_{kmin}\sum y_i \tag{2-25}$$

最大竖直荷载作用于柱的吊车肢,因而对下柱引起弯矩

$$M_{max} = D_{max}e \tag{2-26}$$

式中　e——下柱吊车肢到下柱轴线的距离。

吊车横向制动力是由于小行车启动或制动产生的。它通过小吊车的制动轮传给吊车桥,再传给吊车梁。此制动力一般可认为平均分给左右两边的轨道,由吊车桥的车轮平均传至轨顶,方向与轨道垂直,并考虑向左或向右两个方向的刹车情况。每个吊车轮横向制动力的标准值为

$$T_k = K\frac{Q+g}{n} \tag{2-27}$$

式中　g——小行车的重量;

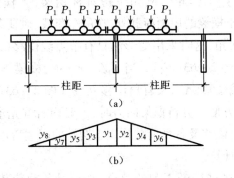

图 2 – 61　吊车荷载的计算

（a）轮压图　（b）支反力影响线

n——一台吊车桥的总轮数；

K——动摩擦系数，按表 2 – 5 选用。

传到框架柱上最不利的横向刹车力应根据制动梁的支反力感应线求得，显然吊车轮的不利位置同图 2 – 61，其设计值为

$$T = 1.4T_k \sum y_i \qquad\qquad (2-28)$$

表 2 – 5　动摩擦系数 K 值

吊车类别	软钩吊车			硬钩吊车
	$Q \leqslant 10\ t$	$Q = 15 \sim 50\ t$	$Q \geqslant 75\ t$	
K 值	0.12	0.10	0.08	0.20

3. 框架的刚度比

刚接框架属于超静定体系，内力分布与各部分的刚度比有关。在进行框架静力分析前，可以参考类似设计资料中的尺寸假设柱子的截面。上、下柱截面惯性矩之比一般为（图 2 – 62）：

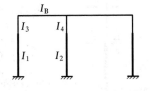

图 2 – 62　上、下柱截面惯性矩

边列柱　$I_1 : I_3 = 4.5 \sim 15$

中列柱　$I_2 : I_4 = 8 \sim 25$

不拔柱的计算单元　$I_2 : I_1 = 1.2 \sim 12$

横梁与下柱惯性矩之比一般可取 $I_B : I_1 = 1.2 \sim 12$，柱子越高取值越小，起重量越大或为重级工作制时取值越大。

假定的柱截面惯性矩与最后选定的截面惯性矩相差不应大于 30%，否则应调整柱截面重新计算。由于刚接框架计算工作量较大，为避免反复计算，可在初步假设柱截面后先粗略计算，计算方法可参考钢结构设计手册。

4. 框架的静力分析

框架内力分析可以采用任何力学方法，但对不同的框架、不同的荷载作用，如果采用的

方法适宜,可大大减少计算工作量。例如单跨对称钢架,当横梁与柱的抗弯刚度之比 $S_B/S_C \geq 4$ 时,除直接作用于横梁的屋面荷载外,在吊车荷载、风荷载等情况下都可近似地视横梁刚度 $I_B \rightarrow \infty$,而忽略转角,这时采用变形法只有节点线位移(Δ)一个未知数;在屋面荷载作用下,则只有角位移(图 2-63(a))。当 $S_B/S_C < 4$ 时,横梁不能视为刚度无限,在不对称荷载作用下,既有节点线位移(Δ),又有角位移 θ_1、θ_2(图 2-63(b)),这时采用弯矩分配法与变形法联合求解比较方便。分析框架内力时,一般均需首先求解两端刚性嵌固的变截面柱在单位线位移、单位角位移及各种荷载作用下两端的固端弯矩及剪力,一般均可直接利用有关手册、表格,以简化计算。

为便于对各构件和连接进行最不利的组合,必须对各种荷载作用分别进行框架内力分析。

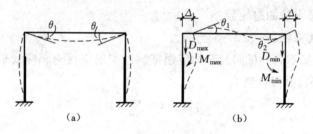

图 2-63 框架的简化计算

(a)角位移框架   (b)角位移及线位移框架

5. 框架内力组合

内力组合的目的在于确定计算框架构件截面和框架各部位连接的可能最不利内力。一般考虑下面几种情况。

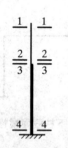

图 2-64 框架柱的各控制截面

(1)对框架柱来说,可能的最不利组合是使各柱段的控制截面产生最大压应力,因此对柱的各控制截面(图 2-64)进行以下组合:

①正弯矩最大及相应的轴心力和剪力;

②负弯矩最大及相应的轴心力和剪力;

③轴心力最大及相应的正弯矩和剪力;

④轴心力最大及相应的负弯矩和剪力。

变阶处 2—2 截面的内力组合还用于计算上、下柱的连接。

(2)计算柱与基础连接的锚栓时,最不利的内力组合是锚栓受最大拉力,因此应进行柱底截面 4—4 的最小轴力及相应的最大弯矩(绝对值最大)和剪力的组合。

(3)柱与屋架刚接时,为了确定屋架杆件和计算屋架与柱的连接,应对横梁的端弯矩和剪力进行组合:

①使屋架下弦杆产生最大压力,同时使上弦杆产生最大拉力的组合(图 2-65(a));

②使屋架上弦杆产生最大压力,同时使下弦杆产生最大拉力的组合(图 2-65(c));

③使腹杆产生最大拉力或最大压力的组合(图 2-65(b)、(d))。

(4)参与组合的荷载及组合系数应按荷载规范取用。

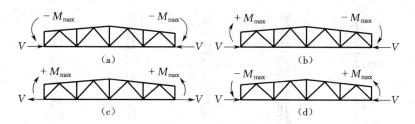

图 2 - 65　屋架端弯矩及剪力的不利组合

(a)上弦杆最大拉力　(b)腹杆最大拉力　(c)上弦杆最大压力　(d)腹杆最大压力

①当可变荷载中没有风荷载或可变荷载中只有风荷载参与组合时,组合系数取 1.0;当有风荷载及其他可变荷载参与时,组合系数取 0.85,在地震区应参照《建筑抗震设计规范》(GB 50011—2010)进行偶然组合。

②对有一层吊车的厂房,当采用两台及两台以上吊车的竖向及水平荷载组合时,应根据参与组合吊车的台数及工作制,乘以折减系数。两台吊车组合时:对轻、中级工作制,折减系数取 0.9;对重级工作制,取 0.95。对有多层吊车的单跨或多跨厂房以及柱距大于 6 m 的厂房,吊车的竖向和水平荷载应按实际情况考虑。

③在任何情况下均应包括恒荷载,其他荷载如雪荷载、吊车荷载、风荷载等,只有当它们的存在对柱或连接不利时才加以考虑,且应注意到它们作用的可能性。

运用表格进行内力组合非常方便,对可能的最不利内力也不致遗漏。

2.3.3　框架柱

1. 框架柱的形式

框架柱通常有等截面柱、台阶柱和分离式柱三种。

(1)等截面柱(图 2 - 66(a))的构造简单,只适用于无吊车或吊车起重量≤20 t 的厂房。

(2)台阶柱(图 2 - 66(b)~(d))根据吊车层数不同有单阶柱、双阶柱之分。吊车梁支撑在柱截面改变处,所以荷载对柱截面形心的偏心距较小,构造合理,在钢结构中应用广泛。

(3)分离式柱(图 2 - 66(e))的屋盖肢和横梁组成框架,吊车肢单独设置,两肢之间用水平板相连。水平板可减小两单肢在框架平面内的计算长度。吊车肢只承受吊车的竖直荷载,设计成轴心受压柱,吊车的水平荷载通过吊车制动梁传给由屋盖肢组成的框架。这种柱的构造、制作及安装均较简单、方便,但用钢量较台阶柱多,刚度较差,多在扩建厂房中应用。

框架柱的截面应根据柱承受荷载的大小确定,一般台阶柱的上柱荷载较小,所需宽度不够,宜采用对称的工字形组合截面(图 2 - 66(a))。单阶柱的下柱承受的荷载较大且需支撑吊车梁,采用图 2 - 66(b)中剖面 2—2 的形式比较合理。台阶柱的下柱宽度大于 1 m 时,采用格构式截面比较经济。边列柱的外侧需与围护结构连接,宜采用有平整表面的形式,如图 2 - 66(c)中剖面 3—3 所示。中列柱的两侧一般均需支撑吊车梁,如图 2 - 66(d)中剖面 4—4 所示。当吊车荷载很大时,吊车肢采用工字形截面往往需要由很厚的钢板组成,此时可采用图中所示的箱形截面。

2. 框架柱的构造

等截面柱中实腹柱与格构柱的牛腿连接构造如图 2 - 67 所示。在实腹柱中,牛腿常做

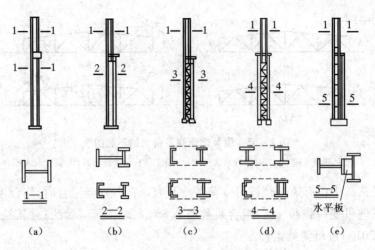

图 2 – 66　框架柱的形式

(a)等截面柱　(b)台阶柱　(c)格构台阶边柱　(d)格构台阶柱　(e)分离式柱

成工字形截面(图 2 – 67(a)),与牛腿相连的柱腹板用横向加劲肋加强。在格构柱中,牛腿常用双槽钢来做(图 2 – 67(b)),槽钢夹住柱身,上翼缘用水平板,腹板用竖向加劲肋加强。

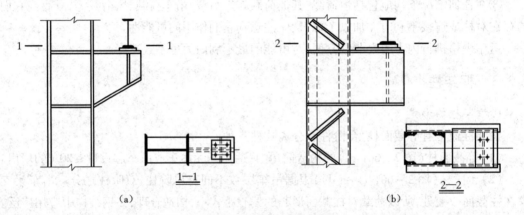

图 2 – 67　等截面柱的构造

(a)实腹柱　(b)格构柱

　　在台阶柱中,吊车肢顶上焊以水平支撑板,形成支撑吊车梁的平台,实腹柱与格构柱的构造不相同。

　　实腹柱(图 2 – 68(a))的吊车竖直压力通过支撑板传给吊车肢,当连接焊缝不足以承受竖直压力时,可在吊车肢的翼缘和腹板上焊以肩梁和肋板,以增大焊缝长度。

　　上柱与下柱连接,腹板可直接焊接,外翼缘宽度不同时可用斜焊缝拼接,内翼缘开槽口伸入下柱腹板中,下加横向肋板加强。通常吊车梁用 2 ~ 4 个螺栓固定在平台上。

　　格构柱(图 2 – 68(b))的上下柱连接可用双壁式肩梁,上柱内肢通过肋板将力传给两旁的肩梁,上柱外肢可直接与下柱外肢连接,格构柱的吊车肢上仍用平台板来传递吊车荷载。

　　多跨厂房的中列柱构造与边列柱类似,只是柱的两边均为吊车肢,因此可做成对称形式。

　　台阶柱上下部的拼接应有必要的强度和刚度。上下柱均为实腹柱时可采用单壁式拼接（图 2 - 68（a）），上下柱均为格构柱时可采用双壁式拼接（图 2 - 68（b））。单壁式较省材料，双壁式刚度较大。

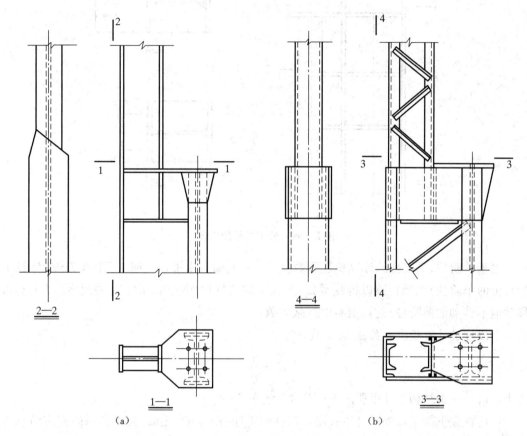

图 2 - 68　台阶柱的构造

（a）实腹柱　（b）格构柱

　　分离式柱（图 2 - 69）中的屋盖柱与等截面柱一样，吊车柱上的平台构造与台阶柱类似。两柱的计算可分别进行，屋盖柱除承受风力及屋盖、墙架重量等荷载外，还承受吊车的横向制动力。其框架平面内的计算长度与等截面柱相同，不考虑吊车柱的影响。在垂直于框架平面内的计算长度为纵向固定点间的距离。吊车柱按中心受压计算，如果吊车梁的支撑构造不能保证轴向传递支座压力，还需按偏心受压构件来验算 M_y 的影响。

　　3. 柱截面验算

　　厂房柱主要承受轴向力 N，框架平面内的弯矩 M_x、剪力 V_x，有时还要承受框架平面外的弯矩 M_y。

　　验算柱在框架平面内的稳定性时，应取柱段的最大弯矩 $M_{x\max}$；验算柱在垂直于框架平面内的稳定性时，则取柱间支撑点或纵向系杆间的等效弯矩。

　　单层厂房下端刚性固定的台阶柱在框架平面内的计算长度如下。

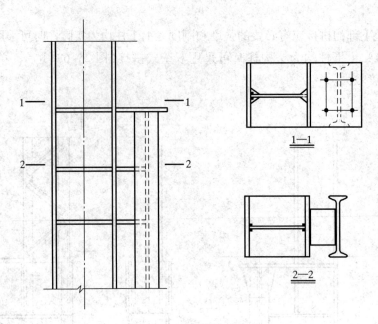

图 2 – 69　分离式柱的构造

对于单阶柱,下段柱的计算长度系数 μ_2:当柱上端与横梁铰接时,等于有关规定(柱上端自由的单阶柱)的数值乘以折减系数;当柱上端与横梁刚接时,等于有关规定(柱上端可移动但不转动的单阶柱)的数值乘以折减系数。

上段柱的计算长度系数 μ_1 按下式确定:

$$\mu_1 = \frac{\mu_2}{\eta_1}$$

式中　η_1——钢结构设计手册附表中公式计算的系数。

厂房柱在框架平面外的计算长度应取柱的支座、吊车梁、托梁、支撑和纵向固定节点等阻止框架平面外移的支撑点之间的距离。

当吊车梁的支撑结构不能保证沿柱轴线传递支座压力时,两侧吊车梁支座压力差产生垂直于框架平面的弯矩 M_y(图 2 – 70),其值为

$$M_y = \Delta Re \qquad\qquad (2 – 29)$$

式中　ΔR——两侧吊车梁支座压力差,$\Delta R = R_1 - R_2$;

　　　e——柱轴线至吊车梁支座加劲肋的距离。

对于格构柱,除整体验算其强度、稳定性外,还要对吊车肢另行补充验算,即偏于安全地认为吊车最大压力 D_{max} 完全由吊车肢单独承受(图 2 – 71),此时吊车肢的总压力为

$$N_B = D_{max} + \frac{(N - D_{max})z}{h} + \frac{M_x - M_D}{h} \qquad\qquad (2 – 30)$$

式中　M_D——框架计算中由 D_{max} 引起的弯矩;

　　　D_{max}——吊车最大压力;

　　　N_B——吊车肢的总压力;

　　　z——中心轴到单肢形心的距离;

h——柱截面高度。

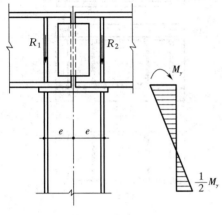

图 2-70　柱中的弯矩 M_y　　　　　　　图 2-71　格构柱内力的计算

4. 柱脚构造

厂房柱柱脚一般设计成刚接形式,要传递很大的轴向力、弯矩和剪力。在保证足够的强度和刚度的前提下,柱脚设计应尽可能节约材料、简化构造、便于施工。

等截面实腹柱的柱脚比较简单(图 2-72(a)),把靴梁做成单壁式,放在柱腹板平面内,靴梁上面加水平板作为上翼缘同时用于安置锚栓。靴梁受弯时,上翼缘中的法向应力通过焊缝传到柱的翼缘,因此,在靴梁顶部的水平面内,柱的腹板应加水平加劲肋,并与柱翼缘相连,把力经过加劲肋传到腹板上。靴梁与柱腹板下设肋板,以提高其稳定性和增加底板的支撑边。这种柱脚宜用于中小型柱中。

等截面格构柱的柱脚可采用双壁式靴梁(图 2-72(b))。靴梁上加角钢以便安置锚栓。锚栓处用加劲肋加强靴梁,用于承受锚栓之力。两靴梁之间与锚栓的中心线上设隔板,使两靴梁共同受力,也使底板的支撑边加长。

台阶柱的柱脚可采用双壁式分离靴梁,图 2-73(a)为实腹台阶柱柱脚,由于靴梁不连续,故节省了靴梁材料。为了提高靴梁的稳定性和加长底板的支撑边,靴梁之间与锚栓的中心线上需设置隔板。柱腹板下端的三角肋板上增设横隔板,以提高柱的抗扭刚度。上面的角钢把左右两个靴梁联系起来,提高了靴梁的抗弯能力和柱脚刚度。

格构式台阶柱柱脚也可用双壁式靴梁,但不能分离,靴梁也作为格构式双肢的缀板(图 2-73(b)),其他构造与实腹台阶柱相同。

在分离式柱中,通常把屋盖肢柱与吊车肢柱连在一起做成共同柱脚(图 2-74),构造处理与上述整体式柱脚没有区别。如果屋盖肢柱的翼缘宽度比吊车肢柱的截面高度小,则屋盖肢柱可另加隔板与靴梁连接。

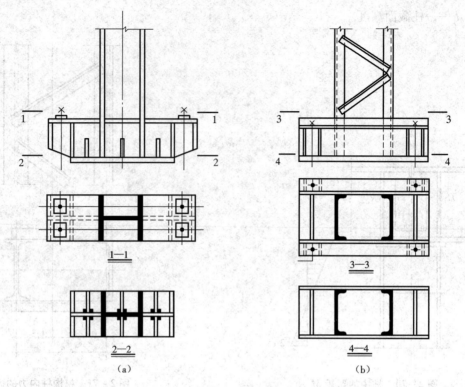

图 2 – 72　等截面柱柱脚

（a）实腹柱　（b）格构柱

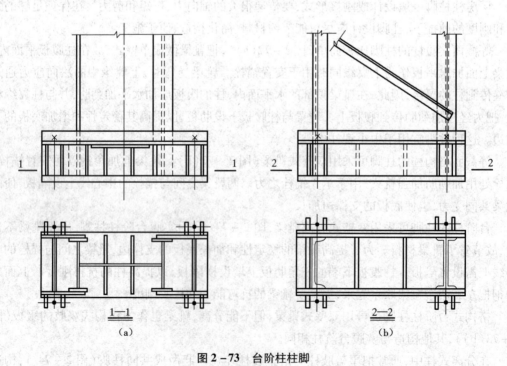

图 2 – 73　台阶柱柱脚

（a）实腹柱　（b）格构柱

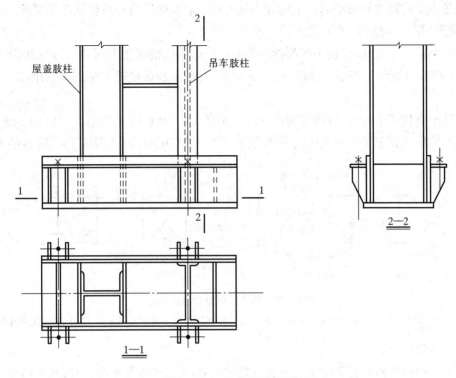

屋盖肢柱　吊车肢柱

2—2

1—1

图 2—74　分离式柱柱脚

为了便于安装和调整柱脚位置,所有锚栓均不穿过底板(底板缩小)。

2.4　吊车梁结构体系

2.4.1　吊车梁结构体系概述

1. 吊车梁结构的特点

工业厂房中支撑桥式或梁式电动吊车、壁行吊车以及其他类型吊车的吊车梁结构,按照吊车生产使用状况和吊车工作制可分为轻级、中级、重级及特重级(冶金厂房内夹钳、料耙等硬钩吊车)四级。

吊车梁或吊车桁架一般设计成简支结构,简支结构因为具有传力明确、构造简单、施工方便等优点被广泛采用,而连续结构虽较简支结构节约钢材 10% ~ 15%,但因计算、构造、施工等远较简支结构复杂,且对支座沉陷敏感,对地基要求较高,通常又多采用三跨或五跨相连接,故国内使用并不普遍。

由于焊接和高强度螺栓连接的发展,目前大部分吊车梁或吊车桁架均采用焊接结构,栓焊梁也已有使用。

2. 吊车梁体系的组成

吊车梁体系通常由吊车梁(或吊车桁架)、制动结构、辅助结构(视吊车吨位、跨度大小确定)及支撑(水平支撑和垂直支撑)等构件组成。

当吊车梁的跨度和吊车起重量均较小且无须采取其他措施即可保证吊车梁的侧向稳定性时,可采用图 2-75(a)的形式。

当吊车梁位于边列柱,且吊车梁的跨度 $l \leqslant 12$ m,并以槽钢作为制动结构的边梁时,可采用图 2-75(c)的形式;当吊车梁的跨度 $l > 12$ m,且吊车起重量较大时,宜采用图 2-75(b)的形式。

当吊车梁位于中列柱,且相邻两跨的吊车梁高度相等时,可采用图 2-75(d)的形式;当相邻两跨的吊车起重量相差悬殊而采用不同高度的吊车梁时,可采用图 2-75(e)的形式。

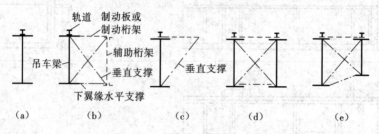

图 2-75　吊车梁体系的组成简图

(a)工字形吊车梁　(b)辅助桁架吊车梁　(c)垂直支撑吊车梁　(d)中柱双吊车梁　(e)不等高双吊车梁

3. 吊车梁的形式

吊车梁和吊车桁架通常按实腹式和空腹式划分:实腹式为吊车梁,空腹式为吊车桁架。

吊车梁有型钢梁、组合工字形梁(焊接)、Y 形梁及箱形梁等形式,见图 2-76(a)~(d)。其中焊接工字形梁为工程中常用的形式。

吊车桁架有桁架式、撑杆式、托架—吊车桁架合一式等。吊车桁架见图 2-76(e)、(f)。壁行吊车梁见图 2-76(g)、(h)。

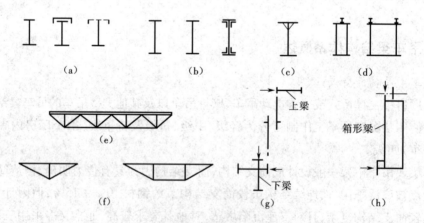

图 2-76　吊车梁和吊车桁架的类型简图

(a)型钢吊车梁　(b)工字形吊车梁　(c)Y 形吊车梁　(d)箱形吊车梁　(e)吊车桁架

(f)撑杆式吊车桁架　(g)、(h)壁行吊车梁

4. 各类吊车梁或吊车桁架的特点

(1)型钢吊车梁(或加强型钢吊车梁)用型钢(有时用钢板、槽钢或角钢加强上翼缘)制成,制作简单,运输及安装方便,一般适用于跨度 $l \leqslant 6$ m、起重量 $Q \leqslant 10$ t 的轻、中级工作制

吊车梁。

（2）工字形吊车梁由三块钢板焊接而成，制作比较简单，为当前常用的形式。当吊车轮压值较大时，采用将腹板上部受压区加厚的形式较为经济，但会增加施工的不便。工字形吊车梁一般设计成等高截面的形式，根据需要也可设计成变高度（支座处梁高减小）变截面的形式。

（3）Y 形吊车梁是工字形吊车梁的上翼缘加两块斜板组成，一般仅设支撑加劲肋而不设或少设中间加劲肋。其优点是可改善上翼缘抗偏扭的性能，缺点是安装轨道比较困难，斜板内边无法刷油漆保护。Y 形吊车梁目前使用不普遍。

（4）箱形吊车梁是由上、下翼缘板及双腹板组成的封闭箱形截面梁，具有刚度大和抗偏扭性能好的优点，适用于大跨度、大吨位软钩吊车，特重级硬钩吊车以及抗扭刚度较大（如大跨度壁行吊车梁）的焊接梁。但其由于制作较复杂，施焊时操作条件较差，焊接变形不易控制和校正。

（5）吊车桁架为带有组合型钢或焊接工字形劲性上弦的空腹式结构，其用钢量较实腹式结构节约 15% ~ 30%，但制作较费工，连接节点处对疲劳较敏感，一般适用于跨度 $l \geqslant 18$ m、起重量 $Q \leqslant 70$ t 的轻、中级工作制或小吨位软钩重级工作制吊车结构。支撑夹钳或刚性料耙硬钩吊车以及类似吊车的结构不宜采用吊车桁架。

（6）撑杆式吊车桁架可利用钢轨与上弦共同工作组成的吊车桁架，用钢量省，但制作、安装精度要求较高，设计时应注意加大侧向刚度，一般用于手动梁式吊车，起重量 $Q \leqslant 3$ t、跨度 $l \leqslant 6$ m 的情况。

（7）壁行吊车梁由承受水平荷载的上梁及同时承受水平和竖向荷载的下梁组成分离的形式。分离式较为经济，但必须严格控制上、下梁的相对变形。为了增大刚度亦可将上、下梁组合成箱形梁。

（8）悬挂式吊车梁包括悬挂单梁和轨道梁，一般悬挂在屋顶承重结构或其他承重结构上，由单根工字钢承重并兼作电动葫芦或手动吊车的行驶轨道梁，或兼作机械化悬链的行驶轨道梁，在无桥式吊车的厂房中应用比较广泛。

2.4.2 设计规定和荷载计算

1. 设计的一般规定

吊车梁或吊车桁架一般应按两台吊车的最大起重量进行设计。当有可靠根据时，可按工艺提供的实际排列的两台起重量不同的较大吊车或一台吊车进行设计。

吊车梁或吊车桁架的设计应根据工艺提供的资料确定吊车工作制的要求。目前，我国的吊车按负荷率与工作时间率分为轻、中、重和特重四个等级。一般仅为安装用的吊车属于轻级；金工、焊接等冷加工生产使用的吊车属于中级；铸造、冶炼、水压机锻造等热加工生产使用的吊车属于重级；在冶金工厂中夹钳、料耙等硬钩特殊吊车属于特重级。

吊车梁或吊车桁架的形式应根据吊车起重量、吊车梁或吊车桁架的跨度以及吊车工作制等选用。硬钩特重级吊车应采用吊车梁，重级软钩吊车也宜采用吊车梁（跨度大而起重量较小的可采用吊车桁架，但其节点应采用高强度螺栓或铆钉连接）。重级工作制吊车梁和吊车桁架均宜设置制动结构。

重级和特重级工作制吊车梁上翼缘(或吊车桁架上弦杆)与制动结构及柱传递横向荷载的连接、大跨度梁的现场拼接等应优先采用高强度螺栓连接。

重级和特重级工作制工字形吊车梁的腹板与上翼缘板的连接焊缝应采用 K 形剖口,并宜采用自动焊。

跨度≥24 m 的大跨度吊车梁或吊车桁架,制作时宜按跨度的1/1 000 起拱,并应按制作、安装、运输等实际条件划分制作、安装单元。一般宜采用分段制作及运输,在工地拼装成整根后吊装,避免高空拼接。

2. 荷载计算

吊车梁或吊车桁架主要承受吊车的竖向或横向荷载,由工艺设计人员提供吊车起重量及吊车级别。一般吊车的技术规格可按产品标准选用,吊车的基本尺寸如图 2 – 77 所示。

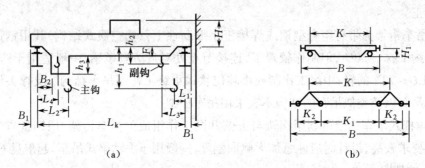

图 2 – 77　吊车的基本尺寸

(a)吊车的长度尺寸　(b)吊车的宽度尺寸

吊车梁或吊车桁架承受的荷载如下。

(1)吊车的竖向荷载标准值为吊车的最大轮压。

(2)吊车的横向水平荷载可按横向小车重量与额定最大起重量的百分数采用(如4%~20%)。

(3)吊车的纵向水平荷载应按作用于一边轨道所有刹车轮的最大轮压之和的 10% 采用,即

$$T_z = 0.1 \sum P_{max} \qquad (2-31)$$

式中　$\sum P_{max}$——作用在一边轨道上,两台起重量最大的吊车所有刹车轮(一般为每台吊车的刹车轮的一半)的最大轮压之和。

(4)作用在吊车梁或吊车桁架走道板上的活荷载一般取 2.0 kN/m²;当有积灰荷载时,按实际积灰厚度考虑,一般为 0.3 ~ 1.0 kN/m²。

(5)计算吊车梁(或吊车桁架)由于竖向荷载产生的弯矩和剪力时,应考虑轨道和它的固定件、吊车制动结构、支撑系统以及吊车梁(或吊车桁架)的自重等,并近似地简化为将求得的弯矩和剪力值乘以表 2 – 6 中的系数 β_w。

表 2 - 6　系数 β_w 值

系数	吊车梁或吊车桁架	吊车梁				吊车桁架
		梁跨度/m				
		6	12	15	≥18	
β_w		1.03	1.05	1.06	1.07	1.06

（6）当吊车梁或吊车桁架承受屋盖和墙架传来的荷载以及吊车梁上悬挂有其他设备时，荷载应予叠加。

（7）当吊车梁体系的结构表面长期受辐射热达 150 ℃以上或在短时间内可能受到高温作用时，一般采用设置金属隔板等措施进行隔热，计算荷载时应考虑在内。

（8）吊车梁或吊车桁架在受震动荷载影响时，例如在水爆清砂、脱锭吊车等厂房中，应考虑受震动影响所增加的竖向荷载。

（9）对于露天栈桥的吊车梁，尚应考虑风、雪荷载的影响。

计算吊车梁或吊车桁架的强度、稳定性以及连接的强度时，应采用荷载设计值；计算疲劳和正常使用状态的变形时，应采用荷载标准值。

对于直接承受动力荷载的结构（如吊车梁或吊车桁架），计算强度和稳定性时，动力荷载值应乘以动力系数：对悬挂吊车（包括电动葫芦）以及轻、中级工作制的软钩吊车，动力系数取 1.05；对重级工作制的软钩吊车、硬钩吊车以及其他特种吊车，动力系数取 1.1。计算疲劳和变形时，动力荷载值不乘以动力系数。

计算吊车梁或吊车桁架及其制动结构的疲劳强度时，吊车荷载应按作用在跨间起重量最大的一台吊车确定。

计算制动结构的强度时，对位于边列柱的吊车梁或吊车桁架，制动结构应按同跨两台吊车所产生的最大横向水平荷载计算；对位于中列柱的吊车梁或吊车桁架，制动结构应按同跨两台最大吊车和相邻跨各一台最大吊车所产生的最大横向水平荷载两者中的较大者计算。

计算重级或特重级工作制吊车梁（或吊车桁架）及其制动结构的强度、稳定性以及连接强度时，应将吊车的横向水平荷载乘以表 2 - 7 中的增大系数 α_T。

表 2 - 7　吊车横向水平荷载的增大系数 α_T

吊车类别		吊车起重量/t	计算吊车梁（或吊车桁架）及其制动结构的强度和稳定性	计算吊车梁（或吊车桁架）制动结构、柱相互间的连接强度
软钩吊车		5 ~ 20	1.5	4.0
		30 ~ 275	2.0	3.0
		≥300	1.3	2.6
硬钩吊车	夹钳或刚性料耙吊车		3.0	6.0
	其他硬钩吊车		1.5	3.0

重级工作制吊车梁和重级、中级工作制吊车桁架应进行疲劳计算，亦可作为常幅疲劳，

按下式计算:

$$\alpha_f \Delta\sigma \leqslant [\Delta\sigma]_{2\times10^6} \qquad (2-32)$$

式中　α_f——欠载效应的等效系数,按表 2-8 采用;

　　　$\Delta\sigma$——对焊接部位为应力幅,$\Delta\sigma = \sigma_{max} - \sigma_{min}$,对非焊接部位为折算应力幅,$\Delta\sigma = \sigma_{max} - 0.7\sigma_{min}$,$\sigma_{max}$ 为计算部位每次应力循环中的最大拉应力(取正值),σ_{min} 为计算部位每次应力循环中的最小拉应力或压应力(拉应力取正值,压应力取负值);

　　　$[\Delta\sigma]_{2\times10^6}$——循环次数 n 为 2×10^6 次的容许应力幅,按表 2-9 采用。

表 2-8　吊车梁和吊车桁架欠载效应的等效系数 α_f

吊车类别	α_f
重级工作制硬钩吊车(如均热炉车间的夹钳吊车)	1.0
重级工作制软钩吊车	0.8
中级工作制吊车	0.5

表 2-9　循环次数 $n = 2\times10^6$ 次的容许应力幅　　　　　　　MPa

构件和连接类别	1	2	3	4	5	6	7	8
$[\Delta\sigma]_{2\times10^6}$	176	144	118	103	90	78	69	59

吊车梁的挠度不应超过表 2-10 中规定的数值。

表 2-10　吊车梁和吊车桁架的容许挠度

构件类别	容许挠度值
手动或电动葫芦的轨道梁	$l/400$
手动吊车和单梁吊车(包括悬挂吊车)	$l/500$
轻级工作制桥式吊车	$l/750$
中级工作制桥式吊车	$l/900$
重级工作制桥式吊车	$l/1\,000$

注:l——吊车梁或吊车桁架的跨度(对悬臂梁和伸臂梁为悬伸长度的 2 倍)。

在设有重级工作制吊车的厂房中,跨间每侧吊车梁或吊车桁架的制动结构,由一台最大吊车横向水平荷载所产生的挠度不宜超过制动结构跨度的 1/2 200。

2.4.3　内力计算

计算吊车梁的内力时,由于吊车荷载为动力荷载,首先应确定求各内力所需吊车荷载的最不利位置,再按此求梁的最大弯矩及相应的剪力、支座最大剪力以及在横向水平荷载作用下水平方向所产生的最大弯矩 M_T(当为制动梁时),或在吊车梁上翼缘所产生的局部弯矩

M'_T(当为制动桁架时)。

常用简支吊车梁,当吊车荷载作用时,其最不利的荷载位置、最大弯矩和剪力可按下列情况确定:

(1)两个轮子作用于梁上时(图 2 - 78),最大弯矩点(C 点)的位置为

$$a_2 = \frac{a_1}{4}$$

最大弯矩

$$M_{\max}^C = \frac{\sum P\left(\dfrac{l}{2} - a_2\right)^2}{l} \qquad (2-33)$$

最大弯矩处的相应剪力

$$V^C = \frac{\sum P\left(\dfrac{l}{2} - a_2\right)}{l} \qquad (2-34)$$

(2)三个轮子作用于梁上时(图 2 - 79),最大弯矩点(C 点)的位置为

$$a_3 = \frac{a_2 - a_1}{6}$$

最大弯矩

$$M_{\max}^C = \frac{\sum P\left(\dfrac{l}{2} - a_3\right)^2}{l} - Pa_1 \qquad (2-35)$$

最大弯矩处的相应剪力

$$V^C = \frac{\sum P\left(\dfrac{l}{2} - a_3\right)}{l} - P \qquad (2-36)$$

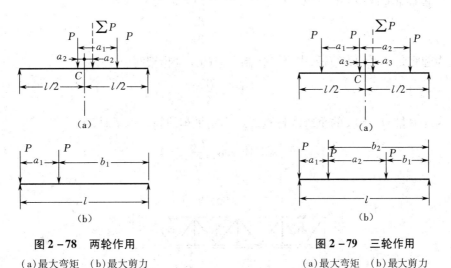

图 2 - 78　两轮作用　　　　　　　　　图 2 - 79　三轮作用

(a)最大弯矩　(b)最大剪力　　　　　(a)最大弯矩　(b)最大剪力

(3)最大剪力应在梁端支座处。此时,吊车竖向荷载应尽可能靠近支座布置(图 2 - 78(b)和图 2 - 79(b)),并按下式计算支座最大剪力:

$$V_{max}^C = \sum_{i=1}^{n-1} b_i \frac{P}{l} + P \tag{2-37}$$

式中 n——作用于梁上的吊车竖向荷载数。

选择吊车梁截面时所用的最大弯矩和支座最大剪力，可由吊车竖向荷载作用所产生的最大弯矩 M_{max}^C 和支座最大剪力 V_{max}^C 乘以表 2 – 6 中的 β_w（β_w 为考虑吊车梁等的自重的影响系数），即

$$M_{max} = \beta_w M_{max}^C \tag{2-38}$$

$$V_{max} = \beta_w V_{max}^C \tag{2-39}$$

（4）吊车横向水平荷载在水平方向所产生的最大弯矩 M_T 可分别按下列情况确定。

①吊车横向水平荷载对制动梁在水平方向产生的最大弯矩 M_T，可根据图 2 – 78（b）和图 2 – 79（b）所示的荷载位置采用下列公式计算。

当为轻、中级工作制吊车梁的制动梁时，

$$M_T = \frac{T}{P} M_{max}^C \tag{2-40}$$

当为重级或特重级工作制吊车梁的制动梁时，

$$M_T = \alpha_T \frac{T}{P} M_{max}^C \tag{2-41}$$

式中 α_T 按表 2 – 7 选取。

②在吊车横向水平荷载作用下制动桁架在吊车梁上翼缘所产生的局部弯矩 M_T'，可近似地按下列公式计算（图 2 – 80）。

当为起重量 $Q \geqslant 75$ t 的轻、中级工作制吊车的制动桁架时，

$$M_T' = \frac{Ta}{3} \tag{2-42}$$

当为起重量 $Q \geqslant 75$ t 的重级或特重级工作制吊车的制动桁架时，

$$M_T' = \alpha_T \frac{Ta}{3} \tag{2-43}$$

当为起重量 $Q \leqslant 50$ t 的轻、中级工作制吊车的制动桁架时，

$$M_T' = \frac{Ta}{4} \tag{2-44}$$

当为起重量 $Q \leqslant 50$ t 的重级或特重级工作制吊车的制动桁架时，

$$M_T' = \alpha_T \frac{Ta}{4} \tag{2-45}$$

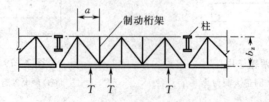

图 2 – 80 吊车横向水平荷载作用于吊车梁上翼缘和制动桁架的示意图

2.4.4　截面选择

焊接工字形吊车梁一般由上下翼缘板及腹板组成,通常设计成沿梁全长截面不变的一层翼缘板梁。必须采用两层钢板时,外层钢板宜沿梁通长设置,并应要求施工时采取措施使上翼缘的两层钢板紧密接触。

当相邻两跨吊车梁的跨度不等且相差较大时,为使柱阶处梁分肢顶面的标高相同,可将跨度较大的梁做成高度不等的梁(即在支座处将梁高度取为与相邻较小跨度梁的高度相等),见图 2 - 81。

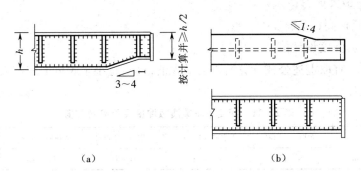

图 2 - 81　焊接实腹式吊车梁的截面变化示意图

（a）变高度梁　（b）变宽度梁

要求梁的颈部有较强的抗偏性能时,可采用上下腹板变厚度的形式,或腹板等厚但增加两块斜板做成 Y 形截面的梁。

1. 梁高

简支等截面焊接工字形吊车梁的腹板高度可根据经济高度、容许挠度值及建筑净空条件确定。

（1）经济高度

$$h_e \approx \sqrt[3]{W} - 300 \qquad (2 - 46)$$

式中　W——梁截面抵抗矩（mm^3）,$W = \dfrac{1.2M_{max}}{f}$, f 为钢材的抗拉、抗压和抗弯强度设计值

（MPa）;

M_{max}——竖向荷载作用下的绝对最大弯矩。

（2）容许挠度

$$h_{min} = 0.6fl\left(\frac{l}{[v]}\right) \times 10^{-5} \qquad (2 - 47)$$

式中　$\dfrac{l}{[v]}$——相对容许挠度的倒数。

（3）建筑净空条件许可时最大高度为 h_{max},选用梁的高度 h 应满足以下要求:

$$h_{max} \geqslant h \geqslant h_{min}$$

梁高 h 值应接近经济高度,即 $h \approx h_e$。

2. 腹板厚度

腹板厚度 t_w(mm)按下列公式确定。

(1)按经验公式计算：

$$t_w = \frac{1}{3.5}\sqrt{h_0} \qquad (2-48)$$

(2)根据剪力确定：

$$t_w = \frac{1.2V_{max}}{h_0 f} \qquad (2-49)$$

式中　V_{max}——最大剪力；

　　　h_0——腹板高；

　　　f——抗剪强度设计值。

腹板厚度 t_w 宜取上述公式计算所得的最大值，且不宜小于 8 mm，或按表 2-11 选用。

表 2-11　简支吊车梁腹板厚度经验参考数值

梁高 h/mm	600~1 000	1 200~1 600	1 800~2 400	2 600~3 600	4 000~5 000
腹板厚度 t_w/mm	8~10	10~14	14~16	16~18	20~22

腹板按局部稳定性的要求，其高度比最好不大于 170；当梁很高时，亦应不大于 250。

3. 翼缘宽度

吊车梁翼缘尺寸(图 2-82)可近似地按下式计算：

$$A_1 = bt = \frac{W}{h_0} - \frac{1}{b}h_0 t_w \qquad (2-50)$$

式中　$b \approx \left(\frac{1}{5} \sim \frac{1}{3}\right)h_0$。

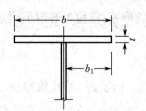

图 2-82　吊车梁受压翼缘的截面示意图

4. 翼缘厚度

受压翼缘自由外伸宽度 b_1 与其厚度 t 之比应满足下列要求：

当为 Q235 钢时，$b_1 \leq 15t$；

当为 Q345 钢时，$b_1 \leq 12.4t$；

当为 Q390 钢时，$b_1 \leq 11.6t$；

当为其他号钢时，$b_1 \leq 15t\sqrt{\dfrac{235}{f_y}}$，$f_y$ 为钢材的屈服点(MPa)。

如果上翼缘板必须采用两层，外层板与内层板厚度之比宜为 0.5~1.0，并沿梁通长设置。

受压翼缘的宽度尚应考虑固定轨道的构造尺寸要求，同时要满足连接制动结构所需的尺寸。必要时上翼缘两侧亦可做成不等宽度。

2.4.5　强度计算

吊车梁应按下列规定计算最大弯矩处或变截面处的截面正应力。

1. 上翼缘的正应力计算

当无制动结构时,

$$\sigma = \frac{M_{max}}{W_{nx}^{\pm}} + \frac{M_T}{W_{ny}} \leqslant f \qquad (2-51)$$

当制动结构为制动梁时,

$$\sigma = \frac{M_{max}}{W_{nx}^{\pm}} + \frac{M_T}{W_{ny_1}} \leqslant f \qquad (2-52)$$

当制动结构为制动桁架时,

$$\sigma = \frac{M_{max}}{W_{nx}^{\pm}} + \frac{M'_T}{W_{ny}} + \frac{N_T}{A_n} \leqslant f \qquad (2-53)$$

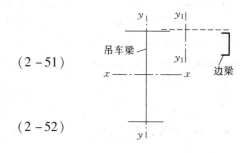

图 2-83　吊车梁体系结构的截面

2. 下翼缘的正应力计算

下翼缘的正应力

$$\sigma = \frac{M_{max}}{W_{nx}^{\mp}} \leqslant f \qquad (2-54)$$

式中　$W_{nx}^{\pm}$、$W_{nx}^{\mp}$——梁截面对 x 轴的上部和下部纤维的净截面抵抗矩;

　　　　W_{ny}——上翼缘截面对 y 轴的净截面抵抗矩;

　　　　W_{ny_1}——制动梁截面(包括吊车梁上翼缘截面)对 y_1 轴的净截面抵抗矩;

　　　　N_T——吊车梁上翼缘作为制动桁架的弦杆,在吊车横向水平荷载作用下所产生的内

　　　　　　　　力($N_T = \dfrac{M_T}{b_z}$,b_z 见图 2-80);

　　　　f——钢材的抗拉强度设计值;

　　　　A_n——吊车梁上翼缘的净截面面积。

吊车梁支座处截面的剪应力,应按下列公式计算。

当为板式支座时,

$$\tau = \frac{V_{max}S}{It_w} \leqslant f_v \qquad (2-55)$$

当为突缘支座时,

$$\tau = \frac{1.2V_{max}}{h_0 t_w} \leqslant f_v \qquad (2-56)$$

式中　S——计算剪应力处以上毛截面对中和轴的面积矩;

　　　　I——毛截面惯性矩;

　　　　t_w——腹板厚度;

　　　　f_v——钢材的抗剪强度设计值;

　　　　h_0——腹板高度。

腹板计算高度上边缘受集中荷载的局部承压强度 σ_c,应按下式计算:

$$\sigma_c = \frac{\psi P}{t_w l_z} \leqslant f \tag{2-57}$$

式中　P——吊车轮的集中荷载(考虑动力系数);

ψ——集中荷载增大系数,对重级工作制吊车梁,$\psi = 1.35$,对其他梁,$\psi = 1.00$;

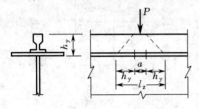

图 2 - 84　吊车轮压分布长度

l_z——吊车轮压在腹板计算高度上边缘的假定分布长度(图 2 - 84),$l_z = a + 2h_y$;

a——吊车轮压沿梁跨度方向的支承长度,取 50 mm;

h_y——自吊车梁轨道顶面至腹板计算高度上边缘的距离。

吊车梁同时受较大正应力、较大剪应力和局部压应力(如连续梁支座处或梁的翼缘截面改变处等)时,应按下式计算折算应力:

$$\sqrt{\sigma^2 + \sigma_c^2 - \sigma\sigma_c + 3\tau^2} \leqslant \beta_1 f \tag{2-58}$$

$$\sigma = \frac{M}{I_n} y_1$$

式中　σ、τ、σ_c——吊车梁腹板计算高度边缘同一点上同时产生的正应力、剪应力和局部压应力(σ_c 按式(2 - 57)计算,τ 按式(2 - 55)计算,但其中剪力应为计算截面沿腹板平面作用的剪力。σ 和 σ_c 以拉应力为正值,压应力为负值);

I_n——梁净截面惯性矩;

y_1——计算点至梁中和轴的距离;

β_1——计算折算应力的强度设计值增大系数,当 σ 与 σ_c 异号时取 $\beta_1 = 1.2$,当 σ 与 σ_c 同号或 $\sigma_c = 0$ 时取 $\beta_1 = 1.1$。

重级工作制焊接工字形梁,应按规定进行疲劳计算。应重点验算受拉翼缘上虚孔处、横向加劲肋焊缝端部以及翼缘连接焊缝附近的主体金属疲劳强度。

2.4.6　稳定性计算

1. 整体稳定性

吊车梁的整体稳定性应按下式计算:

$$\frac{M_x}{\varphi_b W_x} + \frac{M_y}{W_y} \leqslant f \tag{2-59}$$

式中　M_x、M_y——绕 x 轴和 y 轴作用的最大弯矩;

W_x、W_y——按受压纤维确定的对 x 轴和 y 轴的毛截面抵抗矩;

φ_b——梁的整体稳定性系数。

当符合下列情况之一时,可不计算梁的整体稳定性。

(1)设有制动结构时。

(2)对无制动结构的工字形截面简支吊车梁,当受压翼缘的自由长度 l_1 与宽度 b 之比不超过以下限值时:

Q235 钢 $$\frac{l_1}{b} \leqslant 13$$

Q345 钢 $$\frac{l_1}{b} \leqslant 11$$

Q390 钢 $$\frac{l_1}{b} \leqslant 10$$

其他钢材,按 Q235 钢的 $\frac{l_1}{b}$ 值乘以 $\sqrt{235/f_y}$。

2. 局部稳定性

为保证焊接工字形吊车梁腹板的局部稳定性,应按下述规定在腹板上配置加劲肋。

(1)当 $\frac{h_0}{t_w} \leqslant 80$(Q235 钢)、$\frac{h_0}{t_w} \leqslant 66$(Q345 钢)、$\frac{h_0}{t_w} \leqslant 62$(Q390 钢)时,宜按构造配置横向加劲肋。

(2)当 $80 < \frac{h_0}{t_w} \leqslant 170$(Q235 钢)、$66 < \frac{h_0}{t_w} \leqslant 140$(Q345 钢)、$62 < \frac{h_0}{t_w} \leqslant 132$(Q390 钢)时,应配置横向加劲肋,并按规定计算。

(3)当 $\frac{h_0}{t_w} > 170$(Q235 钢)、$\frac{h_0}{t_w} > 140$(Q345 钢)、$\frac{h_0}{t_w} > 132$(Q390 钢)时,应同时配置横向加劲肋和受压区的纵向加劲肋,必要时尚应在受压区配置短加劲肋,且均应按规定计算。

以上 h_0 为腹板的计算高度,t_w 为腹板的厚度。

加劲肋宜在腹板两侧成对配置,也可单侧配置,但支撑加劲肋和重级工作制吊车梁的加劲肋不应单侧配置。

横向加劲肋的最小间距为 $0.5h_0$,最大间距为 $2h_0$。

短加劲肋的最小间距为 $0.75h_0$。短加劲肋外伸宽度应取横向加劲肋外伸宽度的 $0.7 \sim 1.0$,其厚度不应小于短加劲肋外伸宽度的 $1/15$。

2.4.7　挠度计算

吊车梁的竖向挠度 v 可近似地按下列公式计算。

(1)等截面简支梁

$$v = \frac{M_x l^2}{10EI_x} \leqslant [v] \qquad (2-60)$$

(2)翼缘截面变化的简支梁

$$v = \frac{M_x l^2}{10EI_x}\left(1 + \frac{3}{25} \times \frac{I_x - I_x'}{I_x}\right) \leqslant [v] \qquad (2-61)$$

(3)等截面连续梁

$$v = \left(\frac{M_x}{10} - \frac{M_1 + M_2}{16}\right)\frac{l^2}{EI_x} \leqslant [v] \qquad (2-62)$$

式中　M_x——由全部竖向荷载(标准值,不考虑动力系数)产生的最大弯矩;

M_1、M_2——与 M_x 同时产生的两端支座负弯矩(代入公式时取绝对值);

I_x——跨中毛截面惯性矩；

I_x'——支座处毛截面惯性矩；

$[v]$——容许挠度。

2.4.8 连接和构造

1. 翼缘和腹板

吊车梁上翼缘与腹板的连接角焊缝的焊脚

$$h_f = \frac{1}{2 \times 0.7 f_f^w} \sqrt{\left(\frac{VS_1}{I_x}\right)^2 + \left(\frac{\psi P}{l_z}\right)^2} \tag{2-63}$$

下翼缘与腹板的连接角焊缝的焊脚

$$h_f \geqslant \frac{VS_1}{2 \times 0.7 f_f^w I_x} \tag{2-64}$$

式中　ψ、P、l_z——按式(2-57)采用；

　　　V——计算截面的最大剪力；

　　　f_f^w——角焊缝的抗拉强度设计值；

　　　S_1——计算翼缘对梁中和轴的毛截面面积矩；

　　　I_x——梁对 x 轴的毛截面惯性矩。

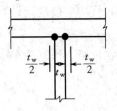

图2-85　上翼缘与腹板焊透的
T形连接焊缝

重级工作制和起重量 $Q \geqslant 50$ t 的中级工作制吊车梁或焊接吊车梁的腹板厚度 $t_w > 14$ mm 时，其上翼缘与腹板的连接焊缝应予焊透，焊缝质量不低于二级焊缝标准，腹板上端边缘应根据板厚加工剖口，并采取措施确保焊透(图2-85)。此时，可按母材等强度考虑，不需验算连接焊缝的强度。

2. 支座加劲肋

支座加劲肋与腹板的连接焊缝，应按下列情况计算确定。

当为板式支座时，

$$h_f = \frac{R_{max}}{0.7 n l_w f_f^w} \tag{2-65}$$

当为突缘支座时，

$$h_f = \frac{1.2 R_{max}}{0.7 n l_w f_f^w} \tag{2-66}$$

式中　n——焊缝条数；

　　　l_w——焊缝计算长度，取支座处腹板焊缝的全长减去 $2h_f$。

当计算所得的 $h_f < 0.7 t_w$ 时，取 $h_f = 0.7 t_w$，且不小于 6 mm；当为突缘支座且腹板厚度 $t_w > 14$ mm 时，腹板应剖口加工，以利焊缝焊透。

3. 横向与纵向加劲肋

横向加劲肋和纵向加劲肋的构造与连接应满足下列要求。

(1)横向加劲肋与上翼缘相连接处应切角。当切成斜角时，其宽约为 $b_s/3$(但不大于 40 mm)，高约为 $b_s/2$(但不大于 60 mm)。b_s 为加劲肋宽度(图2-86)。

（2）横向加劲肋的上端应与上翼缘刨平顶紧后焊接，加劲肋的下端宜在距受拉翼缘 50 ~ 100 mm 处断开（图 2 - 86），不应另加零件与受拉翼缘焊接。加劲肋与腹板的连接焊缝，施焊时不宜在加劲肋下端起弧和落弧。

（3）同时采用横向加劲肋和纵向加劲肋时，其相交处应留有缺口（图 2 - 86 剖面 2—2），以免形成更大的焊接过热区。

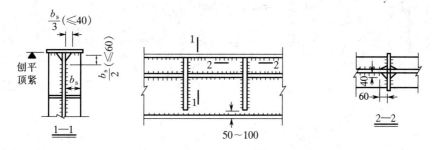

图 2 - 86　横向和纵向加劲肋切角

4. 机械加工部分

焊接吊车梁的下列部位，应用机械加工（砂轮打磨或刨铲）使之平缓。

（1）对接焊缝引弧板切割处。

（2）重级工作制吊车梁受拉翼缘板、腹板对接焊缝的表面。

（3）重级工作制吊车梁受拉翼缘板边缘，宜采用自动精密气割，当用手工气割或剪切机切割时，应沿全长刨边。

吊车梁的受拉翼缘上不得任意焊接悬挂设备零件，也不允许在该处打火或焊接夹具。

5. 受拉翼缘

当吊车梁受拉翼缘与支撑相连时，不宜采用焊接。

横向加劲肋下端点的焊缝应采用连续围焊或回焊，以免端部起弧、落弧而损伤母材。对于重级工作制吊车梁，其加劲肋端部常为疲劳所控制，因此要求回焊长度不小于 4 倍角焊缝长度。

6. 起拱

跨度 ≥24 m 的吊车梁宜考虑起拱，拱度约为跨度的 1/1 000。吊车梁工地整段拼接宜采用摩擦型高强度螺栓。

2.4.9　吊车梁与框架柱的连接构造

1. 下翼缘

吊车梁下翼缘与框架柱的连接，一般采用普通螺栓固定。当吊车梁在非柱间支撑范围的柱间时，可按图 2 - 87（a）、（b）节点左侧和 2 - 88（b）、（c）所示的连接方法处理。此时所用的固定螺栓可按构造配置，通常采用 2M22 或 4M22，螺栓上垫板厚度应不小于 14 mm。

当吊车梁位于设有柱间支撑的框架柱时，可按图 2 - 87（a）和图 2 - 88（a）所示的连接方法处理。

为了便于吊车梁的安装和调整，吊车梁下翼缘的螺栓孔径应比螺栓直径大 10 mm 左

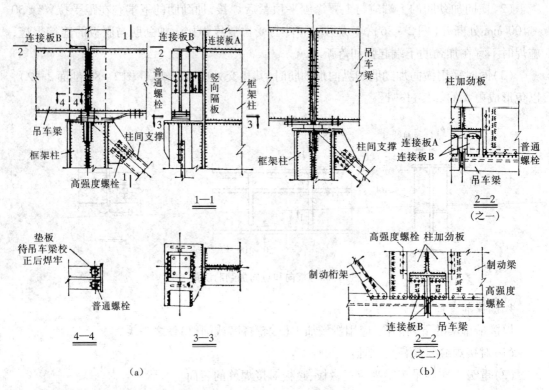

图 2－87　吊车梁与框架柱的连接之一

(a)吊车梁柱连接 A　(b)吊车梁柱连接 B

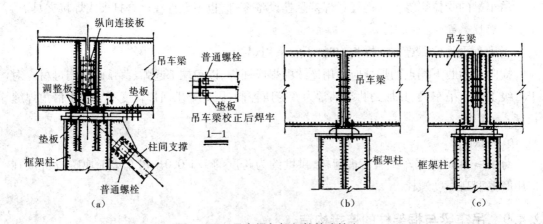

图 2－88　吊车梁与框架柱的连接之二

(a)吊车梁柱连接 C　(b)吊车梁柱连接 D　(c)吊车梁柱连接 E

右,垫板上的螺栓孔径应比螺栓直径大 1.0 ~ 1.5 mm,待吊车梁调整后垫板与下翼缘周边焊牢,角焊缝的有效厚度 $h_e = 8$ mm。当吊车纵向水平荷载和山墙传来的风荷载较大时,尤其在高烈度地震区,应由计算确定角焊缝的有效厚度。

2.上翼缘

吊车梁上翼缘与框架柱的连接可按下列情况确定。

(1)吊车梁上翼缘与框架柱连接的连接板(如图 2－87 所示的连接板 B),可按强度和稳定性进行验算。

(2)连接板 B 与框架柱或吊车梁上翼缘的连接,应分别按高强度螺栓或焊接验算连接强度,也可采用图 2 - 89 所示的板铰连接。

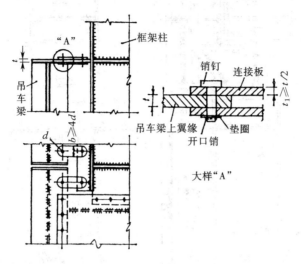

图 2 - 89　吊车梁与框架柱的板铰连接

3. 竖向隔板与辅助桁架

吊车起重量较大、梁端高度大于 1.5 m 的重级工作制吊车梁,在与框架柱的连接处应在梁端高度中部增设与框架柱连接的竖向隔板(如图 2 - 87 剖面 1—1 所示)。隔板的尺寸以及采用普通螺栓的直径和数量可按吊车纵向水平荷载和山墙传来的风荷载(在地震区尚应考虑地震荷载)计算确定。当采用图 2 - 87 所示的连接方法时,螺栓按受拉计算;当采用图 2 - 88(a)所示的连接方法时,螺栓按受剪和承压计算。此时,宜采用高强度螺栓。对于一般吊车梁端部的纵向连接,通常在梁端高度中部加设调整垫板,并用普通螺栓连接,按吊车纵向水平荷载和山墙传来的风荷载或地震荷载计算确定。

吊车梁上翼缘、制动结构、辅助桁架与框架柱的连接节点如图 2 - 90 所示。

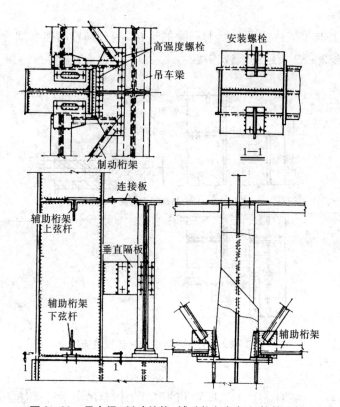

图 2 – 90　吊车梁、制动结构、辅助桁架与框架柱的连接

第3章 门式刚架轻型钢结构

3.1 概述

3.1.1 门式刚架轻型钢结构的构成

门式刚架轻型钢结构是以由焊接 H 型钢(等截面或变截面)、热轧 H 型钢(等截面)等构成的实腹式门式刚架作为主要承重骨架,以 C 形或 Z 形冷弯薄壁型钢作为檩条、墙梁,以压型金属板制作屋面、墙面,采用聚苯乙烯泡沫塑料、硬质聚氨酯泡沫塑料、岩棉、矿棉、玻璃棉等作为保温隔热材料,并适当设置支撑的一种轻型单层房屋钢结构体系。典型的门式刚架轻型钢结构的构成如图 3-1 所示。

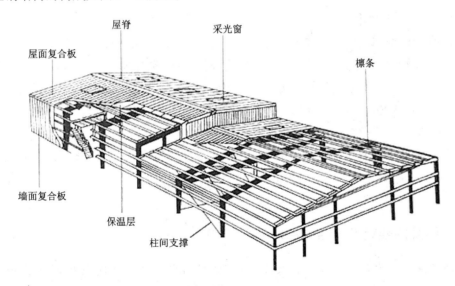

图 3-1 门式刚架轻型钢结构的构成

在工程实践中,门式刚架轻型钢结构的梁、柱构件多采用焊接变截面 H 型钢。单跨门式刚架的梁柱节点采用刚接节点;多跨门式刚架的边柱和梁采用刚接节点连接,中柱和梁一般为铰接连接。柱脚可采用刚接或铰接柱脚。屋面和墙面大多采用压型钢板,保温隔热材料一般选用玻璃棉,其具有自重小、保温隔热性能好及安装方便等特点。

3.1.2 门式刚架轻型钢结构的特点

门式刚架轻型钢结构具有以下特点。

1. 质量轻,用钢量省

门式刚架轻型钢结构采用压型金属板、玻璃棉以及冷弯薄壁型钢等构成围护结构,屋面、墙面质量都很轻,因而门式刚架结构的荷载很小。另一方面,门式刚架轻型钢结构为全钢结构,材料强度大,变形能力强,大量采用变截面构件,因此结构自重小、用钢量省。门式刚架轻型钢结构的用钢量一般为 $10\sim30\ kg/m^2$,在相同的跨度和荷载条件下其自重仅为钢筋混凝土结构的 1/30 - 1/20。

由于质量轻,门式刚架轻型钢结构的地基处理费用及基础造价均较低,构件运输、存放的费用也较低,同时,门式刚架轻型钢结构的地震反应小,在一般情况下,地震参与的内力组合对门式刚架结构设计不起控制作用。需要注意的是,风荷载对门式刚架轻型钢结构可能有较大的影响,风吸荷载可能使金属屋面、檩条及门式刚架的受力反向,当风荷载较大或房屋较高时,风荷载可能是门式刚架轻型钢结构设计的控制荷载。

2. 工业化程度高,施工周期短

门式刚架轻型钢结构一般为全钢结构,其主要构件和配件均为工厂制作,质量易保证。门式刚架轻型钢结构安装方便,除基础施工外,现场基本没有湿作业,构件之间多采用高强度螺栓连接,现场工作量小,施工人员需求量少,施工周期短。

3. 构件轻薄,但结构整体刚度好

门式刚架轻型钢结构的构件一般较为轻薄,锈蚀和局部变形对构件承载力可能有较大的不利影响,因此在制作、运输及安装过程中应注意保护,防止构件因磕碰发生变形或造成防锈涂层损坏。门式刚架轻型钢结构安装完成后,由于作为围护结构的屋、墙面板参与结构整体工作,形成蒙皮效应,因而结构具有较好的整体刚度。

4. 综合经济效益高

由于钢材价格较高,门式刚架轻型钢结构的造价比钢筋混凝土结构略高,但由于结构质量轻,材料易于筹措、运输,现场工作量小,设计及施工周期短,因此资金回收快、综合经济效益高。

3.1.3　门式刚架轻型钢结构的应用

门式刚架轻型钢结构起源于第二次世界大战时期的美国,在美国发展最快、应用也最广泛,随后在欧洲国家及日本、澳大利亚等国也得到广泛的应用。在这些国家已经实现了门式刚架轻型钢结构的生产商品化,结构分析、设计、出图程序化,构件加工工厂化及安装施工和经营管理一体化。目前,在欧美国家的大型厂房、商业建筑、交通设施等非居住建筑中,50% 以上采用门式刚架轻型钢结构体系。

我国门式刚架轻型钢结构的应用和研究起步较晚,20 世纪 80 年代中后期,首先由深圳蛇口工业区外资企业从国外引入,而后发展到其他沿海城市、内陆城市及经济开发区。随着经验的积累和材料供应的逐渐丰富,特别是《门式刚架轻型房屋钢结构技术规程》(以下简称《规程》)的颁布,门式刚架轻型钢结构的应用得到迅速发展,工程数量越来越多,规模越来越大,门式刚架轻型钢结构广泛应用于各类轻型厂房及仓库、物流中心、交易市场、超市、体育场馆、车站候车大厅、码头建筑、展览厅等建筑中。

3.2　门式刚架的形式和结构布置

3.2.1　门式刚架的形式

门式刚架分为单跨、双跨、多跨刚架以及带挑檐、带毗屋的刚架等,如图 3 - 2 所示。多跨刚架宜采用双坡或单坡屋盖,尽量少采用由多个双坡屋盖组成的多跨刚架形式。当需要设置夹层时,夹层可沿纵向设置或在横向端跨设置。

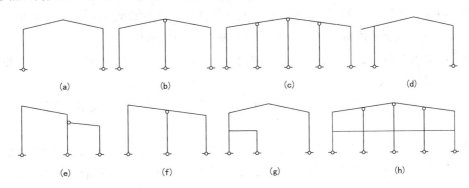

图 3 - 2　单层轻型钢屋架房屋的组成

(a)单跨刚架　(b)双跨刚架　(c)多跨刚架　(d)带挑檐的刚架　(e)带毗屋的刚架　(f)单坡刚架
(g)纵向带夹层的刚架　(h)端跨带夹层的刚架

门式刚架轻型钢结构坡度较大,这为金属压型钢板屋面长坡面排水创造了条件,因此多跨门式刚架通常采用单脊双坡屋面,多脊多坡屋面由于内天沟容易产生渗漏及堆雪现象而较少采用。

单脊双坡多跨门式刚架用于无桥式吊车的房屋,当刚架柱不是特别高且风荷载不是很大时,中柱宜采用两端铰接的摇摆柱,摇摆柱和刚架梁的连接构造简单,制作和安装方便。摇摆柱不参与抵抗侧向力,截面也比较小。但是在设有桥式吊车的房屋中,中柱宜两端刚接,以增大门式刚架的侧向刚度。边柱一般和刚架梁刚接,形成刚架,承担全部横向水平荷载。由于边柱的高度较小,构件稳定性好,材料强度能较为充分地发挥作用。

根据跨度、高度及荷载的不同,门式刚架的梁、柱可采用变截面或等截面实腹焊接或轧制 H 形截面。等截面刚架梁截面高度一般取跨度的 1/40 ~ 1/30,变截面刚架梁端部高度不宜小于跨度的 1/40 ~ 1/35,中段高度则不小于跨度的 1/60。设置桥式吊车时,刚架柱宜采用等截面构件,截面高度不小于柱高度的 1/20。变截面刚架柱在铰接柱脚处的截面高度不小于 200 mm。变截面构件通常改变腹板的高度,做成楔形,必要时也可改变腹板的厚度。钢结构构件在运输单元内一般不改变翼缘截面,必要时可改变翼缘厚度。

3.2.2　结构布置

3.2.2.1　门式刚架的建筑尺寸和布置

门式刚架的跨度取横向刚架柱之间的距离,宜为 9～36 m,以 3 m 为模数,也可以不受模数限制。当边柱截面不等时,其外侧应对齐。门式刚架的高度应取刚架柱轴线与刚架斜梁轴线的交点至地坪的高度,宜取 4.5～9 m,必要时可以适当放大。门式刚架的高度应根据使用要求的室内净高确定,有吊车的厂房应根据轨顶标高和吊车净空的要求确定。刚架柱的轴线可取柱下端中心的竖向轴线,工业建筑边柱的定位轴线宜取柱外皮。刚架斜梁的轴线可取通过变截面梁段最小端中心与斜梁上表面平行的轴线。

门式刚架的合理间距应综合考虑刚架跨度、荷载条件及使用要求等因素,一般宜取 6 m、7.5 m 或 9 m。

挑檐长度可根据使用要求确定,宜取 0.5～1.2 m,其上翼缘坡度取与刚架斜梁坡度相同。

门式刚架轻型钢结构的构件和围护结构通常刚度不大,温度应力较小。因此,其温度分区与传统结构形式相比可以适当放宽,但应符合下列规定:纵向温度区段 <300 m;横向温度区段 <150 m。

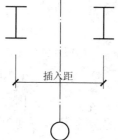

插入距

图 3－3　柱的插入距

当有计算依据时,温度区段可适当放大。当房屋的平面尺寸超过上述规定时,需设置伸缩缝,伸缩缝可采用两种做法:①设置双柱;②在搭接檩条的螺栓处采用长圆孔,并允许该处屋面板在构造上胀缩。

对有吊车的厂房,当设置双柱形式的纵向伸缩缝时,伸缩缝两侧门式刚架的横向定位轴线可加插入距,如图 3－3 所示。在多跨门式刚架局部抽掉中柱或边柱处,可布置托架或托梁。

3.2.2.2　檩条和墙梁的布置

屋面檩条一般应等间距布置,但在屋脊处,应沿屋脊两侧各布置一道檩条,使得屋面板的外伸宽度不大于 200 mm,在天沟位置应布置一道檩条,以便于天沟的固定。确定檩条的间距时,应综合考虑天窗、通风屋脊、采光带、屋面材料、檩条规格等因素。

侧墙墙梁的布置,应考虑设置门窗、挑檐、遮雨篷等构件和围护材料的要求。当采用压型钢板作为围护墙面时,墙梁宜布置在刚架柱的外侧,其间距由墙板板型和规格确定,且不大于由计算确定的数值。

3.2.2.3　支撑和刚性系杆的布置

支撑和刚性系杆的布置应符合下列规定:①在每个温度区段或分期建设的区段中,应分别设置能独立构成空间稳定结构的支撑体系;②在设置柱间支撑的开间,应同时设置屋面水平支撑,以构成几何不变体系;③端部支撑宜设在温度区段端部的第一个或第二个开间,柱间支撑的间距应根据房屋纵向受力情况及安装条件确定,一般取 30 ~ 45 m,有吊车时不大于 60 m;④当房屋高度较大时,柱间支撑应分层设置,当房屋宽度大于 60 m 时,内柱列宜适当设置支撑;⑤当端部支撑设在端部第二个开间时,在第一个开间的相应位置应设置刚性系杆;⑥在刚架转折处(边柱柱顶、屋脊及多跨刚架的中柱柱顶)应沿房屋全长设置刚性系杆;⑦由支撑斜杆等组成的水平桁架,其直腹杆宜按刚性系杆考虑;⑧刚性系杆可由檩条兼作,此时檩条应满足压弯构件的承载力和刚度要求,当不满足时可在刚架斜梁间设置钢管、H 型钢或其他截面形式的杆件。

门式刚架轻型钢结构的支撑一般可采用交叉圆钢支撑,圆钢与相连构件的夹角宜接近 45°,不小于 30°,不大于 60°。圆钢应采用特制的连接件与刚架梁、柱腹板连接,校正定位后张紧固定。张紧时最好用花篮螺丝。

当设有不小于 1.5 t 的吊车时,柱间支撑宜采用型钢构件。无法设置柱间支撑时,应设置纵向刚架。

3.3　门式刚架设计

3.3.1　荷载及荷载组合

门式刚架轻型结构承受的荷载,包括永久荷载和可变荷载,除现行《规程》有专门规定外,一律按现行国家标准《建筑结构荷载规范》(GB 50009—2012)(以下简称《荷载规范》)采用。

3.3.1.1　永久荷载

永久荷载包括钢结构构件的自重和悬挂在结构上的非结构构件的重力荷载,如屋面、墙面及吊顶等。

3.3.1.2　可变荷载

(1)屋面活荷载:当采用压型钢板轻型屋面时,屋面竖向均布活荷载的标准值(按水平投影面积计算)应取 0.5 kN/m²;对受荷水平投影面积超过 60 m² 的刚架结构,计算时采用的竖向均布活荷载标准值可取不小于 0.3 kN/m²。设计屋面板和檩条时应该考虑施工和检修集中荷载(人和小工具的重力),其标准值为 1 kN。

(2)屋面雪荷载和积灰荷载:屋面雪荷载和积灰荷载的标准值应按《荷载规范》的规定采用,设计屋面板、檩条时尚应考虑在屋面天沟、阴角、天窗挡风板内和高低跨连接处等位置的雪荷载堆积,屋面积雪分布系数可按《荷载规范》采用。

(3)吊车荷载:包括竖向荷载和纵向及横向水平荷载,按照《荷载规范》的规定采用。

(4)地震作用:按现行国家标准《建筑抗震设计规范》的规定计算。

(5)风荷载:按《规程》的规定,垂直于建筑物表面的风荷载可按下列公式计算,

$$w_k = \beta_z \mu_s \mu_z w_0 \tag{3-1}$$

式中　w_k——风荷载标准值,kN/m^2;

　　　β_z——高度 z 处的风振系数;

　　　μ_s——风荷载体型系数;

　　　μ_z——风压高度变化系数,按照《荷载规范》的规定采用,当高度小于 10 m 时,应采用
　　　　　　10 m 高处的数值;

　　　w_0——基本风压,kN/m^2。

　　体型系数的取值较我国的《荷载规范》有很大不同,是参照美国金属房屋制造商协会(MBMA)编制的《低层房屋系统手册》(1996)中的相关内容,同时结合我国的工程实践给出的,较《荷载规范》的规定详细、合理。

3.3.1.3　荷载效应组合

　　荷载效应的组合一般应遵从《荷载规范》的规定。针对门式刚架的特点,《规程》给出下列组合原则:①屋面均布活荷载不与雪荷载同时考虑,应取两者中的较大值;②积灰荷载应与雪荷载、屋面均布活荷载中的较大值同时考虑;③施工或检修集中荷载不与屋面材料或檩条自重以外的荷载同时考虑;④多台吊车组合应符合《荷载规范》的规定;⑤当需要考虑地震作用时,风荷载不与地震作用同时考虑。

　　在进行门式刚架结构内力分析时,荷载效应组合由下式给出。

$$S_d = \gamma_G S_{Gk} + \psi_Q \gamma_Q S_{Qk} + \psi_w \gamma_w S_{wk} \tag{3-2}$$

式中　S_d——荷载效应组合的设计值;

　　　γ_G——永久荷载分项系数;

　　　γ_Q——可变荷载分项系数;

　　　γ_w——风荷载分项系数;

　　　S_{Gk}——永久荷载效应标准值;

　　　S_{Qk}——可变荷载效应标准值;

　　　S_{wk}——风荷载效应标准值;

　　　ψ_Q、ψ_w——可变荷载组合值系数和风荷载组合值系数,当永久荷载效应起控制作用
　　　　　　　　时分别取 0.7 和 0.0,当可变荷载效应起控制作用时分别取 1.0 和 0.6 或
　　　　　　　　0.7 和 1.0。

　　荷载基本组合的分项系数应按下列规定采用。①永久荷载的分项系数,当其效应对结构承载力不利时,对由可变荷载效应控制的组合应取 1.3,对由永久荷载效应控制的组合应取 1.35;当其效应对结构承载力有利时,应取 1.0。②可变荷载的分项系数在一般情况下取 1.5。③风荷载分项系数应取 1.5。

　　由于门式刚架轻型钢结构自重及荷载较小,地震作用的荷载效应较小。当抗震设防烈度不超过 7 度而风荷载效应标准值大于 0.35 kN/m^2 时,地震作用的组合一般不起控制作用。烈度在 8 度以上需要考虑地震作用时按《规程》进行计算。

　　对门式刚架轻型钢结构,当由地震作用效应组合控制设计时,尚应针对轻型钢结构的特点采取相应的抗震构造措施。例如,构件之间应尽量采用螺栓连接;斜梁下翼缘与刚架柱的

连接处宜加腋以提高该处的承载力,该处附近翼缘受压区的宽厚比宜适当减小;柱脚的受剪、抗拔承载力宜适当提高,柱脚底板宜设计抗剪键,并采取提高锚栓抗拔力的构造措施;支撑的连接应按支撑屈服承载力的 1.2 倍设计。

3.3.2 门式刚架的内力和侧移计算

3.3.2.1 内力计算

对于变截面门式刚架,应采用弹性分析方法确定各种内力,只有当刚架的梁柱全部为等截面时才允许采用塑性分析方法,但后一种情况在实际工程中已很少采用。进行内力分析时,通常把门式刚架简化为平面刚架结构,不考虑屋、墙面板的应力蒙皮效应,而只把它当作安全储备。当有必要且有条件时,也可考虑屋、墙面板的应力蒙皮效应。应力蒙皮效应是将屋面板视为沿屋面全长伸展的深梁,可用来承受平面内的荷载。屋面板可视为承受平面内横向剪力的腹板,其边缘构件可视为翼缘,承受轴心拉力和压力。与此类似,墙面板也可按平面内受剪的支撑系统处理。考虑应力蒙皮效应可以提高门式刚架结构的整体刚度和承载力,但对压型钢板的连接有较高的要求。

变截面门式刚架的内力通常采用梁单元的有限元法(直接刚度法)编制程序电算确定。计算时将变截面的刚架梁、柱构件分为若干段,把每段的几何特性当作常量,也可直接采用楔形单元。构件分段采用等截面单元时不少于 8 段,采用楔形变截面单元时则不少于 4 段。地震作用的效应可采用底部剪力法分析确定。当需要手算校核时,可采用一般结构力学方法或静力计算的公式、图表进行。

根据不同荷载组合下的内力分析结果,找出控制截面的内力组合,控制截面的位置一般在柱底、柱顶、柱牛腿连接处及梁端、梁跨中,控制截面的内力组合主要有如下三种。

(1)最大轴压力 N_{max} 和同时出现的 M 及 V 中的较大值。

(2)最大弯矩 M_{max} 和同时出现的 V 及 N 中的较大值。

这两种情况是有可能重合的。以上是针对截面双轴对称的构件而言的。如果是单轴对称截面,则需要区分正、负弯矩。

考虑到门式刚架轻型钢结构自重和竖向荷载均很小,锚栓在强风作用下有可能受到上拔力作用,应考虑柱底截面的第三种内力组合。

(3)最小轴压力 N_{min} 和相应的 M 及 V,出现在永久荷载和风荷载共同作用下,当柱脚铰接时 $M = 0$。

3.3.2.2 侧移计算

变截面门式刚架的柱顶侧移应采用弹性分析方法确定。计算时荷载取标准值,不考虑荷载分项系数。侧移计算可以和内力分析一样通过电算确定。《规程》给出了计算柱顶侧移的简化公式,可以在初选构件截面时估算侧移刚度,以免因刚度不足而需要重新调整构件截面。

对单层门式刚架的柱顶侧移,当采用轻型钢墙板且室内无吊车时,其限值为 $h/60$;当采用砌体墙且室内无吊车时,其限值为 $h/240$;当有桥式吊车且吊车有驾驶室时,其限值为 $h/400$;当桥式吊车在地面操作时,其限值为 $h/180$。

如果最后验算发现门式刚架的侧移不满足要求,则需要采用下列措施增大结构侧移刚度:采用更大截面的刚架梁和刚架柱;铰接柱脚改为刚接柱脚;把多跨门式刚架的中柱由摇摆柱改为与刚架梁刚接连接。

3.3.3　刚架柱和刚架梁的设计

3.3.3.1　板件的宽厚比限值和腹板屈曲后强度的利用

1. 刚架梁、刚架柱构件的宽厚比限值

H 型钢构件受压翼缘板的宽厚比限值:

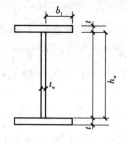

图 3 - 4　截面尺寸

$$\frac{b_1}{t} \leqslant 15\sqrt{\frac{235}{f_y}} \tag{3-3}$$

H 型钢构件腹板的宽厚比限值:

$$\frac{h_w}{t_w} \leqslant 250 \tag{3-4}$$

式中　b_1、t——受压翼缘板的外伸宽度与厚度,如图 3 - 4 所示;

h_w、t_w——腹板的高度与厚度,如图 3 - 4 所示。

注意翼缘板不利用屈曲后强度,式(3 - 3)是防止局部屈曲的限值;腹板通常利用屈曲后强度,式(3 - 4)是为防止几何缺陷过大而设定的限值。

2. 腹板屈曲后强度

在进行刚架梁、刚架柱构件的截面设计时,为了节省钢材,允许腹板局部屈曲,并利用屈曲后强度。

H 型钢截面构件腹板的受剪板幅,当腹板的高度变化不超过 60 mm/m 时,其受剪承载力设计值可按下列公式计算:

$$V_d = h_w t_w f'_v \tag{3-5}$$

当 $\lambda_w \leqslant 0.8$ 时,

$$f'_v = f_v \tag{3-6a}$$

当 $0.8 < \lambda_w < 1.4$ 时,

$$f'_v = [1 - 0.64(\lambda_w - 0.8)]f_v \tag{3-6b}$$

当 $\lambda_w \geqslant 1.4$ 时,

$$f'_v = (1 - 0.275\lambda_w)f_v \tag{3-6c}$$

式中　f_v——钢材的抗剪强度设计值;

f'_v——腹板屈曲后抗剪强度设计值;

h_w——腹板板幅的平均高度;

λ_w——参数,按式(3 - 7)进行计算。

$$\lambda_w = \frac{h_w/t_w}{37\sqrt{\kappa_\tau}\sqrt{235/f_y}} \tag{3-7}$$

当 $a/h_w < 1$ 时,

$$\kappa_\tau = 4 + 5.34/(a/h_w)^2 \tag{3-8a}$$

当 $a/h_w \geqslant 1$ 时,

$$\kappa_\tau = 5.34 + 4/(a/h_w)^2 \tag{3-8b}$$

式中　a——腹板横向加劲肋的间距;

　　　κ_τ——腹板在纯剪切荷载作用下的屈曲系数。当不设中间加劲肋时 $\kappa_\tau = 5.34$。

式(3-6)的三个式子可以用下列公式代替:

$$f_v' = \frac{f_v}{(0.51 + \lambda_w^{3.2})^{1/2.6}} \leqslant f_v \tag{3-9}$$

3. 腹板的有效宽度

当 H 型钢截面构件的腹板受弯及受压板幅利用屈曲后强度时,应按有效高度计算其截面的几何特性。有效宽度的计算公式如下。

当腹板全部受压时

$$h_e = \rho h_w \tag{3-10a}$$

当腹板部分受拉时,受拉区全部有效,受压区有效宽度为

$$h_e = \rho h_c \tag{3-10b}$$

式中　h_e——腹板受压区有效宽度;

　　　h_c——腹板受压宽度;

　　　ρ——有效宽度系数,按下列公式计算。

当 $\lambda_\rho \leqslant 0.8$ 时,

$$\rho = 1 \tag{3-11a}$$

当 $0.8 < \lambda_\rho \leqslant 1.2$ 时,

$$\rho = 1 - 0.9(\lambda_\rho - 0.8) \tag{3-11b}$$

当 $\lambda_\rho > 1.2$ 时,

$$\rho = 0.64 - 0.24(\lambda_\rho - 1.2) \tag{3-11c}$$

式中　λ_ρ——与板件受弯、受压有关的参数,按下式计算。

$$\lambda_\rho = \frac{h_w/t_w}{28.1\sqrt{\kappa_\sigma}\sqrt{235/f_y}} \tag{3-12}$$

式中　κ_σ——板件在正应力作用下的屈曲系数。

$$\kappa_\sigma = \frac{16}{\sqrt{(1+\beta)^2 + 0.112(1-\beta)^2} + (1+\beta)} \tag{3-13}$$

$\beta = \sigma_2/\sigma_1$,为腹板边缘正应力比值,以压为正、拉为负,$-1 \leqslant \beta \leqslant 1$。

当腹板边缘最大应力 $\sigma_1 < f$ 时,计算 λ_ρ 可用 $\gamma_R \sigma_1$ 代替式(3-12)中的 f_y。γ_R 为抗力分项系数,对 Q235 钢材,$\gamma_R = 1.087$;对 Q345 钢材,$\gamma_R = 1.111$。为简单起见,可统一取 $\gamma_R = 1.1$。

式(3-11)的三个式子可以用下列公式代替:

$$\rho = \frac{1}{(1 - 0.8^{1.25} + \lambda_\rho^{1.25})^{1/0.9}} \leqslant 1 \tag{3-14}$$

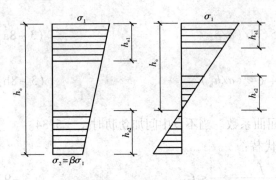

图 3-5 有效宽度分布

根据式(3-10a)和式(3-10b)计算得到的腹板有效宽度 $h_e = \rho h_c$，沿腹板高度按以下规则分布(如图3-5所示)。

当腹板全截面受压，即 $\beta > 0$ 时，

$$\left.\begin{array}{l} h_{e1} = 2h_e / (5 - \beta) \\ h_{e2} = h_e - h_{e1} \end{array}\right\} \qquad (3-15)$$

当腹板部分截面受拉，即 $\beta < 0$ 时，

$$h_{e1} = 0.4h_e \qquad (3-16)$$

$$h_{e2} = 0.6h_e \qquad (3-17)$$

3.3.3.2 刚架梁、柱构件考虑腹板屈曲后强度的截面强度计算

(1)H 型钢截面压弯构件在剪力 V 和弯矩 M 作用下的强度应符合下列要求。

当 $V \leqslant 0.5V_d$ 时，

$$M \leqslant M_e \qquad (3-18a)$$

当 $0.5V_d < V \leqslant V_d$ 时，

$$M \leqslant M_f + (M_e - M_f)\left[1 - \left(\frac{V}{0.5V_d} - 1\right)^2\right] \qquad (3-18b)$$

当截面双轴对称时，

$$M_f = A_f(h_w + t) \qquad (3-19)$$

式中 M_f——两翼缘所承担的弯矩；

M_e——构件有效截面所承担的弯矩，$M_e = W_e f$，W_e 为构件有效截面最大受压纤维的截面模量；

A_f——构件翼缘的截面面积；

V_d——腹板受剪承载力设计值，按式(3-5)计算。

(2)H 型钢截面压弯构件在剪力 V、弯矩 M 和轴力 N 共同作用下的强度应符合下列要求。

当 $V \leqslant 0.5V_d$ 时，

$$M \leqslant M_e^N \qquad (3-20)$$

$$M_e^N = M_e - NW_e / A_e \qquad (3-21)$$

当 $0.5V_d < V \leqslant V_d$ 时，

$$M \leqslant M_f^N + (M_e^N - M_f^N)\left[1 - \left(\frac{V}{0.5V_d} - 1\right)^2\right] \qquad (3-22)$$

当截面双轴对称时，

$$M_f^N = A_f(h_w + t)(f - N/A) \qquad (3-23)$$

式中 A_e——有效截面面积；

M_f^N——兼承压力时两翼缘所能承受的弯矩。

3.3.3.3　刚架梁腹板加劲肋的设置

刚架梁腹板应在与刚架柱连接处、较大固定集中荷载作用处和翼缘转折处设置横向加劲肋。其他部位是否设置加劲肋,应根据计算确定。《规程》规定,当利用腹板屈曲后抗剪强度时,横向加劲肋间距 a 宜取 $h_w \sim 2h_w$。

当刚架梁腹板在剪应力作用下发生屈曲后,将形成拉力带承受继续增大的剪力,拉力带起类似桁架斜腹杆的作用,而横向加劲肋则相当于受压的桁架竖杆(图 3 - 6)。因此,中间的横向加劲肋除承受集中荷载和翼缘转折产生的压力外,还要承受拉力场产生的压力,该压力按下式计算:

$$N_s = V - 0.9 h_w t_w \tau_{cr} \qquad (3-24)$$

当 $0.8 < \lambda_w \leqslant 1.25$ 时,

$$\tau_{cr} = [1 - 0.8(\lambda_w - 0.8)]f_v \qquad (3-25a)$$

当 $\lambda_w > 1.25$ 时,

$$\tau_{cr} = f_v / \lambda_w^2 \qquad (3-25b)$$

式中　N_s——拉力场产生的压力;

　　　τ_{cr}——利用拉力场时腹板的屈曲剪应力;

　　　λ_w——参数,按式(3 - 7)计算。

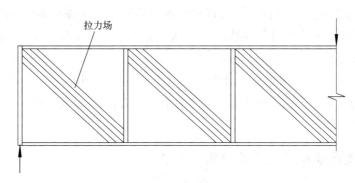

图 3 - 6　腹板屈曲后的受力模型

加劲肋稳定性验算按《钢结构设计标准》的规定进行,计算长度取腹板高度 h_w,截面取加劲肋全部和两侧各 $15t_w \sqrt{235/f_y}$ 宽度范围内的腹板面积,按两端铰接轴心受压构件进行验算。

3.3.3.4　变截面柱在刚架平面内的整体稳定性计算

变截面柱在刚架平面内的整体稳定性按下式计算:

$$\frac{N_0}{\varphi_{x\gamma} A_{e0}} + \frac{\beta_{mx} M_1}{[1 - (N_0 / N'_{Ex0} \varphi_{x\gamma})] W_{e1}} \leqslant f \qquad (3-26)$$

$$N'_{Ex0} = \frac{\pi^2 E A_{e0}}{1.1 \lambda^2} \qquad (3-27)$$

式中　N_0——小头的轴线压力设计值;

M_1——大头的弯矩设计值；

A_{e0}——小头的有效截面面积；

W_{e1}——大头有效截面最大受压纤维的截面模量；

φ_{xy}——杆件轴心受压稳定系数，按楔形柱确定计算长度，取小头截面的回转半径，$\lambda_0 = h_0/i_0$，按《钢结构设计标准》取值；

β_{mx}——等效弯矩系数，由于轻型门式刚架都属于有侧移失稳，故 $\beta_{mx}=1.0$；

N'_{Ex0}——参数，计算 λ 时回转半径以小头截面为准。

当刚架柱的最大弯矩不出现在大头时，式(3-26)中的 M_1 和 W_{e1} 分别取最大弯矩和该弯矩所在截面的有效截面模量。

式(3-26)是在《冷弯薄壁型钢结构技术规范》中双轴对称截面压弯构件平面内整体稳定性计算公式的基础上，考虑变截面压弯构件的受力特点，经过适当修正得到的。此外，由于刚架腹板允许发生局部屈曲并利用屈曲后强度，故构件截面的几何特性应采用有效截面的几何特性。

对于变截面柱，变化截面高度的目的是适应弯矩的变化，合理的截面变化方式应使两端截面的最大应力纤维同时达到屈服。但是实际上往往是大头截面用足，其应力大于小头截面，柱脚铰接的刚架柱就是典型的例子。因此，式(3-26)中的弯矩 M_1 和有效截面模量 W_{e1} 应以大头为准。

式(3-26)左边的第一项源自等截面构件的稳定计算。根据分析，稳定系数与面积的乘积按小头计算小于按大头计算的结果，且刚架柱的最大轴力就作用在小头的截面上，故第一项按小头计算比较安全。

在同一个公式中，轴力和弯矩设计值取自不同的截面，似乎有些不好理解，但实际上稳定计算是考查构件的整体性能而非个别截面的承载能力，因此并无不妥之处，而且能可靠地反映楔形构件的性能。

3.3.3.5　变截面柱在刚架平面内的计算长度

截面高度呈线性变化的刚架柱，在刚架平面内的计算长度应取 $h_0 = \mu_y h$，式中 h 为柱的几何高度，μ_y 为计算长度系数。μ_y 可用下列三种方法之一确定，第一种方法适用于手算，主要用于柱脚铰接的对称刚架；第二种方法适用于各种情况，并且适合电算；第三种方法则要求进行结构二阶分析。

1. 查表法

(1)柱脚铰接单跨门式刚架楔形柱的计算长度系数 μ_y 可由表3-1查得。

表 3 - 1　柱脚铰接楔形柱的计算长度系数 μ_γ

K_2/K_1		0.1	0.2	0.3	0.5	0.75	1	2	≥10.0
I_{c0}/I_{c1}	0.01	0.428	0.368	0.349	0.331	0.320	0.318	0.315	0.310
	0.02	0.600	0.502	0.470	0.440	0.428	0.420	0.411	0.404
	0.03	0.729	0.599	0.558	0.520	0.501	0.492	0.483	0.473
	0.05	0.931	0.756	0.694	0.644	0.618	0.606	0.589	0.580
	0.07	1.075	0.873	0.801	0.742	0.711	0.697	0.672	0.650
	0.10	1.252	1.027	0.935	0.857	0.817	0.801	0.790	0.739
	0.15	1.518	1.235	1.109	1.021	0.965	0.938	0.895	0.872
	0.20	1.745	1.395	1.254	1.140	1.080	1.045	1.000	0.969

柱的线刚度 K_1 和梁的线刚度 K_2 分别按下式计算:

$$K_1 = I_{c1}/h \qquad (3-28)$$

$$K_2 = \frac{I_{b0}}{2\psi s} \qquad (3-29)$$

表中和式中　I_{c0}、I_{c1}——柱小头和柱大头的截面惯性矩;

I_{b0}——梁最小截面的惯性矩;

s——半跨斜梁长度;

ψ——斜梁换算长度系数,当梁为等截面时 $\psi=1$。

(2)多跨门式刚架的中柱为摇摆柱时,边柱的计算长度为

$$h_0 = \eta\mu_\gamma h \qquad (3-30)$$

$$\eta = \sqrt{1 + \frac{\sum(P_{li}/h_{li})}{\sum(P_{fi}/h_{fi})}} \qquad (3-31)$$

式中　μ_γ——计算长度系数,由表 3-1 查得,但式(3-29)中的 s 取与边柱相连的一跨横梁的坡面长度 l_b,如图 3-7 所示;

η——放大系数;

P_{li}——摇摆柱承受的荷载;

P_{fi}——边柱承受的荷载;

h_{li}——摇摆柱高度;

h_{fi}——刚架边柱高度。

引进放大系数的原因:当刚架趋于侧移或有初始侧倾时,不仅边柱上的荷载 P_{fi} 对刚架起倾覆作用,摇摆柱上的荷载 P_{li} 也起倾覆作用。这就是说,刚架边柱除承受自身荷载的不稳定效应外,还要帮助中间的摇摆柱维持稳定性。因此,需要根据比值 $\sum(P_{li}/h_{li})/\sum(P_{fi}/h_{fi})$ 对边柱的计算长度进行放大。门式刚架中摇摆柱的计算长度系数取 1.0。

对于屋面坡度大于 1:5 的情况,在确定刚架柱的计算长度时应考虑横梁轴向力对柱刚度的不利影响。此时应按刚架的整体弹性稳定分析,通过电算确定变截面刚架柱的计算长度。

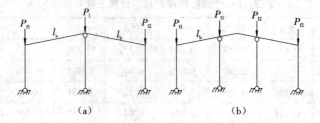

图 3 - 7　计算边柱的斜梁长度

2. 一阶分析法

刚架有侧移失稳的临界状态与其侧移刚度直接相关。刚架上的荷载使其侧移刚度逐渐退化,当刚架侧移刚度退化为 0 时,刚架丧失稳定性,发生失稳。因此,刚架柱的临界荷载或计算长度可以根据刚架侧移刚度计算确定。该方法考虑了所有刚架柱的相互作用,体现了刚架的整体性。

采用一阶分析法得到在柱顶水平荷载作用下门式刚架结构的侧移刚度 $K = H/u$ 后,刚架柱的计算长度系数可由下列公式计算。

(1)柱脚为铰接和刚接的单跨对称门式刚架(图 3 - 8(a))。

当柱脚为铰接时,

$$\mu_\gamma = 4.14 \sqrt{EI_{c0}/Kh^3} \qquad (3-32a)$$

当柱脚为刚接时,

$$\mu_\gamma = 5.85 \sqrt{EI_{c0}/Kh^3} \qquad (3-32b)$$

式中　h——刚架柱的高度。

式(3 - 32a)和式(3 - 32b)也可用于图 3 - 7(b)所示屋面坡度不大于 1:5、有摇摆柱的多跨对称门式刚架的边柱,但计算得到的计算长度系数应乘以放大系数 $\eta' = \sqrt{1 + \dfrac{\sum (P_{li}/h_{li})}{1.2 \sum (P_{fi}/h_{fi})}}$。摇摆柱的计算长度系数仍取 1.0。$\eta'$ 不同于式(3 - 31)的原因在于推导式(3 - 32)时引进了考虑荷载 - 挠度效应($P - \delta$ 效应)的系数 1.2,而摇摆柱没有这一效应。

(2)中间为非摇摆柱的多跨刚架(图 3 - 8(b))。

当柱脚为铰接时,

$$\mu_\gamma = 0.85 \sqrt{\frac{1.2}{K} \frac{P_{E0i}}{P_i} \sum \frac{P_i}{h_i}} \qquad (3-33a)$$

当柱脚为刚接时,

$$\mu_\gamma = 1.20 \sqrt{\frac{1.2}{K} \frac{P_{E0i}}{P_i} \sum \frac{P_i}{h_i}} \qquad (3-33b)$$

$$P_{E0i} = \frac{\pi^2 EI_{0i}}{h_i^2} \qquad (3-34)$$

式中　h_i、P_i、P_{E0i}——第 i 根柱的高度、竖向荷载和以小头为准的欧拉临界荷载。

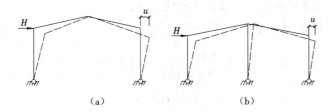

图 3 - 8　一阶分析确定刚架柱顶位移

3. 二阶分析法

当采用计入竖向荷载 - 侧移效应的二阶分析法计算门式刚架的内力时,如果是等截面柱,取计算长度系数 $\mu_\gamma = 1$,即刚架柱的计算长度等于其几何长度。对于楔形柱,其计算长度系数 μ_γ 可由下列公式计算:

$$\mu_\gamma = 1 - 0.375\gamma + 0.08\gamma^2(1 - 0.077\,5\gamma) \tag{3-35}$$

$$\gamma = \frac{d_1}{d_0} - 1 \tag{3-36}$$

式中　γ——构件的楔率,不大于 $0.268h/d_0$ 及 6.0;

　　　$d_0 \, , d_1$——柱小头和柱大头的截面高度(见图 3 - 9)。

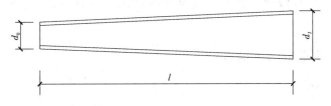

图 3 - 9　变截面构件的截面高度

3.3.3.6　变截面柱在刚架平面外的整体稳定性计算

变截面刚架柱的平面外整体稳定性应分段按式(3 - 37)计算:

$$\frac{N_0}{\varphi_y A_{e0}} + \frac{\beta_t M_1}{\varphi_{b\gamma} W_{e1}} \leqslant f \tag{3-37}$$

式中　φ_y——轴心受压构件弯矩作用平面外的稳定系数,以小头为准,按《钢结构设计标准》的相关规定确定,计算长度取侧向支撑点间的距离,若各段线刚度差别较大,确定计算长度时可考虑各柱段间的相互约束;

　　　N_0——所计算构件段小头截面的轴向压力;

　　　M_1——所计算构件段大头截面的弯矩;

　　　β_t——等效弯矩系数,按下列公式确定。

对一端弯矩为零的区段,

$$\beta_t = 1 - N/N'_{Ex0} + 0.75(N/N'_{Ex0})^2 \tag{3-38}$$

对两端弯曲应力基本相等的区段,

$$\beta_t = 1.0 \tag{3-39}$$

式中　N'_{Ex0}——在刚架平面内以小头为准的柱参数；

φ_{by}——均匀弯曲楔形受弯构件的整体稳定系数,对双轴对称的工字形截面杆件：

$$\varphi_{\mathrm{by}} = \frac{4\,320}{\lambda_{y0}^2} \frac{A_0 h_0}{W_{x0}} \sqrt{\left(\frac{\mu_{\mathrm{s}}}{\mu_{\mathrm{w}}}\right)^4 + \left(\frac{\lambda_{y0} t_0}{4.4 h_0}\right)^2} \times \frac{235}{f_y} \qquad (3-40)$$

$$\lambda_{y0} = \mu_{\mathrm{s}} l / i'_{y0} \qquad (3-41)$$

$$\mu_{\mathrm{s}} = 1 + 0.023 \gamma \sqrt{l h_0 / A_{\mathrm{f}}} \qquad (3-42)$$

$$\mu_{\mathrm{w}} = 1 + 0.003\,85 \sqrt{l / i'_{y0}} \qquad (3-43)$$

式中　A_0、h_0、W_{x0}、t_0——构件小头的截面面积、截面高度、截面模量和受压翼缘截面厚度；

A_{f}——受压翼缘截面面积；

i'_{y0}——受压翼缘与受压区腹板 1/3 高度组成的截面绕 y 轴的回转半径；

l——楔形构件计算区段的平面外计算长度,取支撑点间的距离。

式(3-37)不同于《钢结构设计标准》中压弯构件在弯矩作用平面外的稳定性计算公式,首先截面的几何特性应按有效截面计算,另外考虑楔形柱的受力特点,轴力取小头截面,弯矩取大头截面。

当刚架柱翼缘截面不相等时,应参照《钢结构设计标准》在式(3-40)中增加截面不对称影响系数 η_{b}。当计算得到的 φ_{by} 值大于 0.6 时,应按《钢结构设计标准》的规定采用相应的 φ'_{b} 代替 φ_{by}。

3.3.3.7　刚架斜梁和隅撑的设计

1. 刚架斜梁的设计

当刚架斜梁坡度不超过 1:5 时,轴力影响很小,应按压弯构件对其进行强度验算及刚架平面外的稳定性验算。当刚架斜梁坡度较大时,轴力影响较大,应按压弯构件对其进行强度验算及刚架平面内、外的稳定性验算。

刚架斜梁的平面外计算长度取侧向支撑点的间距。当斜梁两翼缘侧向支撑点间的距离不相等时,应取受压翼缘侧向支撑点间的距离。斜梁不需要计算整体稳定性的侧向支撑点的最大间距,可取受压翼缘宽度的 $16\sqrt{235/f_y}$ 倍。侧向支撑点由刚性系杆(或檩条)配合支撑体系提供,在刚架梁的负弯矩区段则由隅撑提供侧向支撑,该侧向支撑只能提供弹性支撑时,可以以 2 倍隅撑间距作为刚架梁平面外的计算长度。刚架斜梁在刚架平面内的计算长度一般可近似取刚架竖向支撑点之间的距离。

当斜梁上翼缘承受集中荷载处不设横向加劲肋时,除应按《钢结构设计标准》的规定验算腹板上边缘正应力、剪应力和局部压应力共同作用时的折算应力外,尚应按式(3-44)进行腹板屈曲验算：

$$F \leqslant 15 \alpha_{\mathrm{m}} t_{\mathrm{w}}^2 f \sqrt{\frac{t_{\mathrm{f}}}{t_{\mathrm{w}}} \times \frac{235}{f_y}} \qquad (3-44)$$

$$\alpha_{\mathrm{m}} = 1.5 - \frac{M}{W_{\mathrm{e}} f} \qquad (3-45)$$

式中　F——上翼缘所受的集中荷载；

t_f、t_w——斜梁翼缘和腹板的厚度;

α_m——弯曲压应力影响系数,$\alpha_m \leqslant 1.0$,在斜梁负弯矩区取 $\alpha_m = 1.0$(忽略弯曲拉应力的影响);

M——集中荷载作用处的弯矩;

W_e——有效截面最大受压翼缘纤维的截面模量。

刚架斜梁也需进行挠度验算,《规程》规定,当门式刚架斜梁仅支撑冷弯型钢檩条和压型钢板屋面时,挠度的限值取 $L/180$,设有吊顶时,取 $L/240$,设有悬挂吊车时,取 $L/400$。

2. 隔撑的设计

刚架斜梁的两端为负弯矩区,下翼缘在该处受压。为了保证梁的稳定性,常在受压翼缘两侧布置隔撑(端刚架仅布置在刚架内侧)作为斜梁的侧向支撑,隔撑的一端与刚架斜梁下翼缘连接,另一端连接在檩条上,如图 3-10 所示。隔撑和刚架梁腹板的夹角不宜小于 45°。

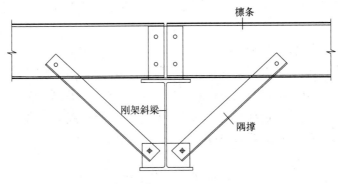

图 3-10　隔撑的设置

隔撑间距不应大于所支撑刚架斜梁受压翼缘宽度的 $16\sqrt{235/f_y}$ 倍。

隔撑截面常选用单根等边角钢,最小可采用∟40×4 角钢。隔撑通常采用单个螺栓与刚架梁腹板及檩条连接。隔撑应根据《钢结构设计标准》按轴心受压构件进行设计。轴向压力按式(3-46)计算:

$$N = \frac{Af}{60\cos\theta}\sqrt{\frac{f_y}{235}} \tag{3-46}$$

式中　A——刚架斜梁被支撑翼缘的截面面积;

f——刚架斜梁钢材的强度设计值;

f_y——刚架斜梁钢材的屈服强度;

θ——隔撑与檩条或墙梁轴线的夹角。

隔撑设置在刚架横梁下翼缘的两侧。当隔撑成对布置时,每根隔撑的计算轴压力可取 $N/2$。

单面连接的单角钢压杆将发生弯扭失稳,并应考虑偏心受力,因此按轴心受压构件设计时,应采用换算长细比,并对钢材强度设计值进行折减。

除图 3-10 所示的连接方式外,隔撑还可按图 3-11 与刚架斜梁连接。另外,也可以在刚架柱内侧翼缘和墙梁之间设置隔撑,为刚架柱内侧翼缘提供侧向支撑。

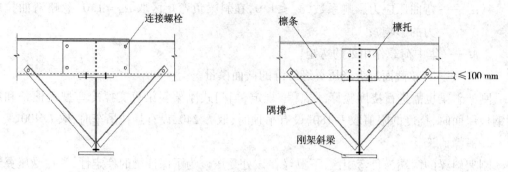

图 3 – 11　隔撑与刚架斜梁的连接方式

3.3.3.8　节点设计

门式刚架的节点包括刚架斜梁与柱刚接节点,刚架斜梁拼接节点,柱脚节点及刚架梁与摇摆柱铰接节点。

1. 刚架斜梁、柱刚接及刚架斜梁拼接节点

刚架斜梁与柱刚接及刚架斜梁拼接,一般采用高强度螺栓 – 端板连接。刚架斜梁与柱刚接根据端板的方位分为端板竖放、端板斜放和端板平放三种形式,如图 3 – 12 所示。刚架斜梁拼接宜使端板与构件外边缘垂直。这些节点均应按照刚接节点进行设计,即在保证抗弯承载力的同时,必须具有足够的转动刚度。

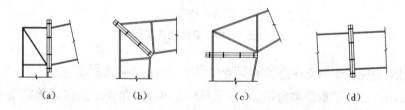

(a)　　　　(b)　　　　(c)　　　　(d)

图 3 – 12　刚架斜梁与柱的连接及刚架斜梁间的拼接

(a)端板竖放　(b)端板斜放　(c)端板平放　(d)刚架斜梁拼接

高强度螺栓应成对地对称布置。在受拉翼缘和受压翼缘的内外两侧各设一排,并宜使每个翼缘的四个螺栓的中心与翼缘的中心重合。因此,将端板伸出截面高度范围以外形成外伸式连接(图 3 – 12(a)),以免螺栓群的力臂不够大。外伸式连接在节点负弯矩作用下,可假定转动中心位于下翼缘中心线上。但若把端板斜放,因斜截面高度大,受压一侧端板可不外伸(图 3 – 12(b))。如图 3 – 12(a)所示,上翼缘两侧对称设置四个螺栓时,每个螺栓承受的拉力可按下式计算,并以此确定螺栓直径:

$$N_t = \frac{M}{4h_1} \qquad\qquad (3 - 47)$$

式中　h_1——构件上下翼缘中心的间距。

力偶 M/h_1 的压力由端板与柱翼缘间的承压面传递,端板从下翼缘中心伸出的宽度不

小于 $e = \dfrac{M}{h_1} \dfrac{1}{2bf}$，$b$ 为端板宽度。为了减小力偶作用下的局部变形，可以沿构件腹板在外伸端板上设置加劲肋，以增大节点转动刚度。

当受拉翼缘两侧各设一排螺栓不能满足承载力要求时，可以在翼缘内侧增设螺栓，如图 3-13(a) 所示。按照绕下翼缘中心的转动保持在弹性范围内的原则，第三排螺栓的拉力可以按 $N_t h_3 / h_1$ 计算，h_3 为下翼缘中心至第三排螺栓中心的距离，两个螺栓可承受弯矩 $M = 2N_t h_3^2 / h_1$。

高强度螺栓的排列应符合构造要求，图 3-13 中的 e_w、e_f 应满足扭紧螺栓所用工具的净空要求，通常不小于 35 mm，螺栓端距不应小于 2 倍螺栓孔径，两排螺栓之间的最小距离为 3 倍螺栓直径，最大距离不应超过 400 mm。

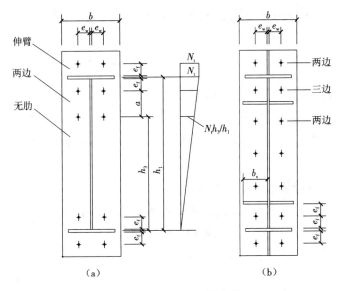

图 3-13　端板的支撑条件

端板的厚度 t 可根据支撑条件按下列公式计算，但不应小于 16 mm，和刚架斜梁端板相连的柱翼缘应与端板等厚度。

(1)伸臂类区格：

$$t \geqslant \sqrt{\dfrac{6e_f N_t}{bf}} \qquad (3-48\mathrm{a})$$

(2)无加劲肋区格：

$$t \geqslant \sqrt{\dfrac{3e_w N_t}{(0.5a + e_w)f}} \qquad (3-48\mathrm{b})$$

(3)两边支撑类区格：

当端板外伸时，

$$t \geqslant \sqrt{\dfrac{6e_f e_w N_t}{[e_w b + 2e_f(e_f + e_w)]f}} \qquad (3-48\mathrm{c})$$

当端板平齐时，

$$t \geqslant \sqrt{\frac{12e_f e_w N_t}{[e_w b + 4e_f(e_f + e_w)]f}} \qquad (3-48d)$$

(4)三边支撑类区格：

$$t \geqslant \sqrt{\frac{6e_f e_w N_t}{[e_w(b + 2b_s) + 4e_f^2]f}} \qquad (3-48e)$$

式中　N_t——1 个高强度螺栓的受拉承载力设计值；

　　　e_w、e_f——螺栓中心至腹板和翼缘板表面的距离；

　　　b、b_s——端板和加劲肋的宽度；

　　　a——螺栓的间距；

　　　f——端板钢材的抗拉强度设计值。

在刚架斜梁与刚架柱相交的节点域，应按下列公式验算剪应力：

$$\tau \leqslant f_v \qquad (3-49)$$

$$\tau = \frac{M}{d_b d_c t_c} \qquad (3-50)$$

式中　d_c、t_c——节点域柱腹板的高度和厚度；

　　　d_b——斜梁端部高度或节点域高度；

　　　M——节点承受的弯矩，对多跨门式刚架的中柱，应取两侧斜梁端弯矩的代数和或柱端弯矩；

　　　f_v——节点域柱腹板的抗剪强度设计值。

当不满足式(3-49)的要求时，应加厚腹板或设置斜加劲肋。

刚架梁、柱的翼缘与端板的连接应采用全熔透对接焊缝，腹板与端板的连接应采用角焊缝。在端板设置螺栓处，应按下式验算构件腹板的强度。

当 $N_{t2} \leqslant 0.4P$ 时，

$$\frac{0.4P}{e_w t_w} \leqslant f \qquad (3-51a)$$

当 $N_{t2} > 0.4P$ 时，

$$\frac{N_{t2}}{e_w t_w} \leqslant f \qquad (3-51b)$$

式中　N_{t2}——翼缘内第二排一个螺栓的轴向拉力设计值；

　　　P——高强度螺栓的预拉力；

　　　e_w——螺栓中心至腹板表面的距离；

　　　t_w——腹板厚度；

　　　f——腹板钢材的抗拉强度设计值。

当不满足式(3-51)的要求时，可设置腹板加劲肋或局部加厚腹板。

刚架梁、柱连接节点还需要验算连接的转动刚度。如果连接的实际刚度远低于理想刚节点，必然造成刚架承载力偏低的不利情况。对于不设摇摆柱的门式刚架，连接的转动刚度 R 应满足

$$R \geqslant 25EI_b/l_b \qquad (3-52)$$

式中　I_b、l_b——梁的截面惯性矩和跨度。

对于设有摇摆柱的多跨门式刚架,式中的系数应增大到 40 或 50。

造成刚架梁、柱相对转动的因素包括节点域的剪切变形、端板与柱翼缘弯曲及螺栓拉伸变形。节点域的剪切变形刚度由下式计算:

$$R_1 = Gh_1 h_{0c} t_p \tag{3-53}$$

式中　h_1——刚架梁上下翼缘中心的间距;

　　　h_{0c}——柱腹板宽度;

　　　t_p——节点域腹板厚度。

当节点域设有斜加劲肋时,刚度 R_1 为

$$R_1 = Gh_1 h_{0c} t_p + Eh_{0b} A_{st} \cos\alpha\sin\alpha \tag{3-54}$$

式中　A_{st}——两块加劲肋的截面面积;

　　　h_{0b}——刚架梁端腹板高度;

　　　α——刚架梁加劲肋倾角。

弯矩 M 作用在刚架梁端时,刚架梁上翼缘承受拉力 $F = M/h_1$。把端板在最上面两排螺栓之间的部分近似为跨度等于 $2e_f$ 的简支梁,则端板在拉力 F 作用下的挠度为

$$\Delta = \frac{F(2e_f)^3}{48EI_e} = \frac{Fe_f^3}{6EI_e} \tag{3-55}$$

式中　I_e——端板横截面惯性矩。

刚架梁端截面转角为

$$\theta_b = \frac{\Delta}{h_1} = \frac{Fe_f^3}{6EI_e h_1} = \frac{Me_f^3}{6EI_e h_1^2} \tag{3-56}$$

刚架柱翼缘的弯曲变形和高强度螺栓的拉伸变形都很小,可以近似为 θ_b 的 1/10。因此,由弯矩 M 引起的刚架梁、柱相对转角为

$$\theta_b' = \frac{1.1Me_f^3}{6EI_e h_1^2} \tag{3-57}$$

相应的转动刚度为

$$R_2 = \frac{M}{\theta_b'} = \frac{6EI_e h_1^2}{1.1e_f^3} \tag{3-58}$$

刚架斜梁与柱刚接节点的总转动刚度为

$$R = \frac{1}{1/R_1 + 1/R_2} = \frac{R_1 R_2}{R_1 + R_2} \tag{3-59}$$

2. 柱脚节点

门式刚架的柱脚一般采用平板式铰接柱脚(图 3-14(a)、(b)),当有桥式吊车或刚架侧向刚度过弱时,应采用刚接柱脚(图 3-14(c)、(d))。

柱脚锚栓应采用 Q235 或 Q345 钢材制作。锚栓的锚固长度应符合现行国家标准《建筑地基基础设计规范》(GB 50007—2011)的规定,锚栓端部按规定设置弯钩或锚板。

计算风荷载作用下柱脚锚栓承受的拉力时,应计入柱间支撑的最大竖向分力,不考虑活荷载(或雪荷载)、积灰荷载和其他重力活荷载的影响,同时永久荷载的分项系数取 1.0。锚

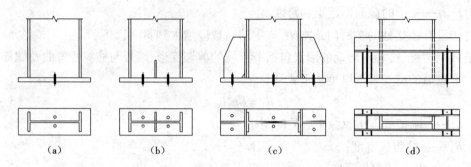

图 3 – 14　门式刚架柱脚形式

(a)、(b)平板式铰接柱脚　(c)、(d)刚接柱脚

栓直径不宜小于 24 mm,应采用双螺帽以防松动。

柱脚锚栓不宜用于承受柱脚底部的水平剪力。此水平剪力可由底板与混凝土基础顶面之间的摩擦力(摩擦系数可取 0.4)或设置抗剪键承受。

3. 摇摆柱与刚架斜梁的连接构造

摇摆柱与刚架斜梁的连接比较简单,构造如图 3 – 15 所示。

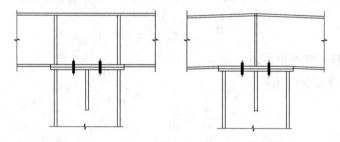

图 3 – 15　摇摆柱与刚架斜梁的连接构造

3.4　支撑构件设计

3.4.1　支撑体系的组成

支撑体系是门式刚架轻型钢结构必不可少的重要组成部分,支撑体系不但能传递水平荷载,保证整体结构和单个构件的稳定性,对于平面布置比较复杂的门式刚架轻型钢结构,完善的支撑体系还有利于协调结构变形,使结构受力均匀,提高结构整体性。

门式刚架轻型钢结构的支撑体系由横向水平支撑、柱间支撑及刚性系杆构成。

1)横向水平支撑

门式刚架轻型钢结构的横向水平支撑设置在刚架斜梁之间,与刚架斜梁腹板靠近上翼缘的位置相连。横向水平支撑宜采用交叉支撑,支撑构件一般采用张紧的圆钢,也可以采用角钢等刚度较大的截面形式。交叉支撑与刚架斜梁之间的夹角应在 30°～60°,宜接近 45°。

2)柱间支撑

门式刚架轻型钢结构的柱间支撑设置在相邻的刚架柱之间,其形式也宜采用交叉支撑,支撑构件和水平面的夹角应在 30° ~ 60°,宜接近 45°,当无吊车、仅设置悬挂吊车或为起重量不大于 5 t 的非重级工作制桥式吊车时,柱间支撑可采用张紧的圆钢;在其他情况下,柱间支撑宜采用单片型钢或者双片型钢支撑,支撑交叉点和两端节点板均应牢固焊接。当设有吊车梁或者结构高度较大时,应分层设置柱间支撑。

3)刚性系杆

在刚架斜梁转折处应设置通长水平刚性系杆。刚性系杆可采用钢管截面,也可以采用双角钢或其他截面形式。当结构跨度较小、高度较低时,刚性系杆也可以由檩条兼作,此时檩条应按压弯构件进行设计。由檩条兼作刚性系杆虽然可以节约钢材,但檩条需要设置在刚架斜梁之上,从而使横向水平支撑和刚性系杆不在同一平面内,不利于水平力的直接传递,同时会使刚架斜梁受扭,对其稳定性有不利影响。

上述支撑体系的作用有以下几方面:①与承重刚架组成刚强的纵向框架,从而提高纵向刚度,保证安装和使用过程中的整体稳定性和纵向刚度;②为刚架平面外提供可靠的支撑,减小刚架平面外的计算长度;③承受房屋端部山墙的风荷载、吊车纵向水平荷载以及其他纵向力;④在地震区尚应承受纵向水平地震作用。

3.4.2 支撑体系的布置

门式刚架轻型钢结构支撑体系布置的基本原则包括:①传递纵向荷载要明确、简单、合理,缩短传力路径;②保证结构体系平面外稳定,作为构件的侧向支撑点;③安装方便,满足必要的强度和刚度要求,连接可靠。

支撑体系的布置应满足以下几方面的要求。①在每个温度区段或分区建设区段,应分别设置能独立构成空间稳定体系的支撑系统。②在设置柱间支撑的开间,宜同时设置横向水平支撑,以构成几何不变体系。③横向水平支撑宜设置在结构温度区段端部的开间内,以直接传递山墙纵向风荷载。当第一开间不能设置时,可设置在第二开间,此时第一开间的刚性系杆应能传递山墙纵向风荷载。当结构温度区段较长时,应增设一道或者多道横向水平支撑,如图 3 – 16 所示,横向水平支撑间距不宜大于 60 m。④柱间支撑的间距应根据结构纵向柱距、受力情况和安装条件确定。无吊车时宜取 30 ~ 45 m;当有吊车时,宜设置在温度区段中部,若温度区段较长宜设置在结构纵向长度的三分点处,且间距不宜大于 60 m。⑤当结构宽度大于 60 m 时,内列柱宜适当增加柱间支撑。⑥在刚架转折处,包括单跨门式刚架边柱柱顶和屋脊及多跨门式刚架边柱、部分中柱柱顶和屋脊,应沿结构纵向全长设置刚性系杆。⑦在带驾驶室且起重量大于 15 t 的桥式吊车的跨间,应在结构边缘设置纵向水平支撑。⑧门式刚架轻型钢结构纵向柱列间距不同或存在高低跨变化时,也可设置纵向水平支撑提高结构整体性,协调刚架柱的水平位移;当结构平面布置不规则时,如有局部凸出或凹进等,为提高结构整体性,需设置纵、横向封闭的水平支撑系统。⑨当建筑或工艺要求不允许设置交叉柱间支撑时,可设置其他形式的支撑,或设置纵向刚架。

3.4.3 支撑体系的设计

1. 支撑体系的荷载

支撑体系所承受的荷载包括纵向风荷载、吊车纵向水平荷载以及纵向地震荷载,其中纵

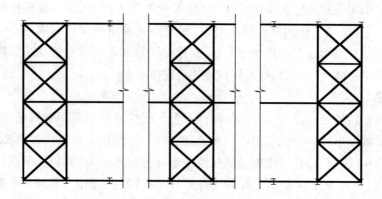

图 3 – 16　横向水平支撑布置示意图

向风荷载为主要荷载。

纵向风荷载指沿结构纵向作用在山墙及天窗架端壁上的风荷载。纵向风荷载的传力路径一般为：山墙墙板→墙梁→墙架柱→横向水平支撑→刚性系杆→柱间支撑→基础。地震荷载和风荷载不同时作用，由于屋面质量较轻，支撑体系的纵向抗震能力较强，因此地震荷载一般不起控制作用，按《建筑抗震设计规范》进行支撑布置，一般可不进行抗震验算。吊车纵向水平荷载由吊车在轨道上沿纵向行驶时的刹车力产生，一般按不多于两台吊车进行计算，一条轨道承受的吊车纵向水平荷载的标准值由下式确定：

$$T = 0.1P_{\max} \tag{3 – 60}$$

式中　$P_{\max}$——作用在一条轨道上的所有刹车车轮的最大轮压之和。

2. 支撑体系的内力计算原则

在支撑体系内力计算中一般将横向水平支撑和柱间支撑简化为平面结构，假定各连接节点均为铰接，忽略各支撑构件偏心的影响，所有支撑构件均按照轴心受拉或轴心受压计算。横向水平支撑简化为在纵向风荷载作用下支撑于刚架柱顶的水平桁架，对于交叉支撑可认为压杆退出工作而按拉杆进行设计，如图 3 – 17(a)所示。柱间支撑简化为在纵向风荷载及吊车纵向水平荷载作用下支撑于柱脚基础上的竖向悬臂桁架，对于交叉支撑也可认为压杆退出工作而按拉杆进行设计，如图 3 – 17(b)所示。当同一柱列设有多道柱间支撑时，纵向力应在各道支撑间均匀分配。

3.4.4　支撑构件的设计与验算

柔性系杆和交叉支撑按照轴心受拉杆件进行设计，强度验算公式为

$$\sigma = \frac{N}{A_{\mathrm{n}}} \leqslant f \tag{3 – 61}$$

刚性系杆和非交叉支撑的压杆在进行强度验算的同时，还需进行稳定性验算：

$$\sigma = \frac{N}{\varphi A_{\mathrm{n}}} \leqslant f \tag{3 – 62}$$

另外，所有支撑构件均应满足《钢结构设计标准》中对轴心受力构件刚度的相关规定。

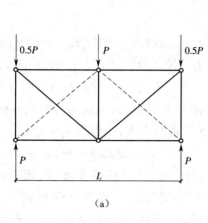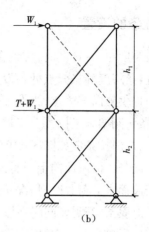

图 3 - 17　支撑计算简图

3.5　檩条设计

3.5.1　檩条的截面形式

门式刚架轻型钢结构的檩条宜采用卷边的 C 形和 Z 形及直卷边的 Z 形冷弯薄壁型钢，跨度或荷载较大时也可采用槽钢、H 型钢等热轧型钢。常用檩条的截面形式如图 3 - 18 所示。

图 3 - 18(a)为普通热轧槽钢或者轻型热轧槽钢截面，因板件较厚而导致强度不能充分地发挥，因而设计出的构件用钢量较大，现在在工程设计中已很少使用；图 3 - 18(b)为高频焊接 H 型钢截面，由于腹板比较薄，具有较好的抗弯性能，因而适用于檩条跨度较大的情况，但是 H 型钢截面和刚架斜梁的连接处构造比较复杂；图 3 - 18(c)、(d)、(e)是冷弯薄壁型钢截面，这种截面性能较好，主要用于跨度不大、屋面荷载较小的情况，在工程中应用比较普遍。卷边槽钢(图 3 - 18(c))的檩条适用于屋面坡度较小($i \leqslant 1/3$)的情况，其截面在使用过程中互换性较大，用钢量小。直卷边的 Z 形檩条(图 3 - 18(d))和斜卷边的 Z 形檩条(图 3 - 18(e))适用于屋面坡度较大($i > 1/3$)的情况，此时屋面荷载作用线接近其截面的弯心(扭心)，通过叠合形成连续构件，其主平面 x 的刚度大，挠度小，用钢量较少，制作和安装过程比较方便，在现场可叠层堆放，占地面积小，是现阶段普遍采用的一种檩条。连续檩条把搭接段放在弯矩较大的支座处，这样可比简支条件下省料。

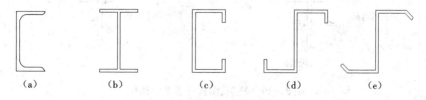

图 3 - 18　实腹式檩条的截面形式

3.5.2　拉条的设置

当檩条跨度在 4~6 m 时,应该在檩条的跨中位置设置一道拉条。当檩条跨度大于 6 m 时,应该在檩条跨度的三分点处各设置一道拉条。拉条的作用是防止檩条侧向变形和扭转,并且为檩条提供侧向支撑点,为保证该侧向支撑点的刚度,需要在屋脊或者檐口处设置斜拉条,通过檩条与刚架斜梁拉接。当檩条为卷边的 C 形截面时,屋面重力荷载的横向分力沿屋面指向下方,斜拉条应如图 3-19(a)、(b)所示进行布置;当檩条为 Z 形截面时,屋面重力荷载的横向分力沿屋面向上,斜拉条应该布置在檐口处,如图 3-19(c)所示。当屋面风吸荷载大于屋面永久荷载时,情况正好相反,此时为兼顾不同的荷载组合,无论采用卷边的 C 形还是 Z 形檩条,都需要同时在屋脊和檐口处设置斜拉条。此外,为了限制屋脊及檐口檩条的侧向弯曲,需按图 3-19 所示设置刚性撑杆,其长细比按压杆处理,不大于 200。

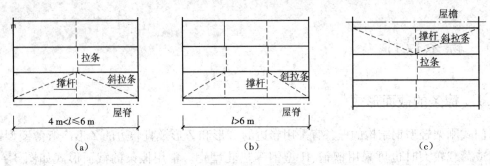

图 3-19　拉杆和撑杆的布置

拉条通常采用圆钢截面,直径不宜小于 10 mm,按轴心拉杆计算。圆钢拉条可设置在距檩条上翼缘 1/3 腹板高度的范围内。当在风吸力作用下檩条下翼缘受压时,屋面宜用自攻螺钉直接与檩条连接,此时拉条宜设置在下翼缘附近。为了兼顾无风和有风的荷载组合,拉条可交替设置在上下翼缘附近,或在上下翼缘附近同时设置。刚性撑杆可采用钢管、方钢或者角钢做成,通常按压杆的刚度 $[\lambda] \leqslant 200$ 选择截面。

拉条、撑杆与檩条的连接如图 3-20 所示。斜拉条可弯折,也可不弯折。前一种方法要求弯折的直线长度不超过 15 mm,后一种方法则需要通过垫板或者角钢与檩条连接。

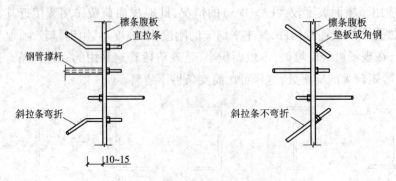

图 3-20　拉条、撑杆与檩条的连接

3.5.3　檩条的荷载和荷载组合

1. 檩条的荷载

（1）永久荷载。檩条上的永久荷载包含屋面承重构件（压型钢板以及石棉瓦等）、防水层、保温材料以及檩条、拉条、撑杆的自重等。一般永久荷载的分项系数取 1.3，但永久荷载所产生的效应对檩条有利时，取 1.0。

（2）可变荷载。檩条上的可变荷载除了屋面活荷载、施工检修集中荷载、雪荷载、积灰荷载，往往还有风荷载。檩条设计中采用的屋面风荷载体型系数不同于门式刚架设计，应按《规程》的相关条款进行计算。

这些作用在檩条上的荷载大多为面荷载，进行檩条设计时，均需将其折算为檩条上的线荷载，即将面荷载与檩距的乘积施加到檩条上。

2. 檩条的荷载组合

进行檩条设计时应考虑的荷载组合原则为：屋面活荷载不与雪荷载同时考虑，施工检修集中荷载仅仅与屋面及檩条自重同时考虑，积灰荷载应与屋面活荷载或者雪荷载同时考虑。一般应考虑以下四种荷载组合：

（1）$1.3 \times$ 永久荷载 $+ 1.5 \times [\max(屋面活荷载，雪荷载) + 积灰荷载]$；

（2）$1.3 \times$ 永久荷载 $+ 1.5 \times$ 施工检修集中荷载；

（3）$1.0 \times$ 永久荷载 $+ 1.5 \times$ 风荷载；

（4）$1.3 \times$ 永久荷载 $+ 0.9 \times 1.5 \times [\max(屋面活荷载，雪荷载) + 积灰荷载 + 风荷载]$。

3.5.4　檩条的内力分析

檩条的设计一般采用单跨简支构件，实腹式还可以设计成连接构件。

檩条在垂直于地面的竖向均布荷载作用下，沿截面的两个主轴方向都有弯矩作用，属于双向受弯构件，因而在进行檩条的内力分析时，应该将垂直于地面的均布荷载 q 沿两个主轴方向进行分解，得到两个荷载分量 q_x、q_y，如图 3 - 21 所示。

$$q_x = q\sin \alpha_0 \tag{3 - 63}$$

$$q_y = q\cos \alpha_0 \tag{3 - 64}$$

式中　α_0——竖向均布荷载 q 和形心主轴 y 轴的夹角。

由图 3 - 21 可见，在屋面坡度不大的情况下，卷边的 Z 形檩条的 q_x 指向屋脊，而卷边的 C 形和 H 型钢檩条的 q_x 总是指向檐口。

对设有拉条的简支檩条，由 q_x 和 q_y 分别引起的弯矩 M_x 和 M_y 按表 3 - 2 进行计算。对于多跨连续梁，在计算 M_y 时不考虑活荷载的不利组合，跨中和支座弯矩都近似取 $q_y l^2 / 10$。檩条兼作刚性系杆时，还应该承受相应的轴心压力。

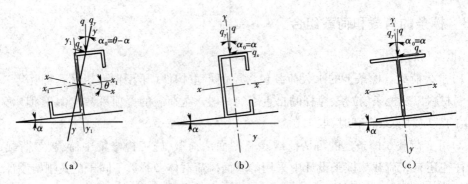

图 3 – 21 檩条截面形式

表 3 – 2 檩条和墙梁的内力计算(简支梁)

拉条设置情况	由 q_x 产生的内力		由 q_y 产生的内力	
	M_{ymax}	V_{xmax}	M_{xmax}	V_{ymax}
跨间无拉条	$q_x l^2/8$	$q_x l/2$	$q_y l^2/8$	$q_y l/2$
跨中有一道拉条	拉条处负弯矩 $q_x l^2/32$ 拉条与支座间正弯矩 $q_x l^2/64$	$5q_x l/8$	$q_y l^2/8$	$q_y l/2$
三分点处各有一道拉条	拉条处负弯矩 $q_x l^2/90$ 拉条与支座间正弯矩 $q_x l^2/360$	$0.367q_x l$	$q_y l^2/8$	$q_y l/2$

注:在计算 M_y 时,将拉条作为侧向支撑点,按双跨或者三跨连续梁进行计算。

3.5.5 檩条的设计

设计檩条时,首先根据檩条跨度初选檩条截面,然后对檩条的承载力及刚度进行验算。檩条截面高度一般取其跨度的 $1/50 \sim 1/35$,檩条截面宽度则可根据选定的高度由相应的型钢规格进行取值。

1. 强度计算

当屋面能够阻止檩条的侧向失稳和扭转破坏时,可按下列公式对檩条进行强度验算:

$$\frac{M_x}{W_{enx}} + \frac{M_y}{W_{eny}} \leqslant f \qquad (3-65)$$

$$\frac{3V_{ymax}}{2h_0 t} \leqslant f_v \qquad (3-66)$$

式中 M_x、M_y——绕檩条截面两个形心主轴作用的弯矩;

V_{ymax}——檩条腹板平面内的剪力;

W_{enx}、W_{eny}——檩条截面对两个形心主轴的有效净截面模量;

h_0——檩条腹板的计算高度;

t——檩条厚度,当檩条是双檩条搭接时,取两檩条厚度之和并乘以折减系数 0.9。

由于门式刚架轻型钢结构的屋面坡度一般都很小(通常不大于 1/10),因而垂直于檩条腹板的分力很小,同时由于屋面板的蒙皮效应对檩条有很明显的侧向支撑效果,故可近似地只对檩条腹板平面内强度进行验算,而略去式(3-65)左边的第二项。但对于屋面坡度较大或者蒙皮效应较小者,第二项不可忽略。

2. 整体稳定性计算

当屋面不能阻止檩条的侧向失稳和扭转时,应按下式对檩条的整体稳定性进行验算:

$$\frac{M_x}{\varphi_{bx}W_{ex}} + \frac{M_y}{W_{ey}} \leqslant f \tag{3-67}$$

式中　W_{ex}、W_{ey}——檩条截面对两个形心主轴的有效截面模量;

φ_{bx}——梁的整体稳定性系数,由式(3-68)、式(3-69)和式(3-70)计算。

$$\varphi_{bx} = \frac{4\,320Ah}{\lambda_y^2 W_x}\xi_1\left(\sqrt{\eta^2 + \zeta} + \eta\right)\left(\frac{235}{f_y}\right) \tag{3-68}$$

$$\eta = \frac{2\xi_2 e_a}{h} \tag{3-69}$$

$$\zeta = \frac{4I_\omega}{h^2 I_y} + \frac{0.156I_t}{I_y}\left(\frac{l_0}{h}\right)^2 \tag{3-70}$$

式中　λ_y——檩条在弯矩作用平面外的长细比;

A——檩条毛截面面积;

h——檩条截面高度;

l_0——檩条侧向计算长度,$l_0 = \mu_b l$,μ_b 为檩条的侧向计算长度系数,按表 3-3 选用,l 为檩条的跨度;

ξ_1、ξ_2——系数,按表 3-3 选用;

e_a——横向荷载作用点到弯心的距离,对于偏心压杆,当横向荷载作用在弯心时,e_a = 0,当荷载不作用在弯心,同时荷载方向指向弯心时,e_a 为负,而离开弯心时 e_a 为正;

W_x——檩条对 x 轴的受压边缘毛截面模量;

I_ω——檩条毛截面扇形惯性矩;

I_y——檩条对 y 轴的毛截面惯性矩;

I_t——檩条扭转惯性矩。

如按照上列公式算得 φ_{bx} 大于 0.7,则应用 φ'_{bx} 代替 φ_{bx},计算公式如下:

$$\varphi'_{bx} = 1.091 - \frac{0.274}{\varphi_{bx}} \tag{3-71}$$

在风吸力作用下,当屋面能够阻止上翼缘侧移和扭转时,受压下翼缘的稳定性应该按照《规程》附录 E 的规定进行计算。该方法考虑屋面板对檩条整体失稳的约束作用,能较好地反映檩条的实际性能,但是计算起来比较复杂;当屋面板不能阻止上翼缘侧移和扭转时,受压下翼缘的稳定性应该按照式(3-67)进行计算;当采取可靠的措施能阻止檩条扭转时,可仅进行强度验算。

表 3-3　简支檩条的 ξ_1、ξ_2 和 μ_b 系数

系数	跨间无拉条	跨中有一道拉条	三分点处各有一道拉条
μ_b	1.00	0.50	0.33
ξ_1	1.13	1.35	1.37
ξ_2	0.46	0.14	0.06

式(3-65)和式(3-67)中的截面模量都是有效截面模量,其值应该按《冷弯薄壁型钢结构技术规范》中的相关规定进行计算。但是檩条属于双向受弯构件,翼缘处的正应力并非均匀分布的,因而确定其有效宽度的计算比较复杂,而且该规范中规定的部分加劲板件的稳定性系数值偏低。对于和屋面板牢固连接并承受重力荷载的卷边 C 形、Z 形檩条,有研究表明,翼缘全部有效的范围由下列公式给出。

当 $\dfrac{h}{b} \leqslant 3.0$ 时,

$$\frac{b}{t} \leqslant 31\sqrt{\frac{205}{f}} \tag{3-72a}$$

当 $3.0 < \dfrac{h}{b} \leqslant 3.3$ 时,

$$\frac{b}{t} \leqslant 28.5\sqrt{\frac{205}{f}} \tag{3-72b}$$

式中　h、b、t——檩条截面的高度、翼缘宽度和板件厚度。

《冷弯薄壁型钢结构技术规范》中所附卷边 C 形和卷边 Z 形檩条的规格,多数都在上述范围内。需要注意的是,这两种截面的卷边宽度应符合该规范的相关规定,见表 3-4。如果选用不满足式(3-72)的檩条截面,应该按有效截面进行整体稳定性验算。

表 3-4　卷边的最小宽厚比、高厚比

b/t	15	20	25	30	35	40	45	50
a/t	5.4	6.3	7.2	8.0	8.5	9.0	9.5	10.0

注:a——卷边的高度;b——带卷边板件的宽度;t——板厚。

3. 变形计算

檩条应验算其垂直于屋面方向的挠度。对卷边 C 形截面的两端简支檩条,应按照下式进行计算:

$$\frac{5}{384}\frac{q_{ky}l^4}{EI_x} \leqslant [v] \tag{3-73}$$

式中　q_{ky}——沿 y 轴方向作用的分荷载标准值;

　　　I_x——对 x 轴方向的毛截面惯性矩。

对卷边 Z 形截面的两端简支檩条,应该按照下式进行计算:

$$\frac{5}{384}\frac{q_{\mathrm{k}}\cos\alpha l^{4}}{EI_{x1}}\leqslant[v] \tag{3-74}$$

式中　α——屋面坡度;

　　　I_{x1}——卷边 Z 形截面对平行于屋面的形心轴的毛截面惯性矩。

容许挠度$[v]$按照表 3-5 取值。

表 3-5　檩条的容许挠度限值

仅支撑压型钢板屋面	$l/150$
有吊顶	$l/240$

3.5.6　檩条的构造要求

(1)檩条可通过檩托与刚架斜梁连接,檩托一般由角钢和钢板制作,檩条和檩托的连接螺栓不应少于 2 个,并且应沿檩条的高度方向布置,其直径可根据檩条截面大小确定,以 M12~M16 为宜。设置檩托的目的是阻止檩条端部截面扭转和倾覆,以增强整体稳定性。

(2)檩条的最大刚度平面应垂直于屋面设置,C 形和 Z 形檩条上翼缘的肢尖(或者卷边)应该朝向屋脊方向,以减小荷载偏心引起的扭矩。

(3)檩条和屋面应牢固连接,这样屋面板可以防止檩条侧向失稳和扭转。在一般情况下,檩条与钢丝网水泥波瓦以瓦钩连接,与石棉瓦还可以用瓦钉连接。当檩条与压型钢板连接时,若压型钢板的波高小于 40 mm,可用自攻钉固定;若波高较大,可用镀锌钢支架与檩条连接固定。

3.6　墙梁设计

3.6.1　墙梁的布置和构造

墙梁是支撑轻型墙体的构件,通常支撑于建筑物的承重柱和墙架柱上,墙体的荷载通过墙梁传递到柱上。墙梁一般采用冷弯卷边槽钢,有时也采用卷边 Z 形钢和卷边槽钢。墙梁具有自重小、施工速度快等优点,在当今工程中应用越来越广泛。

墙梁在其自重、墙体材料自重和水平风荷载的作用下,也属于双向受弯构件。墙板常做成落地式并与基础相连,墙板的重力直接传至基础,故墙梁的最大刚度平面在水平方向。当采用卷边槽形截面墙梁时,为便于墙梁与刚架柱连接而把槽口向上放置,单窗框下沿的墙梁则需槽口向下放置。

墙梁应尽量等间距放置,其布置与屋面檩条的布置具有类似的原则,在墙面的上沿和下沿,窗框的上沿和下沿以及挑檐和遮雨篷等处应设置一道墙梁。

墙梁可以根据柱距的大小做成跨越一个柱距的简支梁或者跨越两个柱距的连续梁,前者运输方便,节点构造相对简单,后者受力合理,相对来说比较省材料。当柱距过大而导致墙梁在使用上不经济时,可设置墙架柱。

墙梁与主刚架之间的连接主要有穿越式和平齐式两种,所谓穿越式是墙梁的自由翼缘简单地与柱子外翼缘用螺栓或檩托连接,此时根据墙梁的搭接长度确定墙梁是连续的还是简支的;平齐式是通过连接角钢将墙梁和柱腹板相连,墙梁的外翼缘基本与柱的外翼缘平齐。

为了减小竖向荷载产生的效应,减小墙梁的竖向变形,提高墙梁的稳定性,可在墙梁上设置拉条,并在最上层墙梁处设置斜拉条将拉力传至刚架柱,如图 3–22 所示。墙梁拉条的设置原则和檩条拉条相同,参见 3.5.2 节。为了减小墙板自重对墙梁偏心的影响,当墙梁单侧挂有墙板时,拉条应连接在墙梁挂墙板的 1/3 一侧;当墙梁两侧均挂有墙板时,拉条应连接在墙梁的中心点处。

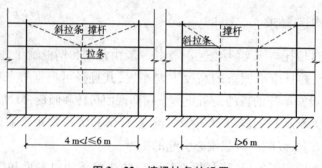

图 3–22　墙梁拉条的设置

3.6.2　墙梁的计算

3.6.2.1　墙梁的计算荷载和荷载组合

墙梁的计算荷载主要有竖向的自重荷载和水平方向的风荷载。竖向的自重荷载有墙板自重和墙梁自重,墙板自重和风荷载可根据《荷载规范》查取,墙梁自重根据实际截面取值,近似取 0.05 kN/m。

墙梁应满足承载能力极限状态下的强度、稳定性以及正常使用极限状态下的刚度验算。其中强度和刚度应以荷载的设计值为依据,刚度应以荷载的标准值为依据。墙梁荷载示意图如图 3–23 所示。

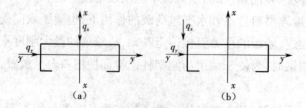

图 3–23　墙梁荷载示意图

在一般情况下,墙梁计算的荷载组合有两种:

(1)1.3×竖向永久荷载 +1.5×水平风压力荷载;

(2)1.3×竖向永久荷载+1.5×水平风吸力荷载。

在墙梁截面上,由外荷载产生的内力有:水平风荷载 q_x 产生的弯矩 M_y、剪力 V_x;由竖向荷载 q_y 产生的弯矩 M_x、剪力 V_y。墙梁的设计公式与檩条相同。当墙板放在墙梁外侧且不落地时,其重力荷载没有作用在截面的剪力中心,计算时还要考虑双力矩 B 的影响,计算双力矩 B 的公式参见《冷弯薄壁型钢结构技术规范》附录 A。

3.6.2.2　墙梁的内力计算

墙梁的内力计算和墙面板的连接方式有紧密联系。当墙梁单侧和墙面板连接时,若墙面板是自承重体系,则可以简化为单向受风荷载考虑其强度和稳定性,若墙面板的重量由墙梁支撑,则宜按双向受弯考虑其强度和稳定性;当墙梁两侧均与墙面板连接时,则侧向稳定性可由墙面板保证,此时墙梁只需进行强度验算。此外,还要对墙梁的挠度进行验算。

墙梁在竖向荷载和水平荷载下所产生的内力与檩条相近,如表 3-6 所示。

表 3-6　檩条和墙梁的内力计算(简支梁)

拉条设置情况	由 q_x 产生的内力		由 q_y 产生的内力	
	M_{ymax}	V_{xmax}	M_{xmax}	V_{ymax}
跨间无拉条	$q_x l^2/8$	$q_x l/2$	$q_y l^2/8$	$q_y l/2$
跨中有一道拉条	拉条处负弯矩 $q_x l^2/32$ 拉条与支座间正弯矩 $q_x l^2/64$	$5q_x l/8$	$q_y l^2/8$	$q_y l/2$
三分点处各有一道拉条	拉条处负弯矩 $q_x l^2/40$ 拉条与支座间正弯矩 $2q_x l^2/225$	$0.367 q_x l$	$q_y l^2/8$	$q_y l/2$

3.6.2.3　墙梁的截面设计

进行墙梁的截面设计,首先要确定有效截面特性。根据墙梁的跨度、荷载和拉条的设置情况初选墙梁的截面,然后根据墙梁内力和截面特性求得各组成板件端点的应力,再根据板件的支撑情况确定有效截面尺寸,进而求得墙梁的有效截面特性。

1. 强度计算

当遭遇垂直于墙面板的风压力作用时,强度可按以下公式进行验算:

$$\frac{M_x}{W_{efnx}} + \frac{M_y}{W_{efny}} \leqslant f \qquad (3-75)$$

$$\tau_x = \frac{3V_{xmax}}{2b_0 t} \leqslant f_v \qquad (3-76)$$

$$\tau_y = \frac{3V_{ymax}}{2h_0 t} \leqslant f_v \qquad (3-77)$$

式中　M_x、M_y——对截面 x 轴和 y 轴的弯矩；

　　　$V_{x\max}$、$V_{y\max}$——墙梁在 x、y 方向的剪力最大值；

　　　W_{efnx}、W_{efny}——对两个形心主轴的净截面有效抵抗矩；

　　　b_0、h_0——墙梁沿两个主轴方向的计算高度，取型钢板件连接处梁圆弧起点之间的距离；

　　　t——墙梁壁厚；

　　　f_v——钢材的抗剪强度。

2. 整体稳定性计算

当墙梁两侧挂有墙板(图 3-23(a))，或单侧挂有墙板承担迎风荷载时，由于竖向受压板件与墙板牢固连接，一般可以保证墙梁的整体稳定性；当单侧挂有墙板承担背风荷载时，由于竖向受压板件未与墙板牢固连接，需要按下式进行整体稳定性验算：

$$\frac{M_x}{\varphi_b W_{efnx}} + \frac{M_y}{W_{efny}} + \frac{B}{W_w} \leqslant f \tag{3-78}$$

式中　B——双力矩，当两侧挂有墙板且墙板与墙梁可靠连接时，取 $B=0$，对单侧挂有墙板的墙梁，需计算双力矩，当设置的拉条能够确保阻止墙梁扭转时，可不计算；

　　　φ_b——在单向弯矩作用下墙梁的整体稳定性系数。

3. 挠度计算

在水平风荷载作用下，墙梁视为一根简支梁，其最大挠度按下式计算：

$$v = \frac{5}{384}\frac{q_{ky}l^4}{EI_x} \leqslant [v] \tag{3-79}$$

在竖向荷载作用下，墙梁视为一根连续梁，若为两跨，其最大挠度按下式计算：

$$v = \frac{1}{3\,070}\frac{q_{kx}l^4}{EI_x} \leqslant [v] \tag{3-80}$$

式中　$[v]$——墙梁的容许挠度，通常取 $l/200$。

4. 拉条计算

进行墙梁的计算时，拉条作为墙梁的竖向支撑点，拉条所受拉力就是墙梁承担竖向荷载时拉条支撑处的支座反力，因此拉条可按下式进行计算。

当跨中设置一道拉条时，

$$N_1 = 0.625q_x l \tag{3-81}$$

当跨中设置两道拉条时，

$$N_1 = 0.367q_x l \tag{3-82}$$

拉条所需要的截面面积

$$A_n = \frac{N_1}{f} \tag{3-83}$$

式中　A_n——拉条的净截面面积，当拉条有螺纹时取有效截面；

　　　f——拉条的设计强度。

第4章 多层房屋钢结构体系

4.1 多层房屋钢结构体系的类型

依据抵抗侧向荷载作用的原理,可以将多层房屋钢结构分为五类:纯框架结构体系、柱-支撑体系、框架-支撑体系、框架-剪力墙体系和交错桁架体系。

1.纯框架结构体系

如图4-1所示,在纯框架结构体系中,梁柱节点一般做成刚性连接,以提高结构的抗侧刚度,有时也可做成半刚性连接。这种结构体系构造复杂,用钢量较大。

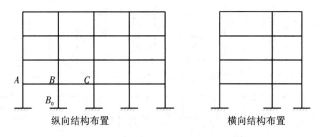

纵向结构布置　　　　　　　　　横向结构布置

图4-1 纯框架结构体系

2.柱-支撑体系

如图4-2所示,在柱-支撑体系中,所有的梁均铰接于柱侧(顶层梁亦可铰接于柱顶),且在部分跨间设置柱间支撑,以构成几何不变体系。这种结构体系构造简单,安装方便。

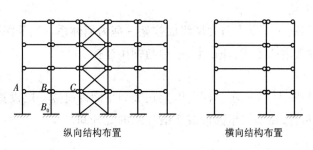

纵向结构布置　　　　　　　　　横向结构布置

图4-2 柱-支撑体系

3.框架-支撑体系

如果结构在横向采用纯框架结构体系,纵向梁以铰接于柱侧的方式将各横向框架连接,同时在部分横向框架间设置支撑,则这种混合结构体系称为框架-支撑体系,如图4-3所示。位于非抗震设防地区或6、7度抗震设防地区的支撑结构体系可采用中心支撑。位于8、9度抗震设防地区的支撑结构体系可采用偏心支撑或带有消能装置的消能支撑。

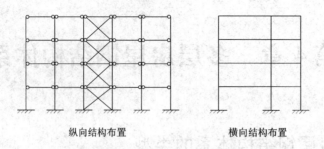

纵向结构布置　　　　　　　横向结构布置

图 4 – 3　框架 – 支撑体系

中心支撑宜采用交叉支撑(图 4 – 4(a))或两组对称布置的单斜杆式支撑(图 4 – 4(b)),也可采用图 4 – 4(c)、(d)、(e)所示的 V 形、人形和 K 形支撑,但对抗震设防的结构不得采用图 4 – 4(e)所示的 K 形支撑。偏心支撑可采用图 4 – 4(f)、(g)、(h)、(i)所示的形式。

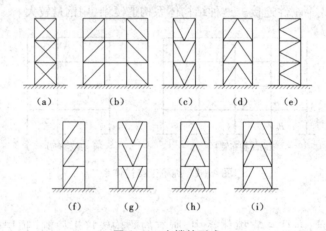

（a）　　　（b）　　　（c）　　　（d）　　　（e）

（f）　　　（g）　　　（h）　　　（i）

图 4 – 4　支撑的形式

（a）～（e）中心支撑　（f）～（i）偏心支撑

4. 框架 – 剪力墙体系

框架体系可以和钢筋混凝土剪力墙组成框架 – 剪力墙体系。钢筋混凝土剪力墙也可以做成墙板,设于钢梁与钢柱之间,并在上、下边与钢梁连接。

5. 交错桁架体系

交错桁架体系如图 4 – 5 所示。横向框架在竖向平面内每隔一层设置桁架层,相邻横向框架的桁架层交错布置,在每层楼面形成 2 倍柱距的大开间。

4.2　多层房屋钢结构的建筑和结构布置

除竖向荷载外,风荷载、地震作用等侧向荷载和作用是影响多层房屋钢结构用钢量和造价的主要因素。因此,在建筑和结构设计时,应采用能减小风荷载和地震作用效应的建筑与结构布置。

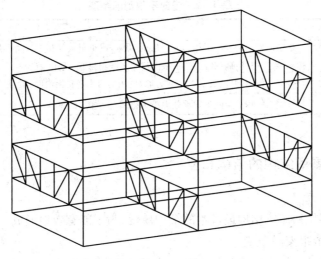

图 4 - 5 交错桁架体系

4.2.1 多层房屋钢结构的建筑体形设计

1. 建筑平面形状

建筑平面形状宜设计成具有光滑曲线的凸平面形式,如矩形平面、圆形平面等,以减小风荷载。为减小风荷载和地震作用产生的不利扭转影响,平面形状还宜简单、规则、有良好的整体性,并能在各层使刚度中心与质量中心接近。

表 4 - 1 是现行国家标准《建筑抗震设计规范》(GB 50011—2010)中列出的平面不规则的三种类型(即扭转不规则、凹凸不规则和楼板局部不连续)及其定义。在进行平面设计时,应尽量避免出现上述不规则。

表 4 - 1 平面不规则的类型

不规则类型	定义
扭转不规则	楼层的最大弹性水平位移(或层间位移),大于该楼层两端弹性水平位移(或层间位移)平均值的 1.2 倍
凹凸不规则	结构平面凹进的一侧尺寸,大于相应投影方向总尺寸的 30%
楼板局部不连续	楼板尺寸和平面刚度急剧变化,如有效楼板宽度小于该层楼板典型宽度的 50%,或开洞面积大于该层楼面面积的 30%,或有较大的楼层错层

2. 建筑竖向形体

为减小地震作用的不利影响,建筑竖向形体宜规则均匀,避免有过大的外挑和内收,各层的竖向抗侧力构件宜上下贯通,避免形成不连续。层高不宜有较大突变。

表 4 - 2 是现行国家标准《建筑抗震设计规范》(GB 50011—2010)中列出的竖向不规则的三种类型(即侧向刚度不规则、竖向抗侧力构件不连续和楼层承载力突变)及其定义。在进行竖向形体设计时,应尽量避免出现这些不规则。

表 4 - 2　竖向不规则的类型

不规则类型	定义
侧向刚度不规则	该层的侧向刚度小于相邻上一层的 70%，或小于其上相邻三个楼层侧向刚度平均值的 80%；除顶层外，局部收进的水平向尺寸大于相邻下一层的 25%
竖向抗侧力构件不连续	竖向抗侧力构件（柱、支撑、剪力墙）的内力由水平转换构件（梁、桁架等）向下传递
楼层承载力突变	抗侧力结构的层间受剪承载力小于相邻上一楼层的 80%

4.2.2　多层房屋钢结构的结构布置

1. 结构平面布置

由于框架是多层房屋钢结构最基本的结构单元，为了能有效地形成框架，柱网布置应规则，避免零乱形不成框架的布置。

框架横梁与柱的连接在柱截面抗弯刚度大的方向做成刚接，形成刚接框架，如图 4 - 6 所示。在另一方向，常视柱截面抗弯刚度的大小，采用不同的连接方式。如柱截面抗弯刚度较大，可做成刚接，形成双向刚接框架；如柱截面抗弯刚度较小，可做成铰接，但应设置柱间支撑增加抗侧刚度，形成柱间支撑 - 铰接框架。在保证楼面、屋面平面内刚度的条件下，可隔一榀或隔多榀布置柱间支撑，其余则为铰接框架。

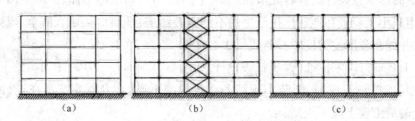

(a)　　　　　　　　(b)　　　　　　　　(c)

图 4 - 6　框架的形式

在双向刚接框架体系中，柱截面抗弯刚度较大的方向应布置在跨数较少的方向。当单向刚接框架另一方向为柱间支撑 - 铰接框架体系时，柱截面的布置方向则由柱间支撑设置的方向确定，抗弯刚度较大的方向应在刚接框架的方向。

结构平面布置中柱截面尺寸的选择和柱间支撑位置的设置，应尽可能做到使各层刚度中心与质量中心接近。

处于抗震设防区的多层房屋钢结构宜采用框架 - 支撑体系，因为框架 - 支撑体系是由刚接框架和支撑结构共同抵抗地震作用的多道抗震设防体系。采用这种体系时，框架梁和柱在两个方向均做成刚接，形成双向刚接框架，同时在两个方向均设置支撑结构。框架和支撑的布置应使各层刚度中心与质量中心接近。

当采用框架 - 剪力墙体系时，其平面布置也应遵循上述原则，但钢梁与混凝土剪力墙的连接一般都做成铰接连接。

2. 结构竖向布置

结构的竖向抗侧刚度和承载力宜上下相同，或自下而上逐渐减小，避免抗侧刚度和承载力突然变小，更应防止下柔上刚的情况。

　　处于抗震设防区的多层房屋钢结构,其框架柱宜上下连续贯通并落地。当由于使用需要必须抽柱而无法贯通或者落地时,应合理设置转换构件,使上部柱子的轴力和水平剪力能够安全可靠和简洁明确地传到下部直至基础。支撑和剪力墙等抗侧力结构更宜上下连续贯通并落地。结构在两个主轴方向的动力特性宜相近。

　　当多层房屋有地下室时,钢结构宜延伸至地下室。

　　3. 楼层平面布置原则

　　多层房屋钢结构的楼层在其平面内应有足够的刚度,处于抗震设防区时,更是如此。因为由地震作用产生的水平力需要通过楼层平面的刚度使房屋整体协同受力,从而提高房屋的抗震能力。

　　当楼面结构为压型钢板－混凝土组合楼面、现浇或装配整体式钢筋混凝土楼板并与楼面钢梁有连接时,楼面结构在楼层平面内具有很大刚度,可以不设水平支撑。

　　当楼面结构为有压型钢板的钢筋混凝土非组合板、现浇或装配整体式钢筋混凝土楼板但与钢梁无连接以及活动格栅铺板时,由于楼面板不能与楼面钢梁连接成一体,不能在楼层平面内提供足够的刚度,应在框架钢梁之间设置水平支撑。

　　当楼面开有很大洞使楼面结构在楼层平面内无法有足够的刚度时,应在开洞周围的柱网区格内设置水平支撑。

4.3　多层房屋钢结构的荷载及其组合

4.3.1　荷载

　　多层房屋钢结构的荷载主要包括恒荷载、活荷载、积灰荷载、雪荷载、风荷载、温度作用、地震作用等。其中楼面活荷载和屋顶的活荷载、积灰荷载、风荷载、温度作用的计算应按现行国家标准《荷载规范》的规定进行。多层房屋钢结构一般应考虑活荷载的不利分布。设计楼面梁、墙、柱及基础时,楼面活荷载可按现行国家标准《荷载规范》的规定进行折减。

　　多层工业房屋设有吊车时,吊车竖向荷载与水平荷载应按现行国家标准《荷载规范》的规定进行计算。

　　1. 恒荷载

　　建筑物自重按实际情况计算取值。楼盖或屋盖上工艺设备荷载包括永久性设备荷载及管线等,应按工艺提供的数据取值。当恒荷载效应对结构不利时,对由可变荷载效应控制的组合,荷载分项系数 γ 取 1.2;当恒荷载效应对结构不利时,对由恒荷载效应控制的组合,荷载分项系数 γ 取 1.35;当恒荷载在荷载组合中为有利作用时,其荷载分项系数 γ 取 1.0。

　　2. 活荷载

　　雪荷载和积灰荷载应按《荷载规范》取值,荷载分项系数 γ 取 1.4。楼层活荷载(包括运输或起重设备荷载),应按工艺提供的资料确定,荷载分项系数 γ 一般取 1.4,但当楼面活荷载 $q \geqslant 4 \ \text{kN/m}^2$ 时,荷载分项系数 γ 可取 1.3。

3. 风荷载

垂直于房屋表面上的风荷载标准值可按《荷载规范》计算,计算公式如下:

$$w_k = \beta_z \mu_s \mu_z w_0 \qquad (4-1)$$

式中　w_k——风荷载标准值;

β_z、μ_s、μ_z——高度 z 处的风振系数、风荷载体型系数和风压高度变化系数,按现行《荷载规范》的规定采用,对于基本自振周期 $T_1 > 0.25$ s 的房屋及高度大于 30 m 且高宽比大于 1.5 的房屋,应考虑风振系数,否则取 $\beta_z = 1.0$;

w_0——基本风压,一般多层房屋按 50 年重现期采用,对于特别重要或对风荷载比较敏感的多层建筑可按基本风压的 1.1 倍采用。

4. 地震作用

发生地震时,由于楼层或屋盖及构件等本身的质量而对结构产生的地震作用,包括水平地震作用和竖向地震作用,其中竖向地震作用仅在计算多层框架内的大跨度或大悬挑构件时给予考虑。

多层框架的水平地震作用应按《建筑抗震设计规范》(GB 50011—2010)并采用振型分解反应谱法计算确定,一般宜采用计算机和专门软件计算;当不计扭转影响时,其典型表达式如下:

$$F_{ji} = 1.15 \alpha_j \gamma_j X_{ji} G_i \qquad (4-2)$$

式中　F_{ji}——j 振型 i 质点的水平地震作用标准值;

1.15——考虑多层钢结构阻尼比修正的调整系数;

α_j——相应于 j 振型自振周期的水平地震作用影响系数,应按《建筑抗震设计规范》(GB 50011—2010)中以 α_{max}、特征周期 T_g、结构自振周期 T 等为参数的地震影响系数曲线确定;

γ_j——j 振型的参与系数;

X_{ji}——j 振型 i 质点的水平相对位移;

G_i——i 质点的重力荷载代表值。

计算时,对平面布置较规则的多层框架,可采用平面计算模型;当平面不规则且楼盖为平面刚性楼盖时,应采用空间计算模型;当刚心与重心有较大偏心时,应计入扭转影响。

按上述振型分解反应谱法计算地震作用时,由地震作用产生的框架结构效应 S_{Ek},即结构或构件最终组合的弯矩、剪力、轴力及位移等,可采用平方和开平方的方法将各振型水平地震作用 F_{ji} 产生的各效应 S_{Ekj} 组合成 S_{Ek},从而进行截面验算。

水平地震作用的荷载分项系数 γ 取 1.3。

当多层框架中有大跨度(跨度大于 24 m)的桁架、长悬臂以及托柱梁等结构时,其竖向地震作用可采用其重力荷载代表值与竖向地震作用系数 α_v 的乘积来计算,即

$$F_{v0} = \alpha_v G_{E0} \qquad (4-3)$$

式中　F_{v0}——大跨度或悬挑构件的竖向地震作用;

α_v——竖向地震作用系数,8 度以上设防时取 0.1,9 度设防时取 0.2;

G_{E0}——大跨或悬挑结构上相应的重力荷载代表值。

5. 其他荷载

对无水平荷载作用的多层框架,可考虑柱在安装中因可能产生的偏差而引起的假定水平荷载 P_{Hi}(作用于每层梁柱节点),按式(4-4)计算:

$$P_{Hi} = 0.01 \frac{\sum N_i}{\sqrt[3]{n}} \qquad (4-4)$$

式中　$\sum N_i$——P_{Hi}作用的 i 层以上柱的总竖向荷载;

　　　n——i 层的框架柱总数。

4.3.2　荷载组合

1. 承载能力极限状态

(1)对于非抗震设计,多层房屋钢结构的承载能力极限状态设计,一般应采用下列荷载组合:

$$\left.\begin{array}{l}①1.2D + 1.4L_f + 1.4\max(S, L_s) \\ ②1.2D + 1.4W \\ ③1.2D + 1.4L_f + 1.4\max(S, L_s) + 1.4 \times 0.6W \\ ④1.2D + 1.4W + 1.4 \times 0.7L_f + 1.4 \times 0.7\max(S, L_s) \\ ⑤1.35D + 1.4 \times 0.7L_f + 1.4 \times 0.7\max(S, L_s) + 1.4 \times 0.6W \end{array}\right\} \qquad (4-5)$$

式中　D——恒荷载标准值;

　　　L_f、L_s——楼面及屋面荷载标准值;

　　　W——风荷载标准值;

　　　S——雪荷载标准值。

当多层工业房屋有吊车设备和处于屋面积灰区时,尚应考虑吊车荷载和积灰荷载的组合。

(2)对于抗震设计,多层房屋钢结构的承载能力极限状态设计应按多遇地震计算,其荷载组合为

$$\left.\begin{array}{l}①1.2(D + 0.5L_s + 0.5L_f) + 1.3E_{EH} + 1.3 \times 0.5E_{EZ} \\ ②1.2(D + 0.5L_s + 0.5L_f) + 1.3 \times 0.5E_{EH} + 1.3E_{EZ} \end{array}\right\} \qquad (4-6)$$

式中　E_{EH}、E_{EZ}——分别代表水平地震作用和竖向地震作用。

当多层工业房屋有吊车设备和处于屋面积灰区时,尚应考虑吊车荷载和积灰荷载的组合。

当多层房屋钢结构进行罕遇地震作用下的结构弹塑性变形计算时,其荷载组合为

$$\left.\begin{array}{l}①D + 0.5L_s + 0.5L_f + E_{EH} + 0.5E_{EZ} \\ ②D + 0.5L_s + 0.5L_f + 0.5E_{EH} + E_{EZ} \end{array}\right\} \qquad (4-7)$$

2. 正常使用极限状态设计

(1)对于非抗震设计,多层房屋钢结构的正常使用极限状态设计的荷载组合为

$$\left.\begin{array}{l}①1.0D+1.0L_f+1.0\max(S,L_s)\\②1.0D+1.0W\\③1.0D+1.0L_f+1.0\max(S,L_s)+1.0\times0.6W\\④1.0D+1.0W+1.0\times0.7L_f+1.0\times0.7\max(S,L_s)\end{array}\right\} \tag{4-8}$$

当多层工业房屋有吊车设备和处于屋面积灰区时,尚应考虑吊车荷载和积灰荷载的组合。

(2)对于抗震设计,多层房屋钢结构的正常使用极限状态设计的荷载组合为

$$\left.\begin{array}{l}①D+0.5L_s+0.5L_f+E_{EH}+0.5E_{EZ}\\②D+0.5L_s+0.5L_f+0.5E_{EH}+E_{EZ}\end{array}\right\} \tag{4-9}$$

当多层工业房屋有吊车设备和处于屋面积灰区时,尚应考虑吊车荷载和积灰荷载的组合。

4.4　多层房屋钢结构的内力分析

4.4.1　一般原则

(1)多层房屋钢结构的内力一般按结构力学方法进行弹性分析。

(2)框架结构的内力分析可采用一阶弹性分析,对符合式(4-10)的框架结构宜采用二阶弹性分析,即在分析时考虑框架侧向变形对内力和变形的影响,也称考虑 $P-\Delta$ 效应分析。

$$\frac{\sum N\cdot\Delta u}{\sum H\cdot h}>0.1 \tag{4-10}$$

式中　　$\sum N$——所计算楼层各柱轴向压力设计值之和;

　　　　$\sum H$——所计算楼层及以上楼层的水平力设计值之和;

　　　　Δu——层间相对位移的容许值;

　　　　h——所计算楼层的高度。

(3)计算多层房屋钢结构的内力和位移时,一般可假定楼板在其自身平面内为绝对刚性。但对楼板局部不连续、开孔面积大、有较长外伸段的楼面,需考虑楼板在其自身平面内的变形。

(4)当楼板采用压型钢板-混凝土组合楼板或钢筋混凝土楼板并与钢梁可靠连接时,在弹性分析中,对梁的惯性矩可考虑楼板的共同工作而适当放大。对于中梁,其惯性矩宜取 $1.5I_b(I_b$ 为钢梁的惯性矩);对于仅一侧有楼板的梁,其惯性矩可取 $1.2I_b$。在弹塑性分析中,不考虑楼板与梁的共同工作。

(5)多层房屋钢结构在进行内力和位移计算时,应考虑梁和柱的弯曲变形和剪切变形,可不考虑轴向变形;当有混凝土剪力墙时,应考虑剪力墙的弯曲变形、剪切变形、扭转变形和翘曲变形。

（6）宜考虑梁柱连接节点域的剪切变形对内力和位移的影响。

（7）多层房屋钢结构的结构分析宜采用有限元法。对于可以采用平面计算模型的多层房屋钢结构，可采用 4.4.2 节的近似实用算法。

（8）多层房屋钢结构在地震作用下的分析，应按 4.4.4 节进行。

（9）结构计算中不应计入非结构构件对结构承载力和刚度的有利作用。

4.4.2　多层框架内力的近似分析方法

在工程实践中，有一些有效的近似分析方法，这些方法便于手工计算，又有一定的精度，特别是在方案论证和初步设计时，尤其适用。

1. 分层法（竖向荷载作用下的内力近似分析方法）

在竖向荷载作用下，多层框架的侧移较小，且各层荷载对其他层的水平构件的内力影响不大，可忽略侧移而把每层作为无侧移框架用力矩分配法进行计算。如此计算所得水平构件内力即为水平构件内力的近似值，但垂直构件属于相邻两层，须自上而下将各相邻层同一垂直构件的内力叠加，才可得各垂直构件的内力近似值，如图 4-7 所示。

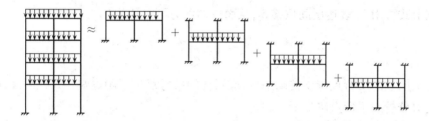

图 4-7　分层法示意图

基本步骤如下。

（1）将多层框架沿高度分成若干单层无侧移的敞口框架，每个敞口框架包括本层梁和与之相连的上、下层柱。梁上作用的荷载、各层柱高及梁跨度均与原结构相同。

（2）除底层柱的下端外，其他各柱的柱端应为弹性约束。为便于计算，均将其处理为固定端。这样将使柱的弯曲变形有所减小，为消除这种影响，可把除底层柱以外的其他各层柱的线刚度乘以修正系数 0.9。

（3）用无侧移框架的计算方法（如弯矩分配法）计算各敞口框架的杆端弯矩，由此所得的梁端弯矩即为其最后的弯矩值；因每一柱属于上、下两层，所以每一柱端的最终弯矩值需将上、下层计算所得的弯矩值相加。在上、下层柱端弯矩值相加后，将引起新的节点不平衡弯矩，如欲进一步修正，可对这些不平衡弯矩再作一次弯矩分配。如用弯矩分配法计算各敞口框架的杆端弯矩，在计算每个节点周围各杆件的弯矩分配系数时，应采用修正后的柱线刚度计算；并且底层柱和各层梁的传递系数均取 1/2，其他各层柱的传递系数改用 1/3。

（4）在杆端弯矩求出后，可用静力平衡条件计算梁端剪力及梁跨中弯矩；逐层叠加柱上的竖向荷载（包括节点集中力、柱自重等）和与之相连的梁端剪力，即得柱的轴力。

2. D 值法（水平荷载作用下的内力近似分析方法）

框架在水平荷载作用下的内力近似分析方法大多是从寻找构件的反弯点出发的。对仅

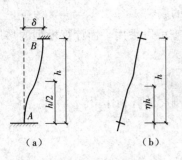

图 4-8　框架柱侧移和反弯点

受节点水平荷载作用的情形,如果梁的抗弯刚度远大于柱的抗弯刚度,则可认为柱两端的转角为零,从而柱段高度中央存在一个反弯点(图 4-8(a))。此时柱的转角位移方程为

$$M_{ab} = M_{ba} = -6i\delta/h \qquad (4-11)$$

端部剪力为

$$V = 12i\delta/h^2 = \delta d \qquad (4-12)$$

式中　M_{ab}、M_{ba}——柱两端的杆端弯矩;

　　　i、h——柱的线刚度和高度,$i = EI/h$;

　　　δ——柱两端水平位移之差;

　　　d——柱的抗侧移刚度,$d = V/\delta = 12i/h^2$。

设框架第 i 层的总剪力为 V_i,假定框架同一层所有柱的层间位移均相同,则有

$$\sum_j V_{ij} = \delta_i \sum_j d_{ij} = V_i \qquad (4-13)$$

式中　V_{ij}、d_{ij}——位于 i 层的第 j 个柱的剪力和抗侧移刚度。

根据上式可用 V_i 表达层间位移 δ_i,从而柱的剪力可表达为

$$V_{ij} = \frac{d_{ij}}{\sum d_{ij}} V_i \qquad (4-14)$$

假定上层柱的反弯点位于柱高中点,底层柱的反弯点位于距底端 2/3 柱高处,由此可建立内力近似分析的反弯点法如下。

(1)按式(4-14)计算各层各柱剪力。

(2)注意关于反弯点的设定,考虑各柱力矩平衡,可得柱端弯矩计算公式:

上层柱

$$M_u = M_d = V_{ij}h_i/2 \qquad (4-15)$$

底层柱

$$M_u = V_{1j}h_1/3 \qquad M_d = 2V_{1j}h_1/3 \qquad (4-16)$$

式中　M_u、M_d——柱上端和柱下端弯矩。

(3)考虑各节点力矩平衡(图 4-9),并设梁端弯矩与其线刚度成正比,可得梁端弯矩计算公式:

边柱

$$M_i = M_{u,i-1} + M_{d,i} \qquad (4-17)$$

中柱

图 4-9　节点力矩平衡

$$M_{il} = i_l(M_{u,i-1} + M_{d,i})/(i_l + i_r) \qquad (4-18)$$

$$M_{ir} = i_r(M_{u,i-1} + M_{d,i})/(i_l + i_r) \qquad (4-19)$$

式中　M_i——与第 i 层边柱连接的梁端弯矩;

　　　$M_{u,i-1}$、$M_{d,i}$——第 $i-1$ 层柱的上端弯矩和第 i 层柱的下端弯矩;

　　　M_{il}、M_{ir}——节点左侧梁端弯矩和节点右侧梁端弯矩(图 4-9);

　　　i_l、i_r——节点左侧梁的线刚度和节点右侧梁的线刚度(图 4-9)。

（4）由梁端弯矩求梁的剪力。

对于层数不多的框架,梁的线刚度通常大于柱的线刚度,当梁的线刚度不小于柱的线刚度的 3 倍时,上述反弯点法可给出较高的精度。对于一般的多层建筑,梁线刚度达不到柱线刚度的 3 倍,用反弯点法得出的结果精度过低。在上述反弯点法的计算中,考虑端部转角非零的影响,对柱的抗侧移刚度进行修正,同时亦考虑影响反弯点位置的一些其他因素的影响,可显著提高反弯点法的精度。端部转角和梁柱线刚度比 K 有关,为此引进修正系数 α,将修正后柱的抗侧移刚度记为 D,则

$$D = \alpha d = \alpha \frac{12i}{h^2} \tag{4-20}$$

式中　α——柱抗侧移刚度修正系数,按表 4-3 选用。

表 4-3　柱抗侧移刚度修正系数 α

	中柱		边柱		α
	示意图	K	示意图	K	
上层柱	$\begin{array}{cc} i_1 & i_2 \\ & i_c \\ i_3 & i_4 \end{array}$	$\dfrac{i_1 + i_2 + i_3 + i_4}{2i_c}$	$\begin{array}{c} i_2 \\ i_c \\ i_4 \end{array}$	$\dfrac{i_2 + i_4}{2i_c}$	$\dfrac{K}{2+K}$
下层柱	$\begin{array}{cc} i_1 & i_2 \\ & i_c \end{array}$	$\dfrac{i_1 + i_2}{i_c}$	$\begin{array}{c} i_2 \\ i_c \end{array}$	$\dfrac{i_2}{i_c}$	$\dfrac{0.5+K}{2+K}$

以 D 代替式（4-12）中的 d,可以改善柱端部剪力的精度。将反弯点法的位置表达为反弯点到柱下端的距离 ηh（图 4-8(b)）。影响 η 的因素很多,包括层数、层高变化、水平荷载沿高度的变化和梁柱线刚度比等。η 的计算公式为

$$\eta = \eta_0 + \eta_1 + \eta_2 + \eta_3 \tag{4-21}$$

式中　η_0——标准反弯点高度比,即层高、跨度和梁柱线刚度比都为常数时的反弯点高度
　　　　　　系数;

　　　　η_1——柱上下端所连接梁的线刚度不等时的修正系数;

　　　　η_2、η_3——层高不等时的修正系数,η_2 是上层柱高 h_u 与所讨论柱高 h 不等时的修正
　　　　　　系数,η_3 是下层柱高 h_d 与所讨论柱高 h 不等时的修正系数。

以上系数都可以从有关文献的表格中查到。大多数多层建筑的系数 η,底层接近 2/3,中部各层接近 0.45~0.5,三层以上至顶层为 0.35~0.4。

由式（4-20）和式（4-21）修正柱抗侧移刚度和反弯点位置,再按上述步骤操作的方法称为改进反弯点法,亦称 D 值法。由于柱上端弯矩 M_u 和下端弯矩 M_d 与上下端到反弯点的距离成正比,位于第 i 层的第 j 柱的柱端弯矩计算公式改变为

$$M_d = \eta h_i V_{ij} \quad M_u = (1-\eta) h_i V_{ij} \tag{4-22}$$

D 值法在多层结构设计中应用颇广,但由于在柱抗侧移刚度和反弯点位置的修正系数的计算中,引入了一些假定,故其仍属于近似方法。

得出各层柱和梁的弯矩和轴力后,可以初选各构件的截面。层数较多的纯框架在风荷载大的地区可能由侧向刚度要求控制设计,为此可把式(4-13)中的 d_{ij} 改为 $D_{ij} = \alpha_{ij} d_{ij}$,并改写为

$$\delta_i = \frac{V_i}{\sum \alpha_{ij} d_{ij}} = \frac{V_i}{12 \dfrac{E}{h^2} \sum \dfrac{I_{ij}/h}{1 + 2/K_{ij}}} \qquad (4-23)$$

式中　I_{ij}、K_{ij}——位于 i 层的第 j 个柱的惯性矩及梁柱线刚度比。

此式,代入各构件的线刚度,即可考查层间位移是否超过限值。如果超过,则对选出的截面进行调整。

3. 二阶分析时的近似实用方法

对于层数不很多而侧移刚度比较大的框架,其内力计算用一阶分析的方法,不计竖向荷载的侧移效应(亦称 $P-\Delta$ 效应)。当然,在确定有侧移框架柱的计算长度时,这项效应总是要考虑在内的。柱计算长度是由弹性稳定分析得来的,并且分析时又引进很多简化假定。

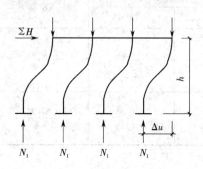

图4-10　二阶分析示意图

此外,随着房屋高度增大和围护结构轻型化,一阶分析所得的构件内力和侧移都较小。因此,传统的方法很难反映框架的真实承载极限。《钢结构设计标准》给出了采用二阶分析的规定。

二阶分析与一阶分析的不同之处在于前者考虑框架侧向位移对内力的影响。图4-10表示框架中的某一层在产生侧向位移后的受力情况,作用在该层上部的荷载都随侧向位移 Δu 的发生而侧移。按一阶分析时,因不考虑侧向位移的影响,因此底部的一阶倾覆力矩 M_I 只由水平力 $\sum H$ 产生,即

$$M_I = \sum Hh \qquad (4-24)$$

式中　$\sum H$——计算楼层及以上各层的水平力之和;

　　　h——楼层高度。

按二阶分析时,底部的倾覆力矩,除了考虑由水平力 H 产生的力矩外,还应考虑竖向力因框架侧移而产生的力矩,前者为一阶倾覆力矩 M_I,后者为二阶倾覆力矩 M_{II},即

$$M = M_I + M_{II} = \sum Hh + \sum N\Delta u$$

或

$$M = \sum Hh \left(1 + \frac{\sum N\Delta u}{\sum Hh} \right) \qquad (4-25)$$

式中　$\sum N$——计算楼层各柱轴向压力之和;

　　　Δu——计算楼层层间相对位移。

式(4-25)中的 $\dfrac{\sum N\Delta u}{\sum Hh}$ 表示二阶倾覆力矩与一阶倾覆力矩的比值。对比式(4-10)可

以看出,当此比值大于 0.1 时宜采用二阶分析。

　　对于可以采用平面计算模型的多层房屋钢框架结构,在竖向荷载与水平荷载作用下按二阶分析的内力和位移计算,也可采用与按一阶弹性分析相类似的近似实用分析方法。

　　(1)先将框架节点的侧向位移完全约束(图 4 - 11(b)),用力矩分配法求出框架的内力(用 M_b 表示)和约束力 H_1,H_2,…

　　(2)将约束力 H_1,H_2,…反向作用于框架,同时在每层柱顶附加由式(4 - 26)计算的假想水平力 H_{n1},H_{n2},…用 D 值法求出框架的内力(用 M_s 表示)和变形(图 4 - 11(c))。这里的 M_s 仍为一阶分析,只是增加了考虑结构和构件的各种缺陷(如结构的初倾斜、初偏心和残余应力等)对内力影响的假想水平力 H_{ni}(图 4 - 11(c))。

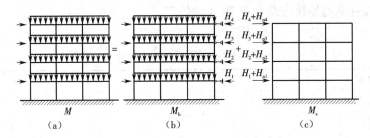

图 4 - 11　框架二阶分析时的近似实用方法

　　H_{ni} 可由下式计算:

$$H_{ni} = \frac{\alpha_y Q_i}{250} \sqrt{0.2 + \frac{1}{n_s}} \qquad (4 - 26)$$

式中　　Q_i——第 i 楼层的总重力荷载设计值;

　　　　n_s——框架总层数,当 $\sqrt{0.2 + 1/n_s} > 1$ 时,取此根号值为 1.0,当 $\sqrt{0.2 + 1/n_s} < \dfrac{2}{3}$

　　　　　　时,取此根号值为 $\dfrac{2}{3}$;

　　　　α_y——钢材强度影响系数,对 Q235 钢取 1.0,对 Q345 钢取 1.1,对 Q390 钢取 1.2,对 Q420 钢取 1.25。

　　(3)将 M_b 和 M_s 经考虑 $P - \Delta$ 效应后的放大值相加,即得到按二阶分析的内力和位移。

$$M = M_b + \alpha M_s \qquad (4 - 27)$$

式中

$$\alpha = \frac{1}{1 - \dfrac{\sum N\Delta u}{\sum Hh}} \qquad (4 - 28)$$

　　当 $\alpha > 1.33$ 时,宜增大框架结构的刚度。

4.4.3　框架结构的塑性分析

　　框架结构从理论上讲可以采用塑性分析,但由于我国尚缺少相关理论研究和实践经验,我国现行国家标准《钢结构设计标准》(GB 50017—2017)中有关塑性设计的规定只适用于不直接承受动力荷载的由实腹构件组成的单层和两层框架结构。

采用塑性设计的框架结构,按承载能力极限状态设计时,应采用荷载的设计值,考虑构件截面内塑性的发展及由此引起的内力重分配,用简单塑性理论进行内力分析。

采用塑性设计的框架结构,按正常使用极限状态设计时,应采用荷载的标准值,并按弹性计算。

由于采用塑性设计后,出现塑性铰处的截面的弯矩要达到全截面塑性弯矩,且在内力重分配时要能保持全截面塑性弯矩,因此所用的钢材和截面板件的宽厚比应满足下列要求:

(1)钢材的力学性能应满足强屈比 $f_u/f_y \geqslant 1.2$,伸长率 $\delta \geqslant 15\%$,相应于抗拉强度 f_u 的应变 ε_u 不小于 20 倍屈服点应变 ε_y;

(2)截面板件的宽厚比应符合表 4-4 的规定。

表 4-4　截面板件的宽厚比

截面形式	翼缘	腹板
	$\dfrac{b}{t} \leqslant 9\sqrt{\dfrac{235}{f_y}}$	当 $\dfrac{N}{Af} < 0.37$ 时, $\dfrac{h_0}{t_w}\left(\dfrac{h_1}{t_w}, \dfrac{h_2}{t_w}\right) \leqslant \left(72 - 100\dfrac{N}{Af}\right)\sqrt{\dfrac{235}{f_y}}$ 当 $\dfrac{N}{Af} \geqslant 0.37$ 时, $\dfrac{h_0}{t_w}\left(\dfrac{h_1}{t_w}, \dfrac{h_2}{t_w}\right) \leqslant 35\sqrt{\dfrac{235}{f_y}}$
	$\dfrac{b_0}{t} \leqslant 30\sqrt{\dfrac{235}{f_y}}$	同上

注:1. N 为构件轴心压力,A 为构件的毛截面面积。

2. f 为钢材的抗拉、抗压和抗弯强度设计值;

3. f_y 为钢材的屈服强度。

4.4.4　地震作用下的结构分析

1. 多层房屋钢结构在地震作用下结构分析的基本假定

按照我国现行国家标准《建筑抗震设计规范》(GB 50011—2010)的规定,多层房屋钢结构在地震作用下应作二阶段分析,即多遇地震作用下进行结构构件承载力验算和罕遇地震作用下进行结构弹塑性变形验算。

多遇地震作用下进行结构构件承载力验算时,在一般情况下,可以在结构的两个主轴方向分别计算水平地震的作用,各方向的水平地震作用由该方向的抗侧力构件承担,此外,还应在刚度较弱的方向计算水平地震作用。

有斜交抗侧力构件的结构,当斜交角度大于 15°时,应分别计算各抗侧力构件方向的水平地震作用。

在计算单向水平地震作用时,尚应考虑偶然偏心的影响,将每层质心沿垂直于地震作用方向偏移 e_i,其值可按下式计算:

$$e_i = \pm 0.05 L_i \tag{4-29}$$

式中　L_i——第 i 层垂直于地震作用方向的多层房屋总长度。

质量和刚度明显不对称、不均匀的结构,还应计算双向水平地震作用,计算模型中应考虑扭转影响。

2. 多遇地震作用下的分析

多层房屋钢结构在多遇地震作用下可采用线弹性理论进行分析。在一般情况下,可采用振型分解反应谱法。振型分解反应谱法用的地震影响系数曲线应按现行国家标准《建筑抗震设计规范》(GB 50011—2010)的规定采用。

具有表 4-1 和表 4-2 中多项不规则的多层房屋钢结构以及属于甲类抗震设防类别的多层房屋钢结构,还应采用时程分析法进行补充计算,取多条(一般不少于 3 条)时程曲线计算结果的平均值与振型分解反应谱法计算结果的较大值。

采用时程分析法时,应按建筑场地类别和设计地震分组选用不少于 2 组的实际强震记录和一组人工模拟的加速度时程曲线,其平均地震影响系数曲线应与振型分解反应谱法所采用的地震影响系数曲线在统计意义上相符,其加速度时程的最大值可按表 4-5 采用。每条时程曲线计算所得的结构底部剪力不应小于振型分解反应谱法计算结果的 65%,多条时程曲线计算所得结构底部剪力的平均值不应小于振型分解反应谱法计算结果的 80%。

计算地震作用所采用的结构自振周期应考虑对非承重墙体的刚度影响给予折减。周期折减系数可按下列规定采用:

(1)当非承重墙体为填充空心黏土砖墙时,取 0.8~0.9;

(2)当非承重墙体为填充轻质砌块、轻质墙板、外挂墙板时,取 0.9~1.0。

表 4-5　时程分析所用地震加速度时程曲线的最大值

地震影响	6 度	7 度	8 度	9 度
多遇地震	18	35(55)	70(110)	140
罕遇地震	—	220(310)	400(510)	620

注:括号内数值分别用于设计基本地震加速度为 0.15g 和 0.30g 的地区。

3. 罕遇地震作用下的分析

属于甲类抗震设防类别的多层房屋钢结构应进行罕遇地震作用下的分析,7 度Ⅲ、Ⅳ类场地和 8 度时乙类抗震设防类别的多层房屋钢结构宜进行罕遇地震作用下的分析。

罕遇地震作用下的分析主要是计算结构的变形,根据不同情况,可采用简化的弹塑性分析方法、静力弹塑性分析方法(也称为推覆分析方法)或弹塑性时程分析法。

多层房屋钢结构的弹塑性位移应按式(4-30)进行验算:

$$\Delta_p \leqslant C_p = [\theta_p]h \qquad (4-30)$$

式中 Δ_p——在罕遇地震作用下,地震作用与其他荷载组合产生的弹塑性变形;

C_p——罕遇地震作用下,结构不发生倒塌的弹塑性变形限值;

$[\theta_p]$——弹塑性层间位移角限值,对多层钢结构取1/50;

h——层高。

4.4.5 罕遇地震作用下弹塑性层间位移的计算方法

1. 层间刚度无突变的情况

弹塑性层间位移 Δu_p 可采用简化方法按下式计算:

$$\Delta u_p = \eta_p \Delta u_e \qquad (4-31)$$

式中 Δu_e——罕遇地震标准值作用下按弹性分析的层间位移;

η_p——弹塑性层间位移放大系数,按表4-6取用。

表4-6 钢框架及框架支撑结构弹塑性层间位移放大系数

R_s	总层数	屈服强度系数 ζ_y			
		0.6	0.5	0.4	0.3
0(无支撑)	5	1.05	1.05	1.10	1.20
	10	1.10	1.15	1.20	1.20
	15	1.15	1.15	1.20	1.30
	20	1.15	1.15	1.20	1.30
1	5	1.50	1.65	1.70	2.10
	10	1.30	1.40	1.50	1.80
	15	1.25	1.35	1.40	1.80
	20	1.10	1.15	1.20	1.80
2	5	1.60	1.80	1.95	2.65
	10	1.30	1.40	1.55	1.80
	15	1.25	1.30	1.40	1.80
	20	1.10	1.15	1.25	1.80
3	5	1.70	1.85	2.15	3.20
	10	1.30	1.40	1.70	2.10
	15	1.25	1.30	1.40	1.80
	20	1.10	1.15	1.25	1.80
4	5	1.70	1.85	2.35	3.45
	10	1.30	1.40	1.70	2.50
	15	1.25	1.30	1.40	1.80
	20	1.10	1.15	1.25	1.80

注:R_s——框架–支撑结构中支撑部分抗侧移承载力与该层框架部分抗侧移承载力的比值;

ζ_y——屈服强度系数,$\zeta_y(i) = \dfrac{V_y(i)}{V_e(i)}$,$V_y(i)$为按框架的梁、柱实际截面尺寸和材料强度标准值计算的楼层 i 的抗剪承载力,$V_e(i)$为罕遇地震标准值作用下按弹性计算的楼层 i 的弹性地震力。

在按表4-6确定弹塑性层间位移放大系数 η_p 时，还应根据楼层屈服强度系数 ζ_y 沿高度是否均匀的情况进行调整。屈服强度系数 ζ_y 沿高度分布是否均匀可通过系数 α 判别：

$$\alpha(i) = \frac{2\xi(i)}{\xi(i-1) + \xi(i+1)} \tag{4-32}$$

2. 层间刚度有突变的情况

弹塑性变形的计算应采用静力弹塑性分析法或弹塑性时程分析法。

1）静力弹塑性分析法

静力弹塑性分析法的基本设想是，通过静力分析的方法，了解结构在罕遇地震作用下的性能，包括结构的最大承载能力和极限变形能力，第一批塑性铰出现时地震作用的大小，此后塑性铰出现的次序和分布状况以及构件中应变的大小等。根据这些分析结果，可以对结构是否安全做出估计，对关键构件是否符合抗震性能要求做出判断，对结构是否存在薄弱层进行检查，对结构是否有足够的变形能力和构件是否有足够的延性进行校核。

静力弹塑性分析方法的实施过程是，在结构上先施加由自重及活荷载等产生的竖向荷载，然后施加代表地震作用的水平力。在分析时，竖向荷载保持不变，水平力由小到大逐步增加。每增加一个增量步，对结构进行一次分析；当结构构件或节点进入塑性后，就要按照该构件或节点的力-变形弹塑性骨架曲线调整其刚度，进入下一个增量步的计算，直到结构达到其极限承载力或者极限位移和出现倒塌。联系这个实施过程，静力弹塑性分析也称为推覆分析方法。

静力弹塑性分析方法具有计算简单、便于实施等优点，但也存在一些根本性的不足。首先是分析中施加的水平力的形式对分析结果有影响，而如何根据结构的具体形式确定能反映罕遇地震的水平力的形式无理论依据。其次是罕遇地震作用是一个反复作用的动力过程，在静力弹塑性分析方法中，无法正确模拟这一反复作用的动力过程对结构所造成的损伤和损伤累积。因此，在分析的过程中也无法确定结构的特性。由于这两个根本性的不足，将静力弹塑性分析方法得到的分析结果，换算成罕遇地震作用下结构的真实反应，缺少方法；判断静力弹塑性分析方法的近似程度也缺少方法。

对于多层框架钢结构，静力弹塑性分析方法可以得到可接受的结果，因此在工程设计中常被采用。

2）弹塑性时程分析方法

弹塑性时程分析方法是目前最精确的动力分析方法，它根据动力平衡条件建立方程，地震作用按地面加速度时程曲线输入。通过数值分析，可以得到输入时程曲线时段长度内结构地震反应的全过程，包括结构的构件在每一时刻的变形和内力、塑性发展情况、塑性铰出现的时刻和出现的次序等时程曲线。在对每一时间增量进行数值分析时，如构件或节点已进入塑性，就应根据该构件或节点的力-变形弹塑性关系调整其刚度。由于地震作用是按地面加速度时程曲线输入的，是一种反复作用，因此构件或节点的力-变形弹塑性关系为一滞回曲线，需用恢复力模型模拟。

弹塑性时程分析能够考虑地面加速度的幅值、频率和持续时间的变化，能够考虑结构自身的动力特性和惯性力，因而在理论上能够得到结构在罕遇地震作用下的真实反应，但是也存在一些技术上的困难。首先是分析的工作量很大，极为费时，而且按照目前的计算机硬件条件,还无法在计算过程中将每一时刻的多种计算结果均记录下来,只能记录一些关键数据的时程曲线。其次是构件或节点的空间受力情况较为复杂,要正确给出空间受力时的恢复力模型仍有困难,只能采取一些简化手段。由于这两个困难,弹塑性时程分析法还不易在工程设计中得到广泛应用。

4.5　楼面和屋面结构

4.5.1　楼面和屋面结构的类型

多层房屋钢结构的楼面、屋面结构由楼面板、屋面板和梁系组成。

楼面板、屋面板有以下几种类型:现浇钢筋混凝土板、预制钢筋混凝土薄板加现浇混凝土组成的叠合板、压型钢板–现浇混凝土组合板或非组合板、轻质板材与现浇混凝土组成的叠合板以及轻质板材。当采用轻质板材时,应增设楼、屋面水平支撑以加强楼面、屋面的水平刚度。

楼面、屋面梁有以下几种类型:钢梁、钢筋混凝土梁、型钢混凝土组合梁以及钢梁与混凝土板组成的组合梁。

4.5.2　楼面和屋面结构的布置原则

楼面和屋面结构的工程量占整个结构工程量的比例较大,而且楼面和屋面结构在传递风荷载和地震作用产生在结构中的水平力方面起重要作用。因此,楼面和屋面结构的布置不仅与多层房屋的整体性能有关,而且与整个结构的造价有关。

楼面和屋面结构中的梁系一般由主梁和次梁组成,当有框架时,框架梁宜为主梁。梁的间距要与楼板的合理跨度相协调。次梁的上翼缘一般与主梁的上翼缘齐平,以减小楼面和屋面结构的高度。次梁和主梁的连接宜采用简支连接。

当主梁或次梁采用钢梁时,在钢梁的上翼缘可设置抗剪连接件,使板与梁交界面的剪力由抗剪连接件传递。这样,铺在钢梁上的现浇钢筋混凝土板或压型钢板–现浇混凝土组合板能与钢梁形成整体,共同作用,成为组合梁。采用组合梁可以减小钢梁的高度和用钢量,是梁的一种十分经济的形式。

4.5.3　楼面和屋面的设计

压型钢板–现浇混凝土组合板不仅结构性能好,施工方便,而且经济效益好,从20世纪70年代开始,在多层及高层钢结构中得到广泛应用。

压型钢板与现浇混凝土形成组合板的前提是压型钢板能与混凝土共同作用。因此,必须采取措施使压型钢板与混凝土间的交界面能相互传递纵向剪力而不发生滑移。目前常用的方法有:①在压型钢板的肋上或在平板部分设置凹凸槽;②在压型钢板上加焊横向钢筋;③采用闭口压型钢板。

压型钢板–现浇混凝土组合板的施工过程一般为压型钢板作为底模,在混凝土结硬产生强度前,承受混凝土湿重和施工荷载。这一阶段称为施工阶段。混凝土产生预期强度后,混凝土与压型钢板共同工作,承受施加在板面上的荷载。这一阶段通常为使用阶段。因此,组合板的计算应分为两个阶段,即施工阶段计算和使用阶段计算。这两个阶段的计算均应按承载能力计算状态验算组合板的强度和按正常使用极限状态验算组合板的变形。

1. 施工阶段的计算

施工阶段应验算压型钢板的强度和变形,计算时考虑以下荷载。

(1)永久荷载,包括压型钢板与混凝土自重。当压型钢板跨中挠度 v 大于 20 mm 时,计算混凝土自重时应考虑凹坑效应。计算时,混凝土厚度应增加 $0.7v$。

(2)可变荷载,包括施工荷载与附加荷载。

2. 使用阶段的计算

使用阶段需要验算组合板的强度和变形,计算时应考虑下列荷载。

(1)永久荷载,包括压型钢板、混凝土自重和其他附加恒荷载。

(2)可变荷载,包括各种使用活荷载。

变形验算的力学模型取单向弯曲简支板。承载力验算的力学模型依压型钢板上混凝土的厚薄而分别取双向弯曲板或单向弯曲板。板厚不超过 100 mm 时,正弯矩计算的力学模型为承受全部荷载的单向弯曲简支板,负弯矩计算的力学模型为承受全部荷载的单向弯曲简支板。当板厚超过 100 mm 时,分两种情形处理:当 $0.5 < \lambda_e < 2.0$ 时,力学模型为双向弯曲板;当 $\lambda_e \leq 0.5$ 或 $\lambda_e \geq 2.0$ 时,力学模型为单向弯曲板。参数 $\lambda_e = \mu l_x / l_y$,其中 l_x 和 l_y 分别是组合板顺肋方向和垂直肋方向的跨度;μ 为组合板的异向性系数,$\mu = (I_x / I_y)^{1/4}$,式中 I_x 和 I_y 分别是组合板顺肋方向和垂直肋方向的截面惯性矩,计算 I_y 时只考虑压型钢板顶面以上的混凝土计算厚度 h_c(参见图 4-12)。一般而言,强度验算包括正截面受弯承载力验算、受冲剪承载力验算和斜截面受剪承载力验算。

1)组合板正截面受弯承载力验算

验算公式是按照塑性中和轴是否在压型钢板截面内(图 4-12)给出的:

$$M \leq \begin{cases} 0.8 f_{cm} x b y_p & (\text{当 } A_p f \leq f_{cm} h_c b \text{ 时,塑性中和轴在压型钢板顶面以上}) \\ 0.8 (f_{cm} h_c b y_{p1} + A_{p2} f y_{p2}) & (\text{当 } A_p f > f_{cm} h_c b \text{ 时,塑性中和轴在压型钢板截面内}) \end{cases}$$

(4-33)

式中　x——组合板受压区高度,$x = A_p f / f_{cm} b$,当 $x > 0.55 h_0$ 时,取 $0.55 h_0$,h_0 为组合板有效高度;

y_p——压型钢板截面应力合力至混凝土受压区截面应力合力的距离,$y_p = h_0 - x/2$;

b——压型钢板的波距;

A_p——压型钢板在一个波距内的截面面积;

f——压型钢板钢材的抗拉强度设计值;

f_{cm}——混凝土弯曲抗拉强度设计值;

h_c——压型钢板顶面以上混凝土计算厚度;

A_{p2}——塑性中和轴以上的压型钢板在一个波距内的截面面积;

y_{p1}、y_{p2}——压型钢板受拉区截面应力合力分别至受压区混凝土板截面和压型钢板截面应力合力的距离。

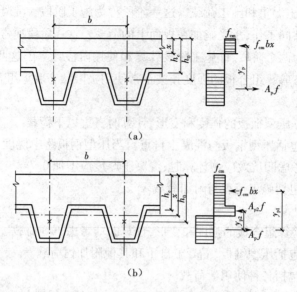

图 4－12　组合板横截面受弯承载力计算图

(a)塑性中和轴在压型钢板顶面以上　(b)塑性中和轴在压型钢板截面内

式(4－33)的系数 0.8 相当于将压型钢板钢材的抗拉强度设计值和混凝土弯曲抗压强度设计值乘以折减系数 0.8,这是考虑到起受拉钢筋作用的压型钢板没有混凝土保护层以及中和轴附近材料强度发挥不充分等因素。

2)组合板受冲剪承载力验算

组合板在集中荷载下的冲切力 V_1,应满足

$$V_1 \leqslant 0.6 f_t u_{cr} h_c \qquad (4-34)$$

式中　u_{cr}——临界周界长度,如图 4－13 所示;

　　　　f_t——混凝土轴心抗拉强度设计值。

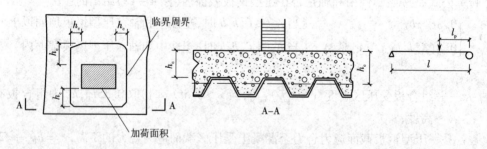

图 4－13　剪力临界周界

3)组合板斜截面受剪承载力验算

组合板一个波距内斜截面最大剪力设计值 V_{in} 应当满足

$$V_{in} \leqslant 0.07 f_t b h_0 \qquad (4-35)$$

当组合板承受局部荷载时,亦可取有效工作宽度 b_{ef} 进行计算(见图 4－14),但有效工作宽度不得大于下列公式的计算值。

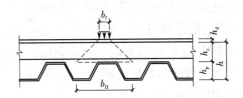

图 4 - 14　集中荷载分布的有效工作宽度计算简图

（1）抗弯计算时：

简支板

$$b_{ef} = b_{fl} + 2l_p(1 - l_p/l) \tag{4-36}$$

连续板

$$b_{ef} = b_{fl} + [4l_p(1 - l_p/l)]/3 \tag{4-37}$$

（2）抗剪计算时：

$$b_{ef} = b_{fl} + l_p(1 - l_p/l), b_{fl} = b_f + 2(h_c + h_d) \tag{4-38}$$

式中　l——组合板跨度（图 4 - 13）；

　　　l_p——荷载作用点到组合板较近支座的距离；

　　　b_{fl}——集中荷载在组合板中的分布宽度；

　　　b_f——荷载宽度；

　　　h_c——压型钢板顶面以上的混凝土计算厚度；

　　　h_d——底板饰面层厚度。

　　使用阶段组合板的变形应按荷载效应标准组合计算；计算时应考虑荷载长期作用影响下的刚度。变形按下式验算：

$$v \leqslant [v] \tag{4-39}$$

式中　v——组合板的变形；

　　　$[v]$——楼板或屋面板变形的限值，可取计算跨度的 1/360。

　　组合板变形 v 可按弹性计算。v 由两部分组成，即

$$v = v_1 + v_2 \tag{4-40}$$

式中　v_1——施工阶段由压型钢板和混凝土自重产生在压型钢板中的变形；

　　　v_2——使用阶段由使用荷载的标准组合和荷载长期作用下的刚度计算得到的组合板的变形。

　3. 构造要求

　　组合板除满足强度和变形外，还应符合以下构造要求。

　　（1）组合板用的压型钢板净厚度（不包括涂层）不应小于 0.75 mm。

　　（2）组合板总厚度不应小于 90 mm，压型钢板顶面以上的混凝土厚度不应小于 50 mm。

　　（3）连续组合板按简支板设计时，抗裂钢筋截面面积不应小于混凝土截面面积的 0.2%；抗裂钢筋长度从支撑边缘算起，不应小于跨度的 1/6，且必须与不少于 5 根分布钢筋相交。

　　（4）组合板端部必须设置焊钉固件。

（5）组合板在钢梁、混凝土梁上的支撑长度不应小于 50 mm。

（6）组合板在下列情况下应配置钢筋：

①为满足组合板储备承载力的要求，设置附加抗拉钢筋；

②在连续组合板或悬臂组合板的负弯矩区配置连续钢筋；

③在集中荷载区段和孔洞周围配置分布钢筋；

④为改善防火效果，配置受拉钢筋；

⑤为保证组合作用，将剪力连接钢筋焊于压型钢板上翼缘（剪力筋在剪跨区段内设置，间距 150 ~ 300 mm）。

（7）抗裂钢筋最小直径为 4 mm，最大间距为 150 mm，顺肋方向抗裂钢筋的保护层厚度为 20 mm，与抗裂钢筋垂直的分布钢筋直径小于抗裂钢筋直径的 2/3，其间距不应大于钢筋间距的 1.5 倍。

4.5.4　楼面钢梁的设计

钢梁的截面形式宜选用中、窄翼缘 H 型钢。当没有合适尺寸或供货困难时也可采用焊接工字形截面或蜂窝梁。

钢梁应进行抗弯强度、抗剪强度、局部承压强度、整体稳定、局部稳定、挠度等验算，其计算公式可查阅相关资料，在此不再赘述。

抗震设计时，钢梁在基本烈度和罕遇烈度地震作用下会出现塑性的部位，截面翼缘和腹板的宽厚比应不大于表 4 - 7 的限值。

表 4 - 7　梁截面翼缘和腹板宽厚比限值

板件名称		7 度	8 度	9 度
工字形截面翼缘外伸部分		$11\sqrt{\dfrac{235}{f_y}}$	$10\sqrt{\dfrac{235}{f_y}}$	$9\sqrt{\dfrac{235}{f_y}}$
工字形截面腹板	$\dfrac{N_b}{Af} < 0.37$	$\left(85 - 120\dfrac{N_b}{Af}\right)\sqrt{\dfrac{235}{f_y}}$	$\left(80 - 110\dfrac{N_b}{Af}\right)\sqrt{\dfrac{235}{f_y}}$	$\left(72 - 100\dfrac{N_b}{Af}\right)\sqrt{\dfrac{235}{f_y}}$
	$\dfrac{N_b}{Af} \geq 0.37$	$40\sqrt{\dfrac{235}{f_y}}$	$39\sqrt{\dfrac{235}{f_y}}$	$35\sqrt{\dfrac{235}{f_y}}$

注：表中 N_b 为钢梁中的轴力设计值，其余代号同表 4 - 4。

4.5.5　楼面组合梁的设计

组合梁按混凝土翼板形式的不同，可以分为 3 类：普通混凝土翼板组合梁、压型钢板组合梁和预制装配式钢筋混凝土组合梁。组合梁与钢梁相比，可节约钢材 20% ~ 40%，且比钢梁刚度大，使梁的挠度减小 1/3 ~ 1/2，还可以减小结构高度，具有良好的抗震性能。

组合梁由钢梁与钢筋混凝土板或组合板组成，通过在钢梁翼缘处设置抗剪连接件使梁与板成为整体而共同工作，板称为组合板的翼板。钢梁可以采用实腹式截面梁，如热轧 H 型钢梁、焊接工字形截面梁和空腹式截面梁，如蜂窝梁等。在组合梁中，当组合梁受正弯矩作用时，中和轴靠近上翼板，钢梁的截面形式宜采用上下不对称的工字形截面，其上翼缘宽度较窄,厚度较薄。

　　一般采用塑性理论对组合梁截面的抗弯强度、抗剪强度和抗剪连接件进行计算。当组合梁的抗剪连接件能传递钢梁与翼板交界面的全部纵向剪力时,称为完全抗剪连接组合梁;当抗剪连接件只能传递部分纵向剪力时,称为部分抗剪连接组合梁。用压型钢板混凝土组合板作为翼板的组合梁,宜按部分抗剪连接组合梁设计。部分抗剪连接限用于跨度不超过20 m 的等截面组合梁。

　　1. 有效截面计算

　　具有普通钢筋混凝土翼板的组合梁,其翼板的计算厚度应取原厚度 h_0;带压型钢板的混凝土翼板的计算厚度,取压型钢板顶面以上混凝土计算厚度 h_c(图 4 – 12)。由于作为组合梁上翼板的混凝土板或组合板的宽度都比较大,在进行组合梁的计算时,组合梁上翼板一般采用有效宽度。组合梁的混凝土翼板的有效宽度 b_e(图 4 – 15)按《钢结构设计标准》计算:

$$b_e = b_0 + b_1 + b_2 \tag{4-41}$$

式中　b_0——板托顶部的宽度,当板托倾角 $\alpha < 45°$ 时,应按 $\alpha = 45°$ 计算,当无板托时,则取钢梁上翼缘的宽度,当混凝土板和钢梁不直接接触(如之间有压型钢板分隔)时,取栓钉的横向间距,仅有一列栓钉时取 0;

　　　　b_1、b_2——梁外侧和内侧的翼板计算宽度,当塑性中和轴位于混凝土板内时,各取梁等效跨径 l_e 的 1/6、翼板厚度 h_c 的 6 倍中的较小值,此外,b_1 尚不应超过翼板实际外伸宽度 S_1,b_2 不应超过相邻钢梁上翼缘或板托间净距 S_0 的 1/2。

　　等效跨径 l_e,对于简支组合梁,取简支组合梁的跨度 l;对于连续组合梁,中间跨正弯矩区取 $0.6l$,边跨正弯矩区取 $0.8l$,支座负弯矩区取相邻两跨跨度之和的 20%。

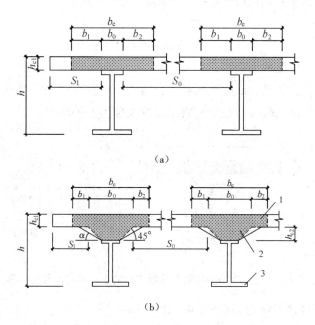

图 4 – 15　混凝土翼板的计算宽度

(a)不设板托的组合梁　(b)设板托的组合梁

1—混凝土翼板;2—板托;3—钢梁

在组合梁的强度、挠度和裂缝计算中,可不考虑板托截面。

2. 完全抗剪连接组合梁的强度计算

1) 正弯矩作用区段的抗弯强度

塑性中和轴在混凝土翼板内(图 4 – 16),即 $Af \leqslant b_e h_{c1} f_c$ 时:

$$M \leqslant b_e x f_c y \qquad (4 – 42)$$

$$x = \frac{Af}{b_e f_c} \qquad (4 – 43)$$

式中　M——正弯矩设计值;

　　　A——钢梁的截面面积;

　　　x——混凝土翼板受压区高度;

　　　y——钢梁截面应力的合力至混凝土受压区截面应力的合力间的距离;

　　　f_c——混凝土抗压强度设计值。

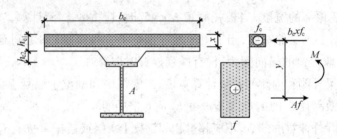

图 4 – 16　塑性中和轴在混凝土翼板内时的组合梁截面及应力图形

塑性中和轴在钢梁截面内(图 4 – 17),即 $Af > b_e h_{c1} f_c$ 时:

$$M \leqslant b_e h_{c1} f_c y_1 + A_c f y_2 \qquad (4 – 44)$$

$$A_c = 0.5(A - b_e h_{c1} f_c/f) \qquad (4 – 45)$$

式中　A_c——钢梁受压区截面面积;

　　　y_1——钢梁受拉区截面形心至混凝土翼板受压区截面形心的距离;

　　　y_2——钢梁受拉区截面形心至钢梁受压区截面形心的距离。

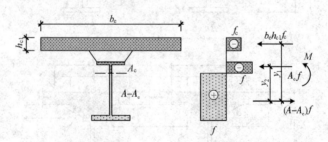

图 4 – 17　塑性中和轴在钢梁截面内时的组合梁截面及应力图形

2) 负弯矩作用区段的抗弯强度(图 4 – 18)

$$M' \leqslant M_s + A_{st} f_{st}(y_3 + y_4/2) \qquad (4 – 46)$$

$$M_s = (S_1 + S_2)f \qquad (4 – 47)$$

$$f_{st} A_{st} + f(A - A_c) = f A_c \qquad (4 – 48)$$

式中　M'——负弯矩设计值;

　　　S_1、S_2——钢梁塑性中和轴(平分钢梁截面面积的轴线)以上和以下截面对该轴的面
　　　　　　积矩;

　　　A_{st}——负弯矩区混凝土翼板有效宽度范围内的纵向钢筋截面面积;

　　　f_{st}——钢筋抗拉强度设计值;

　　　y_3——纵向钢筋截面形心至组合梁塑性中和轴的距离,根据截面轴力平衡式(4-48)
　　　　　　求出钢梁受压区面积 A_c,取钢梁拉压区交界处位置为组合梁塑性中和轴位置;

　　　y_4——组合梁塑性中和轴至钢梁塑性中和轴的距离(当组合梁塑性中和轴在钢梁腹
　　　　　　板内时,取 $y_4 = A_{st}f_{st}/2t_wf$(式中 t_w 为钢梁的厚度);当该中和轴在钢梁翼缘内
　　　　　　时,可取 y_4 等于钢梁塑性中和轴至腹板上边缘的距离)。

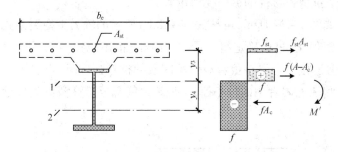

图 4-18　负弯矩作用时组合梁截面及应力图形

1—组合截面塑性中和轴;2—钢梁截面塑性中和轴

3)抗剪强度

组合梁截面上的全部剪力 V 假定仅由钢梁腹板承受,则

$$V \leqslant h_w t_w f_v \tag{4-49}$$

式中　h_w、t_w——钢梁的腹板高度和厚度;

　　　f_v——钢材抗剪强度设计值。

4)钢梁截面局部稳定验算

组合梁中钢梁截面的板件宽厚比可偏安全地按塑性设计的规定取用:

对于受压翼缘

$$\frac{b}{t} \leqslant 9 \sqrt{\frac{235}{f_y}} \tag{4-50}$$

对于腹板,当钢梁截面上的合力 $N < 0.37Af$ 时,

$$\frac{h_0}{t_w} \leqslant \left(72 - 100 \frac{N}{Af} \right) \sqrt{\frac{235}{f_y}} \tag{4-51a}$$

当 $N \geqslant 0.37Af$ 时,

$$\frac{h_0}{t_w} \leqslant 35 \sqrt{\frac{235}{f_y}} \tag{4-51b}$$

式中代号同表 4-4。

3. 部分抗剪连接组合梁的强度计算

部分抗剪连接组合梁的强度计算与完全抗剪连接组合梁的计算不同,作用在混凝土翼

板上的力取决于抗剪连接件所能传递的纵向剪力。

（1）正弯矩作用区段的抗弯强度（图4-19）按下式计算：

$$x = \frac{n_r N_v^c}{b_e f_c} \tag{4-52a}$$

$$A_c = \frac{Af - n_r N_v^c}{2f} \tag{4-52b}$$

$$M_{u,r} = n_r N_v^c y_1 + 0.5(Af - n_r N_v^c)y_2 \tag{4-52c}$$

式中　$M_{u,r}$——部分抗剪连接时组合梁截面正弯矩受弯承载力；

　　　n_r——部分抗剪连接时最大正弯矩验算截面到最近零弯矩点之间的抗剪连接件数目；

　　　N_v^c——每个抗剪连接件的纵向受剪承载力。

　　　y_1、y_2——如图4-19所示，可按式（4-52b）所示的轴力平衡关系式确定受压钢梁的面积A_c，进而确定组合梁塑性中和轴的位置。

计算部分抗剪连接组合梁在负弯矩作用区段的抗弯强度时，仍然按式（4-46）计算，但$A_{st}f_{st}$应改为$n_r N_v^c$和$A_{st}f_{st}$两者中的较小值，n_r取最大负弯矩验算截面到最近零弯矩点之间的抗剪连接件数目。

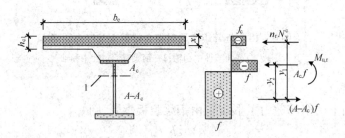

图4-19　部分抗剪连接组合梁计算简图

1—组合梁塑性中和轴

（2）抗剪强度和钢梁截面的局部稳定：部分抗剪连接组合梁的抗剪强度和钢梁截面的局部稳定验算公式与完全抗剪连接组合梁的式（4-49）、式（4-50）、式（4-51）相同。

4．抗剪连接件的计算

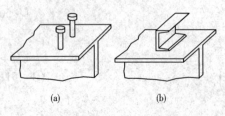

图4-20　连接件的外形

（a）圆柱头焊钉连接件　（b）槽钢连接件

组合梁的抗剪连接件宜采用圆柱头焊钉，也可采用槽钢或有可靠依据的其他类型连接件（图4-20）。单个圆柱头焊钉连接件的受剪承载力设计值由式（4-53）计算，单个槽钢连接件的受剪承载力设计值由式（4-54）计算。槽钢连接件通过肢尖、肢背两条通长角焊缝与钢梁连接，角焊缝按承受该连接件的受剪承载力设计值N_v^c进行计算。

$$N_v^c = 0.43A_s\sqrt{E_c f_c} \leqslant 0.7A_s f_u \tag{4-53}$$

$$N_v^c = 0.26(t + 0.5t_w)l_c\sqrt{E_c f_c} \tag{4-54}$$

式中　E_c——混凝土的弹性模量；

　　　A_s——圆柱头焊钉钉杆截面面积；

　　　f_u——圆柱头焊钉极限抗拉强度设计值，需满足《电弧螺柱焊用圆柱头焊钉》（GB/T 10433—2002）的要求；

　　　t——槽钢翼缘的平均厚度；

　　　t_w——槽钢腹板的厚度；

　　　l_c——槽钢的长度。

对于用压型钢板混凝土组合板做翼板的组合梁（图 4-21），其焊钉连接件的受剪承载力设计值应分别按以下两种情况予以降低。

(1) 当压型钢板肋平行于钢梁布置（图 4-21(a)），$b_w/h_e < 1.5$ 时，按式（4-53）算得的 N_v^c 应乘以折减系数 β_v 后取用。β_v 值按下式计算：

$$\beta_v = 0.6\frac{b_w}{h_e}\left(\frac{h_d - h_e}{h_e}\right) \leqslant 1 \tag{4-55}$$

式中　b_w——混凝土凸肋的平均宽度，当肋的上部宽度小于下部宽度时（图 4-21(c)），改取上部宽度；

　　　h_e——混凝土凸肋高度；

　　　h_d——焊钉高度。

(2) 当压型钢板肋垂直于钢梁布置（图 4-21(b)）时，焊钉连接件承载力设计值的折减系数按下式计算：

$$\beta_v = \frac{0.85}{\sqrt{n_0}}\frac{b_w}{h_e}\left(\frac{h_d - h_e}{h_e}\right) \leqslant 1 \tag{4-56}$$

式中　n_0——在梁某截面处一个肋中布置的焊钉数，当多于 3 个时，按 3 个计算。

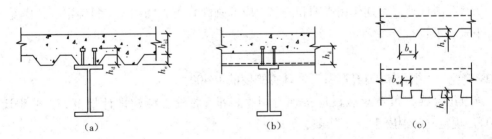

图 4-21　用压型钢板做混凝土翼板底模的组合梁

(a)肋与钢梁平行的组合梁截面　(b)肋与钢梁垂直的组合梁截面　(c)压型钢板做底模的楼板剖面

位于负弯矩区段的抗剪连接件，其受剪承载力设计值 N_v^c 应乘以折减系数 0.9。

当采用柔性抗剪连接件时，抗剪连接件的计算应以弯矩绝对值最大点及支座为界限，划分为若干个区段（图 4-22），逐段进行布置。每个剪跨区段内钢梁与混凝上翼板交界面的纵向剪力 V_s 按下列公式确定。

(1) 正弯矩最大点到边支座区段，即 m_1 区段，V_s 取 Af 和 $b_e h_{c1} f_c$ 中的较小者。

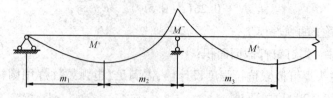

图 4 – 22　连续梁剪跨区划分图

（2）正弯矩最大点到中支座（负弯矩最大点）区段，即 m_2 和 m_3 区段：

$$V_s = \min\{Af, b_e h_{c1} f_c\} + A_{st} f_{st} \qquad (4-57)$$

按完全抗剪连接设计时，每个剪跨区段内需要的连接件总数 n_f 按下式计算：

$$n_f = V_s / N_v^c \qquad (4-58)$$

部分抗剪连接组合梁，其连接件的实配个数不得少于 n_f 的 50%。

按式（4-58）算得的连接件数量，可在对应的剪跨区段内均匀布置。当在此剪跨区段内有较大集中荷载作用时，应将连接件个数 n_f 按剪力图面积比例分配后再各自均匀布置。

5. 挠度及裂缝计算

组合梁的挠度可按弹性方法进行计算，组合梁的挠度 v 由两部分叠加得到。第一部分为施工阶段产生的挠度，即组合梁施工时，若钢梁下无临时支撑，在混凝土硬结前，板的全部重量和钢梁的自重使钢梁产生的挠度，此挠度按钢梁计算。第二部分为使用阶段产生的挠度，即施工完成后，施加荷载使组合梁产生的挠度。

使用阶段组合梁的挠度应按荷载效应的标准组合，并用荷载长期作用下的刚度按弹性方法计算。在计算刚度时还应考虑混凝土翼板和钢梁之间的滑移效应，对刚度进行折减。对于连续组合梁，在距中间支座两侧各 $0.15l$（l 为梁的跨度）范围内，不计受拉区混凝土对刚度的影响，但应计入翼板有效宽度 b_e 范围内配置的纵向钢筋的作用，其余区段仍取折减刚度。

组合梁考虑荷载长期作用影响和滑移效应的刚度 B 可查阅相关资料确定。其挠度 v 应符合下式要求：

$$v \leqslant [v] \qquad (4-59)$$

式中　$[v]$——组合梁的挠度限值，取计算跨度的 $1/400$。

连续组合梁在负弯矩区段应按现行国家标准《混凝土结构设计规范》（GB 50010—2010）的规定验算混凝土最大裂缝宽度 w_{max}。

6. 施工阶段验算

当施工阶段钢梁下设置临时支撑（梁跨度 $l > 7$ m，设不少于 3 个支撑点；$l \leqslant 7$ m，设 $1 \sim 2$ 个支撑点）时，全部荷载作用由组合梁承受。当钢梁下不设临时支撑时，应分两步考虑。

（1）混凝土翼缘板强度达 75% 强度设计值之前，组合梁自重与施工荷载由钢梁承受，并按《钢结构设计标准》计算，验算钢梁强度、稳定性和变形。

（2）混凝土翼缘板强度达到 75% 强度设计值后，用弹性分析方法时，其余荷载作用由组合截面承受，钢梁应力和挠度应与前一阶段的叠加；用塑性理论分析时，则全部荷载由组合截面承受。

7. 构造要求

考虑到对组合梁刚度的要求,组合梁截面高度与跨度的高跨比不宜小于 1/16 ~ 1/15,组合梁截面高度不宜大于钢梁截面高度的 2.5 倍;混凝土板托高度不宜大于翼板厚度的 1.5 倍;板托的顶面宽度不宜小于钢梁上翼缘宽度和 1.5 倍板托高度之和。抗剪连接件的构造要求可参阅现行国家标准《钢结构设计标准》。

4.6 框架柱

4.6.1 框架柱的类型

多层房屋框架柱有以下几种类型:钢柱、圆钢管混凝土柱、矩形钢管混凝土柱以及型钢混凝土柱。

从用钢量看,钢管混凝土柱用钢量最省,钢柱用钢量最大。

从施工难易看,钢柱及型钢混凝土柱施工工艺最成熟。

从梁柱连接看,当框架梁采用钢梁、钢梁与混凝土板组合梁时,以与钢柱连接最为简便,与钢管混凝土柱,特别是圆钢管混凝土柱的连接最为复杂。当框架梁采用型钢混凝土组合梁时,框架柱宜采用型钢混凝土柱,也可采用钢柱。

从抗震性能看,钢管混凝土柱的抗震性能最好,型钢混凝土柱较差,但比混凝土柱有大幅改善。

从抗火性能看,型钢混凝土柱最好,钢柱最差。采用钢管混凝土柱和钢柱时,需要采取防火措施,将增加一定费用。

从环保角度看,应优先采用钢柱,因钢材是可循环生产的绿色建材。

因此,多层房屋框架柱的类型应根据工程的实际情况综合考虑,合理运用。目前常用的是钢柱和矩形钢管混凝土柱。

4.6.2 钢柱设计

1. 概述

钢柱的截面形式宜选用宽翼缘 H 型钢、高频焊接轻型 H 型钢以及由三块钢板焊接而成的工字形截面。钢柱截面形式的选择主要根据受力而定。

钢柱应进行强度、弯矩作用平面内的稳定、弯矩作用平面外的稳定、局部稳定、长细比等的验算,其计算公式可查阅《钢结构设计标准》相关章节,这里仅补充钢柱计算长度的计算。

钢框架的整体稳定从理论上讲应该是钢框架整个体系的稳定,为了简化计算,实际上将框架整体稳定简化为柱的稳定来计算。简化的关键就是合理确定柱的计算长度。

由于柱的计算长度要能反映框架的整体稳定,因此必须与框架的整体状态相联系。首先要确定框架体系的侧向约束情况,其次要确定计算柱两端受到的其他梁柱约束的情况。

现行国家标准《钢结构设计标准》(GB 50017—2017),根据侧向约束情况将框架分为无支撑纯框架和有支撑框架,其中有支撑框架又根据抗侧移刚度的大小,分为强支撑框架和弱支撑框架。

2.计算长度及轴心压杆稳定系数

钢柱的计算长度按下式计算：

$$l_0 = \mu l \tag{4-60}$$

式中 l_0——计算长度；

l——框架柱的长度，即多层房屋的层高；

μ——计算长度系数。

计算长度系数按下列规定确定。

（1）无支撑纯框架。

①当采用一阶弹性分析方法计算内力时，按有侧移框架柱的计算长度系数确定。

②当采用二阶弹性分析方法计算内力，且在每层柱顶附加按式（4-26）计算得到的假想水平力时，计算长度系数取 $\mu = 1.0$。

（2）有支撑框架。

①当支撑结构（支撑桁架、剪力墙等）的抗侧移刚度（产生单位侧倾角的水平力）S_b 满足式（4-61）的要求时，为强支撑框架，按无侧移框架柱的计算长度系数确定。

$$S_b \geq 3\left(1.2 \sum N_{bi} - \sum N_{oi}\right) \tag{4-61}$$

式中 $\sum N_{bi}$——第 i 层层间所有框架柱用无侧移框架柱计算长度系数算得的轴心压杆稳定承载力之和；

$\sum N_{oi}$——第 i 层层间所有框架柱用有侧移框架柱计算长度系数算得的轴心压轩稳定承载力之和。

无支撑纯框架和强支撑框架的框架柱的轴心压杆稳定系数可由框架柱用计算长度求得的长细比、钢材屈服强度和截面分类确定。

②当支撑结构的抗侧移刚度 S_b 不满足式（4-61）的要求时，为弱支撑框架，框架柱的轴压稳定系数按式（4-62）计算。

$$\varphi = \varphi_0 + (\varphi_1 - \varphi_0) \frac{S_b}{3\left(1.2 \sum N_{bi} - N_{oi}\right)} \tag{4-62}$$

式中 φ_1——框架柱用无侧移框架柱计算长度系数求得的轴心压轩稳定系数；

φ_0——框架柱用有侧移框架柱计算长度系数求得的轴心压杆稳定系数。

3.抗震设计的一般规定

框架结构在进行地震作用计算时，钢框架柱还应符合以下规定。

（1）有支撑框架结构在水平地震作用下，不作为支撑结构的框架部分经计算得到的地震剪力应乘以调整系数，取不小于结构底部总地震剪力的 25% 和框架部分地震剪力最大值的 1.8 倍二者的较小值。

（2）应符合强柱弱梁的原则，即满足

$$\sum W_{Pc}(f_{yc} - \sigma_a) \geq \eta \sum W_{Pb} f_{yb} \tag{4-63}$$

式中 W_{Pc}、W_{Pb}——柱和梁的塑性截面模量；

f_{yc}、f_{yb}——柱和梁钢材的屈服强度；

　　σ_a——柱由轴向压力产生的压应力设计值；

　　η——强柱系数，一级取 1.15，二级取 1.10，三级取 1.05，四级取 1.0。

　　但在下列情况时，可不作式(4-63)的验算：①柱所在楼层的受剪承载力比上一层高出 25%；②柱的轴向力设计值与柱全截面屈服的屈服承载力，即柱全截面面积和钢材抗拉强度设计值乘积的比值不超过 0.4；③柱作为轴心受压构件在 2 倍地震力下稳定性得到保证。

　　(3)转换层下的钢框架柱，地震内力应乘以增大系数，其值可取 1.5。

　　(4)框架柱的长细比，一级不应大于 $60\sqrt{235/f_y}$，二级不应大于 $70\sqrt{235/f_y}$，三级不应大于 $80\sqrt{235/f_y}$，四级及非抗震设计不应大于 $100\sqrt{235/f_y}$。

　　(5)框架柱在基本烈度和罕遇烈度地震作用下出现塑性的部位，其截面的翼缘和腹板的宽厚比应不大于表 4-8 规定的限值。

表 4-8　框架柱截面翼缘和腹板宽厚比限值

板件名称	7 度	8 度	9 度
工字形截面翼缘外伸部分	13	12	11
工字形截面腹板	52	48	45
箱形截面壁板	40	38	36

4.6.3　矩形钢管混凝土柱的设计

1. 一般规定

矩形钢管混凝土柱的截面最小边尺寸不宜小于 100 mm，钢管壁厚不宜小于 4 mm，截面高宽比 h/b 不宜大于 2。

矩形钢管可采用冷成型的直缝或螺旋缝焊接管或热轧管，也可用冷弯型钢或热轧钢板、型钢焊接成型的矩形管。

矩形钢管中的混凝土强度等级不应低于 C30 级。对 Q235 钢管，宜配 C30 或 C40 混凝土；对 Q345 钢管，宜配 C40 或 C50 及以上等级的混凝土；对于 Q390、Q420 钢管，宜配不低于 C50 级的混凝土。混凝土的强度设计值、强度标准值和弹性模量应按现行国家标准《混凝土结构设计规范》(GB 50010—2010)的规定采用。

矩形钢管混凝土柱中，混凝土的工作承担系数 α_c 应控制在 0.1~0.7 之间。α_c 按下式计算：

$$\alpha_c = \frac{f_c A_c}{f A_s + f_c A_c} \tag{4-64}$$

式中　f、f_c——钢材和混凝土的抗压强度设计值；

　　A_s、A_c——钢管和管内混凝土的截面面积。

矩形钢管混凝土柱还应按空矩形钢管进行施工阶段的强度、稳定性和变形验算。施工阶段的荷载主要为湿混凝土的重力和实际可能作用的施工荷载。矩形钢管柱在施工阶段的轴向应力不应大于其钢材抗压强度设计值的60%,并应满足强度和稳定性的要求。

矩形钢管混凝土柱在进行地震作用下的承载能力极限状态设计时,承载力抗震调整系数宜取0.80。

矩形钢管混凝土构件钢管管壁板件的宽厚比 b/t、h/t 应不大于表4-9规定的限值。

表4-9 矩形钢管混凝土构件钢管管壁板件的宽厚比 b/t、h/t 的限值

构件类型	b/t	h/t
轴压	$60\sqrt{235/f_y}$	$60\sqrt{235/f_y}$
弯曲	$60\sqrt{235/f_y}$	$150\sqrt{235/f_y}$
压弯	$60\sqrt{235/f_y}$	当 $1 \geq \psi > 0$ 时,$30(0.9\psi^2 - 1.7\psi + 2.8)\sqrt{235/f_y}$ 当 $0 \geq \psi \geq -1$ 时,$30(0.74\psi^2 - 1.44\psi + 2.8)\sqrt{235/f_y}$

注:1. b、h 为轴压柱截面的宽度与高度,在弯曲和压弯时,b 为均匀受压板件(翼缘板)的宽度,h 为非均匀受压板件(腹板)的宽度。

2. $\psi = \sigma_2/\sigma_1$,σ_2,σ_1 分别为板件最外边缘的最大、最小应力(N/mm²),压应力为正,拉应力为负。

3. 当进行施工阶段验算时,表4-9中的限值应除以1.5,但式中的 f_y 可用 $1.1\sigma_0$ 代替。σ_0 在轴压时为施工阶段荷载作用下的应力设计值,压弯时取 σ_1。

4. f_y 为钢材的屈服强度。

矩形钢管混凝土柱的刚度,可按下列规定取值:

轴向刚度

$$EA = E_s A_s + E_c A_c \tag{4-65}$$

弯曲刚度

$$EI = E_s I_s + 0.8 E_c I_c \tag{4-66}$$

式中 E_s、E_c——钢材和混凝土的弹性模量;

I_s、I_c——钢管与管内混凝土截面的惯性矩。

矩形钢管混凝土柱的截面最大边尺寸大于或等于800 mm 时,宜采取在柱子内壁上焊接栓钉、纵向加劲肋等构造措施,确保钢管和混凝土共同工作。

在每层钢管混凝土柱下部的钢管壁上应对称开两个排气孔,孔径为20 mm,用于浇筑混凝土时排气,以保证混凝土密实,清除施工缝处的浮浆、溢水等,并在发生火灾时,排除钢管内由混凝土产生的水蒸气,防止钢管爆裂。

2. 矩形钢管混凝土柱的计算

对于矩形钢管混凝土而言,根据试验数据的分析,可以采用简单的叠加法进行计算。

(1)轴心受压时的计算。

①承载力计算:

$$N \leq N_{un}/\gamma \tag{4-67}$$

$$N_{un} = f A_{sn} + f_c A_c \tag{4-68}$$

②整体稳定计算:

$$N \leq \varphi N_u / \gamma \tag{4-69}$$

$$N_u = f A_s + f_c A_c \tag{4-70}$$

当 $\lambda_0 \leq 0.215$ 时，

$$\varphi = 1 - 0.65 \lambda_0^2$$

当 $\lambda_0 > 0.215$ 时，

$$\varphi = \frac{1}{2\lambda_0^2} \left[(0.965 + 0.300\lambda_0 + \lambda_0^2) - \sqrt{(0.965 + 0.300\lambda_0 + \lambda_0^2)^2 - 4\lambda_0^2} \right]$$

式中　N——轴心压力设计值；

　　　N_{un}——轴心受压时净截面受压承载力设计值；

　　　A_{sn}——钢管净截面面积；

　　　γ——系数，无地震作用组合时，$\gamma = \gamma_0$，有地震作用组合时，$\gamma = \gamma_{RE}$；

　　　N_u——轴心受压时截面受压承载力设计值；

　　　φ——轴心受压构件的稳定系数；

　　　λ_0——相对长细比。

$$\lambda_0 = \frac{\lambda}{\pi} \sqrt{\frac{f_y}{E_s}} \tag{4-71}$$

$$\lambda = \frac{l_0}{r_0} \tag{4-72}$$

$$r_0 = \sqrt{\frac{I_s + I_c E_c / E_s}{A_s + A_c f_c / f}} \tag{4-73}$$

式中　f_y——矩形钢管钢材的屈服强度；

　　　l_0——轴心受压构件的计算长度；

　　　r_0——矩形钢管混凝土柱截面的当量回转半径。

（2）轴心受拉时的计算：

$$N \leq f A_{sn} / \gamma \tag{4-74}$$

（3）弯矩作用在一个主平面内的压弯时的计算。

①承载力计算：

$$\frac{N}{N_{un}} + (1 - \alpha_c) \frac{M}{M_{un}} \leq \frac{1}{\gamma} \tag{4-75}$$

且

$$\frac{M}{M_{un}} \leq \frac{1}{\gamma} \tag{4-76}$$

$$M_{un} = \left[0.5 A_{sn} (h - 2t - d_n) + bt(t + d_n) \right] f \tag{4-77}$$

$$d_n = \frac{A_s - 2bt}{(b - 2t) f_c / f + 4t} \tag{4-78}$$

式中　N——轴心压力设计值；

　　　M——弯矩设计值；

　　　α_c——混凝土工作承担系数，按式（4-64）计算；

　　　M_{un}——只有弯矩作用时，净截面的受弯承载力设计值；

d_n——核心区或者管内混凝土受压区的高度;

f——钢材抗弯强度设计值;

b、h——矩形钢管截面平行、垂直于弯曲轴的边长;

t——钢管壁厚。

②弯矩作用平面内的稳定计算:

$$\frac{N}{\varphi_x N_u} + (1 - \alpha_c) \frac{\beta M_x}{(1 - 0.8N/N'_{Ex}) M_{ux}} \leqslant \frac{1}{\gamma} \qquad (4-79)$$

且

$$\frac{\beta M_x}{(1 - 0.8N/N'_{Ex}) M_{ux}} \leqslant \frac{1}{\gamma} \qquad (4-80)$$

$$M_{ux} = [0.5A_s(h - 2t - d_n) + bt(t + d_n)]f \qquad (4-81)$$

$$N'_{Ex} = \frac{N_{Ex}}{1.1} \qquad (4-82)$$

式中　φ_x——弯矩作用平面内的轴心受压稳定系数,其值由弯矩作用平面内的相对长细比 λ_{0x} 查得,λ_{0x} 由式(4-71)计算;

M_{ux}——只有弯矩 M_x 作用时截面的受弯承载力设计值;

N'_{Ex}——考虑分项系数影响后的欧拉临界力;

N_{Ex}——欧拉临界力,$N_{Ex} = N_u \pi^2 E_s / (\lambda_x^2 f)$;

β——等效弯矩系数,根据稳定性的计算方向按下列规定采用。在计算方向内,对有侧移的框架柱和悬臂柱,$\beta = 1.0$。在计算方向内,对无侧移的框架柱和两端支撑的构件:a. 无横向荷载作用时,$\beta = 0.65 + 0.35M_2/M_1$,其中 M_1 和 M_2 为端弯矩,使构件产生相同曲率时取同号,反之取异号,且 $|M_2| \leqslant |M_1|$;b. 有端弯矩和横向荷载作用时,使构件产生同向曲率时 $\beta = 1.0$,使构件产生反向曲率时 $\beta = 0.85$;c. 无端弯矩但有横向荷载作用时,$\beta = 1.0$。

③弯矩作用平面外的稳定计算:

$$\frac{N}{\varphi_y N_u} + \frac{\beta M_x}{1.4 M_{ux}} \leqslant \frac{1}{\gamma} \qquad (4-83)$$

式中　φ_y——弯矩作用平面外的轴心受压稳定系数,其值由弯矩作用平面外的相对长细比 λ_{0y} 查得,λ_{0y} 由式(4-71)计算。

(4)弯矩作用在一个主平面内的拉弯时的计算:

$$\frac{N}{fA_{sn}} + \frac{M}{M_{un}} \leqslant \frac{1}{\gamma} \qquad (4-84)$$

(5)弯矩作用在两个主平面内的压弯时的计算。

①承载力计算:

$$\frac{N}{N_{un}} + (1 - \alpha_c) \frac{M_x}{M_{unx}} + (1 - \alpha_c) \frac{M_y}{M_{uny}} \leqslant \frac{1}{\gamma} \qquad (4-85)$$

且

$$\frac{M_x}{M_{unx}} + \frac{M_y}{M_{uny}} \leqslant \frac{1}{\gamma} \qquad (4-86)$$

式中　M_x、M_y——绕主轴 x、y 轴作用时的弯矩设计值;

M_{unx}、M_{uny}——绕主轴 x、y 轴的净截面受弯承载力设计值,按式(4 - 77)计算。

②绕主轴 x 轴的稳定性计算:

$$\frac{N}{\varphi_x N_u} + (1 - \alpha_c)\frac{\beta_x M_x}{(1 - 0.8N/N'_{Ex})M_{ux}} + \frac{\beta_y M_y}{1.4M_{uy}} \leqslant \frac{1}{\gamma} \qquad (4 - 87)$$

且

$$(1 - \alpha_c)\frac{\beta_x M_x}{(1 - 0.8N/N'_{Ex})M_{ux}} + \frac{\beta_y M_y}{1.4M_{uy}} \leqslant \frac{1}{\gamma} \qquad (4 - 88)$$

③绕主轴 y 轴的稳定性计算:

$$\frac{N}{\varphi_x N_u} + \frac{\beta_x M_x}{1.4M_{ux}} + (1 - \alpha_c)\frac{\beta_y M_y}{(1 - 0.8N/N'_{Ey})M_{uy}} \leqslant \frac{1}{\gamma} \qquad (4 - 89)$$

且

$$\frac{\beta_x M_x}{1.4M_{ux}} + (1 - \alpha_c)\frac{\beta_y M_y}{(1 - 0.8N/N'_{Ey})M_{uy}} \leqslant \frac{1}{\gamma} \qquad (4 - 90)$$

式中　β_x、β_y——在计算稳定的方向对 M_x、M_y 的弯矩等效系数。

(6)弯矩作用在两个主平面内的拉弯时的计算:

$$\frac{N}{fA_{sn}} + \frac{M_x}{M_{unx}} + \frac{M_y}{M_{uny}} \leqslant \frac{1}{\gamma} \qquad (4 - 91)$$

(7)剪力作用的计算。

矩形钢管混凝土柱的剪力可假定由钢管管壁承受,即

$$V_x \leqslant 2t(b - 2t)f_v/\gamma \qquad (4 - 92)$$

$$V_y \leqslant 2t(h - 2t)f_v/\gamma \qquad (4 - 93)$$

式中　V_x、V_y——沿主轴 x、y 轴的剪力设计值;

b、h——沿主轴 x 轴方向、y 轴方向的边长;

f_v——钢材的抗剪强度设计值。

3. 抗震设计的一般规定

框架结构在进行地震作用计算时,矩形钢管混凝土柱还应符合以下规定。

(1)有支撑框架结构中,不作为支撑结构的框架部分的地震剪力,应与钢框架一样乘以调整系数。

(2)应符合强柱弱梁的原则,即满足式(4 - 94)的要求:

$$\sum \left(1 - \frac{N}{N_{uk}}\right)\frac{M_{uk}}{1 - \alpha_c} \geqslant \eta_c \sum M^b_{uk} \qquad (4 - 94)$$

$$\sum M_{uk} \geqslant \eta_c \sum M^b_{uk} \qquad (4 - 95)$$

$$N_{ck} = f_x A_s + f_{ck} A_c$$

$$M_{uk} = [0.5A_s(h - 2t - d_{nk}) + bt(t + d_{nk})]f_y \qquad (4 - 96)$$

式中　N——按多遇地震作用组合的柱轴力设计值;

N_{uk}——轴心受压时,截面受压承载力标准值;

f_{ck}——管内混凝土的抗压强度标准值,按现行国家标准《混凝土结构设计规范》(GB 50010—2010)中表4.1.3取用;

M_{uk}——计算平面内交汇于节点的框架柱的全塑性受弯承载力标准值;

M^b_{uk}——计算平面内交汇于节点的框架梁的全塑性受弯承载力标准值;

b、h——矩形钢管截面平行、垂直于弯曲轴的边长；

d_{nk}——框架柱管内混凝土受压区高度，按式(4-78)计算，其中 f_c 用 f_{ck}，f 用 f_y 替代；

η_c——强柱系数，一般取 1.0，对于超过 6 层的框架，8 度设防时取 1.2，9 度设防时取 1.3。

(3)矩形钢管混凝土柱的混凝土工作承担系数 α_c 应符合下式的要求，以保证钢管混凝土柱有足够的延性：

$$\alpha_c \leqslant [\alpha_c] \tag{4-97}$$

式中　$[\alpha_c]$——考虑柱具有一定延性的混凝土工作承担系数的限值，按表 4-10 取用。

表 4-10　混凝土工作承担系数限值 $[\alpha_c]$

长细比 λ	轴压比(N/N_u)	
	≤0.6	>0.6
≤20	0.50	0.47
30	0.45	0.42
40	0.40	0.37

注：当 λ 为 20~30、30~40 时，$[\alpha_c]$ 可按线性插值法取值。

4.6.4　其他类型柱的设计

在多层房屋钢结构中，一般情况下，圆钢管混凝土柱和型钢混凝土组合柱用得较少。当采用这类柱子时，可按有关专门的设计标准进行设计。

4.7　支撑结构

4.7.1　支撑结构的类型

多层房屋钢结构的支撑结构有以下几种类型：中心支撑、偏心支撑、钢板剪力墙板、内藏钢板支撑剪力墙板、带竖缝混凝土剪力墙板和带框混凝土剪力墙板。

中心支撑在多层房屋钢结构中用得较为普遍。当有充分依据且条件许可时，可采用带有消能装置的消能支撑。

偏心支撑有时可用于位于 8 度和 9 度抗震设防地区的多层房屋钢结构中。在偏心支撑中，位于支撑与梁的交点和柱之间的梁段或与同跨内另一支撑与梁交点之间的梁段都应设计成消能梁段，在大震时，消能段先进入塑性，通过塑性变形耗能，提高结构的延性和抗震性能。

钢板剪力墙板用钢板或带加劲肋的钢板制成，在 7 度及 7 度以上抗震设防的房屋中使用时，宜采用带纵向和横向加劲肋的钢板剪力墙板。

内藏钢板支撑剪力墙板以钢板为基本支撑，外包钢筋混凝土墙板，以防止钢板支撑的压屈,提高其抗震性能。它只在支撑节点处与钢框架相连,混凝土墙板与框架梁柱间则留有间隙。

带竖缝混凝土剪力墙板是在混凝土剪力墙板中开缝,以降低其抗剪刚度,减小地震作用。带竖缝混凝土剪力墙板只承受水平荷载产生的剪力,不考虑承受竖向荷载产生的压力。

带框混凝土剪力墙板由现浇钢筋混凝土剪力墙板与框架柱和框架梁组成,同时承受水平和竖向荷载的作用。

4.7.2　中心支撑的设计

1. 一般规定

(1)中心支撑宜采用:十字交叉斜杆、单斜杆、人字形斜杆或 V 形斜杆体系。中心支撑斜杆的轴线应交汇于框架梁柱的轴线上。抗震设计的结构不得采用 K 形斜杆体系。当采用只能受拉的单斜杆体系时,应同时设不同倾斜方向的两组单斜杆,且每层不同方向单斜杆的截面面积在水平方向的投影面积之差不得大于10%。

(2)中心支撑斜杆的长细比,按压杆设计时,不应大于 $120\sqrt{235/f_y}$,一、二、三级中心支撑斜杆不得采用拉杆设计,非抗震设计和四级中心支撑斜杆采用拉杆设计时,其长细比不大于180。

(3)中心支撑斜杆的板件宽厚比不应大于表 4-11 规定的限值。当支撑与框架柱或梁用节点板连接时,应注意节点板的强度和稳定性。

表 4-11　钢结构中心支撑斜杆板件宽厚比的限值

名称	一级	二级	三级	四级、非抗震
翼缘外伸部分	8	9	10	13
工字形截面腹板	25	26	27	33
箱形截面壁板	18	20	25	30
圆管外径与壁厚比值	38	40	40	42

注:表中的数据适用于 Q235 钢,采用其他牌号钢材应乘以 $\sqrt{235/f_y}$,圆管应乘以 $235/f_y$。

(4)支撑斜杆宜采用双轴对称截面。在抗震设防区,当采用单轴对称截面时,应采取构造措施,防止支撑斜杆绕对称轴屈曲。

(5)人字形支撑和 V 形支撑(图 4-23(a)、(b))的横梁在支撑连接处应保持连续。在确定支撑跨的横梁截面时,不应考虑支撑在跨中的支撑作用。横梁除应承受大小等于重力荷载代表值的竖向荷载外,尚应承受跨中节点处两根支撑斜杆分别受拉屈服、受压屈服所引起的不平衡竖向分力和水平分力作用,即应按图 4-23(c)、(d)所示的计算简图进行计算。此不平衡力取受拉支撑内力的竖向分量减去受压支撑屈曲压力竖向分量的30%。因为受压支撑屈曲后,其刚度将软化,受力将减小,一般取屈曲压力的30%。

同样的原因,在抗震设防区不得采用 K 形支撑(图 4-24(a))。因为在大震时,K 形支撑的受压斜杆屈曲失稳后,支撑的不平衡力将由框架柱承担(图 4-24(b)),恶化了框架柱的受力,如框架柱受到破坏,将引起多层房屋的严重破坏甚至倒塌。

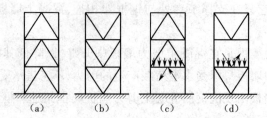

图 4 – 23　人字形和 V 形支撑中横梁的设计简图

　　为了减小竖向不平衡力引起的梁截面过大,可采用跨层 X 形支撑或采用拉链柱(图 4 – 25)。

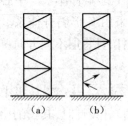

图 4 – 24　K 形支撑

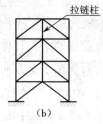

图 4 – 25　人字形支撑加强

　　在支撑与横梁相交处,梁的上下翼缘应设置侧向支撑,该支撑应设计成能承受在数值上等于 0.02 乘以相应翼缘承载力 $f_y b_1 t_1$ 的侧向力作用,f_y、b_1、t_1 分别为钢材的屈服强度、翼缘板的宽度和厚度。当梁上为组合楼盖时,梁的上翼缘可不必验算。

　　(6)当中心支撑构件为填板连接的组合截面时,填板的间距应均匀,每一构件中填板数不得少于 2 块。且应符合下列规定:①当支撑屈曲后在填板的连接处产生剪力时,两填板之间单肢杆件的长细比不应大于组合支撑杆件控制长细比的 0.4,填板连接处的总剪力设计值至少应等于单肢杆件的受拉承载力设计值;②当支撑屈曲后不在填板连接处产生剪力时,两填板之间单肢杆件的长细比不应大于组合支撑杆件控制长细比的 0.75。

　　(7)一、二、三级抗震等级的钢结构,可采用带有耗能装置的中心支撑体系。支撑斜杆的承载力应为耗能装置滑动或屈服时承载力的 1.5 倍。

　　2. 支撑斜杆的计算

　　在多遇地震组合效应作用下,支撑斜杆的受压承载力应满足下式要求:

$$\frac{N}{\varphi A_{br}} \leqslant \frac{\psi f}{\gamma_{RE}} \tag{4 – 98}$$

$$\psi = \frac{1}{1 + 0.35\lambda_n} \tag{4 – 99}$$

$$\lambda_n = \frac{\lambda}{\pi}\sqrt{f_y / E} \tag{4 – 100}$$

式中　N——支撑斜杆轴压力设计值;

　　　　A_{br}——支撑斜杆的毛截面面积;

　　　　φ——按支撑长细比 λ 确定的轴心受压杆件稳定系数,按现行国家规范《钢结构设计标准》确定;

ψ——受循环荷载时的强度折减系数；

λ、λ_n——支撑斜杆的长细比和正则化长细比；

E——支撑斜杆钢材的弹性模量；

f、f_y——支撑斜杆钢材的抗压强度设计值和屈服强度；

γ_{RE}——中心支撑屈曲稳定承载力抗震调整系数。

3. 抗震设计的一般规定

抗震设计时,连接节点设计应贯彻强节点弱杆件的原则,符合下列公式的要求:

$$N_{ubr} \geqslant a A_n f_y \qquad (4-101)$$

式中　N_{ubr}——螺栓或焊缝连接以及节点板在支撑轴线方向的极限承载力；

A_n——支撑斜杆的净截面面积；

f_y——支撑斜杆钢材的屈服强度；

a——连接系数,当母材或连接板破坏时取 1.10,当高强螺栓破坏时取 1.15。

焊缝的极限承载力应按下列公式计算:

对接焊缝受拉

$$N_u = A_f^w f_u \qquad (4-102)$$

角焊缝受剪

$$V_u = 0.58 A_f^w f_u \qquad (4-103)$$

式中　A_f^w——焊缝的有效受力面积；

f_u——构件母材的抗拉强度最小值。

高强度螺栓连接的极限受剪承载力应取下列二式计算的较小者:

$$N_{vu}^b = 0.58 n_f A_e^b f_u^b \qquad (4-104)$$

$$N_{cu}^b = d \sum t f_{cu}^b \qquad (4-105)$$

式中　N_{vu}^b、N_{cu}^b——一个高强度螺栓的极限受剪承载力和对应的板件极限承压力；

n_f——螺栓连接的剪切面数量；

A_e^b——螺栓螺纹处的有效截面面积；

f_u^b——螺栓钢材的抗拉强度最小值；

d——螺栓杆直径；

$\sum t$——同一受力方向的较小承压总厚度；

f_{cu}^b——连接板的极限承压强度,取 $1.5 f_u$。

4.7.3　其他类型支撑结构的设计

偏心支撑多用于高层房屋钢结构,有关偏心支撑结构的设计将在第 5 章中阐述。有关钢板剪力墙板、内藏钢板支撑剪力墙板、带竖缝混凝土剪力墙板的设计可按现行行业标准《高层民用建筑钢结构技术规程》(JGJ 99—2015)的有关规定进行。有关带框混凝土剪力墙板的设计可按现行标准化协会标准《矩形钢管混凝土结构技术规程》的有关规定进行。

4.8　框架节点

4.8.1　框架连接节点的一般规定

（1）多层框架主要构件及节点的连接应采用焊接、摩擦型高强度螺栓连接或栓 – 焊混合连接。栓 – 焊混合连接指在同一受力连接的不同部位分别采用高强度螺栓及焊接的组合连接，如同一梁与柱连接时，其腹板与翼缘分别采用栓、焊的连接等，此时应考虑先栓后焊的温度影响，对栓接部分的承载力乘以折减系数 0.9。

（2）在节点连接中将同一力传至同一连接件上时，不允许同时采用两种方法连接（如又焊又栓等）。

（3）设计中应考虑安装及施焊的净空或条件以方便施工，对高空施工困难的现场焊接，其承载力应乘以 0.9 的折减系数。

（4）对较重要的或受力较复杂的节点，当按所传内力（不是按与母材等强）进行连接设计时，宜使连接的承载力留有 10% ~ 15% 的裕度。

（5）多层框架结构体系中的梁柱连接节点应设计为刚接节点；柱 – 支撑结构体系中的梁柱连接节点可以设计为铰接节点。

（6）所有框架承重构件的现场拼接均应为等强拼接（用摩擦型高强度螺栓连接或焊接连接）。

（7）对按 8 度及 9 度抗震设防地区的多层框架，其梁柱节点尚应进行节点塑性区段（为梁端或柱段由构件端面算起 1/10 跨长或 2 倍截面高度的范围）的验算校核。

4.8.2　框架梁柱连接节点的类型

框架梁柱连接节点的类型，按受力性能分，有刚性连接节点、铰接连接节点和半刚性连接节点。按连接方式分，有全焊连接节点、全栓连接节点和栓焊连接节点。

刚性连接节点中的梁柱夹角在外荷载作用下不会改变，即 $\Delta\theta = 0$；铰接连接节点中的梁或柱在节点处不能承受弯矩，即 $M = 0$；半刚性连接节点中的梁柱在节点处均能承受弯矩，同时梁柱夹角也会改变，这类节点力学性能的描述是给出梁端弯矩与梁柱夹角变化的数学关系，即 $M = f(\Delta\theta)$。

半刚性连接节点具有连接构造比较简单的优点，在多层房屋钢框架中时有采用；但从设计角度看，半刚性连接框架的设计极为复杂，这一不足影响了半刚性连接节点在多层房屋框架中的应用。

4.8.3　刚性连接节点

1. 钢梁与钢柱直接连接节点

图 4 – 26 所示为钢梁用栓焊混合连接与柱相连的构造形式，应按下列规定设计。

（1）梁翼缘与柱翼缘用全熔透对接焊缝连接，腹板用摩擦型高强度螺栓与焊于柱翼缘上的剪力板相连。剪力板与柱翼缘可用双面角焊缝连接并应在上下端采用围焊。剪力板的厚度应不小于梁腹板的厚度,当厚度大于 16 mm 时,其与柱翼缘的连接应采用 K 形全熔透对接焊缝。

(2)在梁翼缘的对应位置,应在柱内设置横向加劲肋。

(3)横向加劲肋与柱翼缘和腹板的连接,对抗震设防的结构,与柱翼缘连接采用坡口全熔透焊缝,与腹板连接可采用角焊缝;对非抗震设防的结构,均可采用角焊缝。

(4)由柱翼缘与横向加劲肋包围的节点域应按相关规定进行计算。

(5)梁与柱的连接应按多遇地震组合内力进行弹性设计。梁翼缘与柱翼缘的连接,因采用全熔透对接焊缝,可以不用计算;梁腹板与柱的连接应计算以下内容:①梁腹板与剪力板间的螺栓连接;②剪力板与柱翼缘间的连接焊缝;③剪力板的强度。梁与柱的连接应符合强节点弱杆件的条件。

(6)梁翼缘与柱连接的坡口全熔透焊缝应按规定设置衬板,翼缘坡口两侧设置引弧板。在梁腹板上、下端应做焊缝通过孔,当梁与柱在现场连接时,其上端孔半径 r 应取 35 mm,在孔与梁翼缘连接处,应以 $r = 10$ mm 的圆弧过渡;下端孔高度 50 mm,半径 35 mm。圆弧表面应光滑,不得采用火焰切割。

(7)柱在梁翼缘上下各 500 mm 的节点范围内,柱翼缘与柱腹板间的连接焊缝应采用坡口全熔透焊缝。

(8)柱翼缘的厚度大于 16 mm 时,为防止柱翼缘板发生层状撕裂,应采用 Z 向性能钢板。

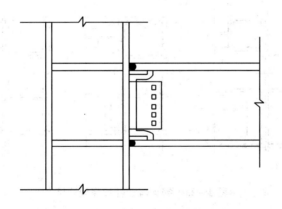

图 4 - 26　钢梁与钢柱标准型直接连接

2. 梁与带有悬臂段的柱的连接节点

悬臂段与柱的连接采用工厂全焊接连接。梁翼缘与柱翼缘的连接要求和钢梁与钢柱直接连接一样,但下部焊缝通过孔的孔形与上部孔相同,且上下设置的衬板在焊接完成后可以去除并清根补焊。腹板与柱翼缘的连接要求与图 4 - 26 中剪力板与柱的连接一样。悬臂段与柱连接的其他要求与图 4 - 26 直接连接的相同。

梁与悬臂段的连接,实质上是梁的拼接,可采用翼缘焊接、腹板高强度螺栓连接或翼缘和腹板全部高强度螺栓连接(图 4 - 27)。全部高强度螺栓连接有较好的抗震性能。

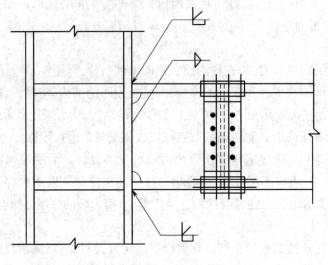

图 4 – 27　梁与带有悬臂段的柱的连接

3. 钢梁与钢柱加强型连接节点

钢梁与钢柱加强型连接主要有以下几种形式:①翼缘板式连接(图 4 – 28(a));②梁翼缘端部加宽(图 4 – 28(b));③梁翼缘端部腋形扩大(图 4 – 28(c))。翼缘板式连接宜用于梁与工字形柱的连接;梁翼缘端部加宽和梁翼缘端部腋形扩大连接宜用于梁与箱形柱的连接。

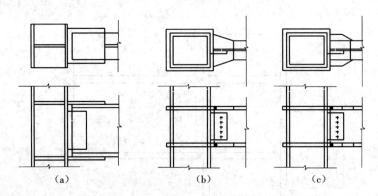

(a)　　　　　　　　　(b)　　　　　　　　　(c)

图 4 – 28　钢梁与钢柱加强型连接

在大地震作用下,钢梁与钢柱加强型连接的塑性铰将不在构造比较复杂、应力集中比较严重的梁端部位出现,而向外移,有利于抗震性能的改善。

钢梁与箱形柱相连时,在箱形柱与钢梁翼缘连接处应设置横隔板。当箱形柱壁板的厚度大于 16 mm 时,为了防止壁板出现层状撕裂,宜采用贯通式隔板,隔板外伸与梁翼缘相连(图 4 – 28(b)、(c)),外伸长度宜为 25 ~ 30 mm。梁翼缘与隔板采用对接全熔透焊缝连接。

4. 柱两侧梁高不等时的连接节点

图 4 – 29 所示为柱两侧梁高不等时的不同连接形式。柱的腹板在每个梁的翼缘处均应设置水平加劲肋,加劲肋的间距不应小于 150 mm,且不应小于水平加劲肋的宽度(图 4 – 29 (a)、(c))。当不能满足此要求时,应调整梁的端部高度(图 4 – 29(b)),腋部的坡度不得大

于 1∶3。

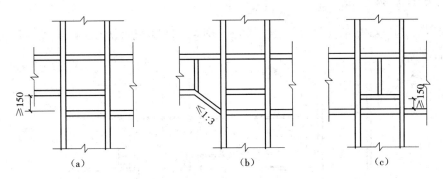

图 4 − 29　梁高不等时的梁柱连接

5.梁垂直于工字形柱腹板时的梁柱连接节点

图 4 − 30 是梁垂直于工字形柱腹板时的连接。连接中,应在梁翼缘的对应位置设置柱的横向加劲肋,在梁高范围内设置柱的竖向连接板。横向加劲肋应外伸 100 mm,采取宽度渐变形式,避免应力集中。横梁与此悬臂段可采用栓焊混合连接(图 4 − 30(a))或高强度螺栓连接(图 4 − 30(b))。

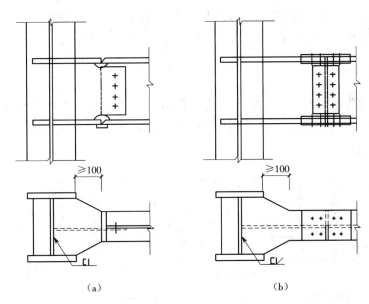

图 4 − 30　梁垂直于工字形柱腹板时的梁柱连接

(a)梁直接与柱相连　(b)悬臂梁段与柱全部焊接

6.其他类型的梁柱刚性连接节点

其他类型的梁柱刚性连接节点,如钢梁与钢管混凝土柱的连接、钢梁与型钢混凝土柱的连接,钢筋混凝土梁与型钢柱、钢管混凝土柱、型钢混凝土柱的连接,可参阅有关专门规范或规程进行设计。

4.8.4 铰接连接节点

图4-31为钢梁与钢柱的铰接连接节点。图4-31(b)表示柱两侧梁高不等且与柱腹板相连的情况。

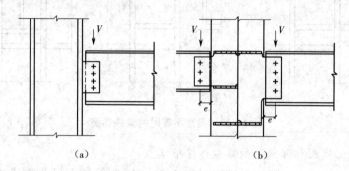

图4-31 钢梁与钢柱的铰接连接节点

钢梁与钢柱铰接连接时,在节点处,梁的翼缘不传力,与柱不应连接,只有腹板与柱相连以传递剪力。因此在图4-31(a)中,柱中不必设置水平加劲肋,但在图4-31(b)中,为了将梁的剪力传给柱子,需在柱中设置剪力板,将板的一端与柱腹板相连,另一端与梁的腹板相连。为了加强剪力板面外刚度,在板的上、下端设置柱的水平加劲板。

连接用高强度螺栓的计算,除应承受梁端剪力外,尚应承受偏心弯矩 Ve 的作用。

4.8.5 半刚性连接节点

半刚性连接节点是指那些在梁、柱端弯矩作用下,梁与柱在节点处的夹角会产生改变的节点形式,因此这类节点大多为采用高强度螺栓连接的节点。图4-32给出了几种半刚性连接节点的形式。

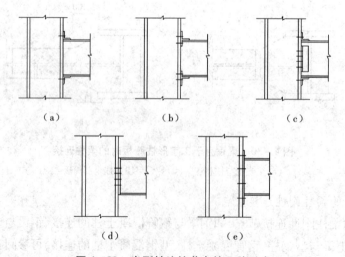

图4-32 半刚性连接节点的几种形式

图4-32(a)为梁的上下翼缘用角钢与柱相连,图4-32(b)为梁的上下翼缘用T形钢与柱相连,可以看出,图4-32(b)连接的刚度要大于图4-32(a)的连接。图4-32(c)为梁

的上下翼缘、腹板用角钢与柱相连。一般情况下,这种连接的刚度较好。图 4-32(d)、(e)为用端板将梁与柱连接。图 4-32(e)连接中的端板上下伸出梁高,刚度较大。如端板厚度取得足够大,这种连接可以成为刚性连接。

关于半刚性连接的力学性能描述,即 $M = f(\Delta\theta)$ 的确切关系,可以参阅有关文献。

4.9　构件的拼接

4.9.1　柱与柱的拼接

1. 柱截面相同时的拼接

框架柱的安装拼接应设在弯矩较小的位置,宜位于框架梁上方 1.3 m 附近。

在抗震设防区,框架柱的拼接应采用与柱子本身等强度的连接,一般采用坡口全熔透焊缝,也可用摩擦型高强度螺栓连接。

在柱的工地接头处,应预先在柱上安装耳板用于临时固定和定位校正。耳板的厚度应根据阵风和其他的施工荷载确定,并不得小于 10 mm。耳板仅设置在柱的一个方向的两侧(图 4-33),或柱接头受弯应力最大处。

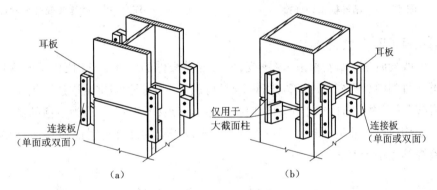

图 4-33　钢柱工地接头安装耳板

(a)H 形柱　(b)箱形柱

对于工字形截面柱在工地接头,通常采用栓焊连接或全焊接连接。翼缘接头宜采用坡口全熔透焊缝,腹板可采用高强度螺栓连接。当采用全焊接接头时,上柱翼缘应开 V 形坡口,腹板应开 K 形坡口(图 4-34)。

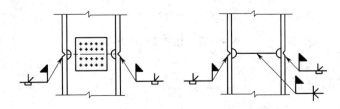

图 4-34　工字形柱工地接头

箱形柱的拼接应全部采用坡口全熔透焊缝,其坡口应采用如图 4-35 所示的形式。下部柱的上端应设置与柱口齐平的横隔板,厚度不小于 16 mm,其边缘应与柱口截面一起刨平。在上节箱形柱安装单元的下部附近,尚应设置上柱隔板,其厚度不宜小于 10 mm。柱在工地接头上下侧各 100 mm 范围内,截面组装焊缝应采用坡口全熔透焊缝。

在非抗震设防区,柱接头处弯矩较小翼缘不产生拉力时,可不按等强度连接设计,焊缝可采用单边 V 形部分熔透对接焊缝。此时柱的上下端应磨平顶紧,并应与柱轴线垂直,这种柱接触面直接传递 25% 的压力和 25% 的弯矩。坡口焊缝的有效深度 t_e 不宜小于壁厚 t 的 1/2(图 4 – 36)。

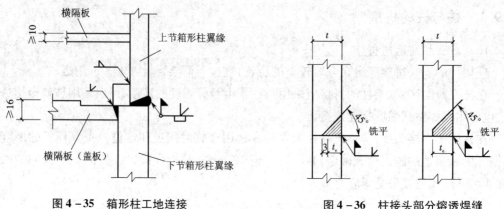

图 4 – 35　箱形柱工地连接　　　　图 4 – 36　柱接头部分熔透焊缝

2. 柱截面不同时的拼接

柱截面改变时,宜保持截面高度不变,而改变其板件的厚度。此时,柱子的拼接构造与柱截面不变时相同。当柱截面的高度改变时,可采用图 4 – 37 的拼接构造。图 4 – 37(a)为边柱的拼接,计算时应考虑柱上下轴线偏心产生的弯矩;图 4 – 37(b)为中柱的拼接,在变截面段的两端均应设置隔板;图 4 – 37(c)为柱接头设于梁的高度处时的拼接,变截面段的两端距梁翼缘不宜小于 150 mm。

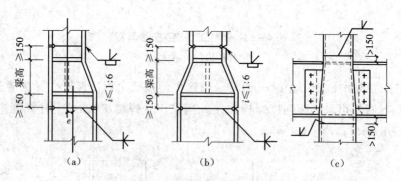

图 4 – 37　柱的变截面连接

4.9.2　梁与梁的拼接

梁与梁的工地拼接可采用图 4 – 38 所示的形式。图 4 – 38(a)为栓焊混合连接的拼接,梁翼缘用全熔透焊缝连接,腹板用高强度螺栓连接;图 4 – 38(b)为全高强度螺栓连接的拼接,梁翼缘和腹板均采用高强度螺栓连接;图 4 – 38(c)为全焊缝连接的拼接,梁翼缘和腹板均采用全熔透焊缝连接。

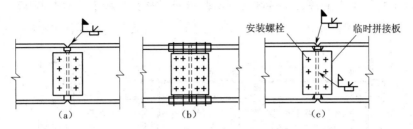

图 4-38　梁与梁的工地拼接形式

主梁与次梁的连接有简支连接和刚性连接。简支连接即将主次梁的节点设计为铰接，次梁为简支梁，这种节点构造简便，制作安装方便，是实际工程中常用的主次梁节点连接形式(图 4-39)；如果次梁跨数较多、荷载较大，或结构为井子架，或次梁带有悬挑梁，则主次梁节点宜为刚性连接(图 4-40)，可以节约钢材，减少次梁的挠度。

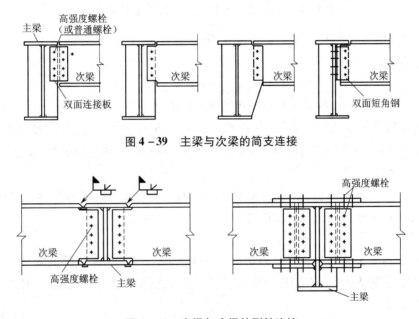

图 4-39　主梁与次梁的简支连接

图 4-40　主梁与次梁的刚性连接

4.9.3　抗震剪力墙板与钢框架的连接

1. 钢板剪力墙

钢板剪力墙与钢框架的连接，宜保证钢板剪力墙仅参与承担水平剪力，而不参与承担重力荷载及柱压缩变形引起的压力。因此，钢板剪力墙的上下左右四边均应采用高强度螺栓通过设置于周边框架的连接板与周边钢框架的梁与柱相连接。

钢板剪力墙连接节点的极限承载力应不小于钢板剪力墙屈服承载力的 1.2 倍，以避免大震作用下连接节点先于支撑杆件破坏。

2. 钢板支撑剪力墙

(1)钢板支撑剪力墙仅在节点处(支撑钢板端部)与框架结构相连。上节点(支撑钢板上部)通过连接钢板用高强度螺栓与上钢梁下翼缘连接板在施工现场连接,且每个节点的高强度螺栓不宜少于 4 个,螺栓布置应符合现行《钢结构设计标准》(GB 50017—2017)的要求;下节点与下钢梁上翼缘连接件之间,在现场用全熔透坡口焊缝连接(图 4 - 41)。

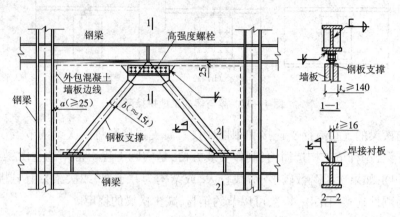

图 4 - 41   钢板支撑预制混凝土剪力墙的连接构造

(2)钢板支撑剪力墙板与四周梁柱之间均应留有不小于 25 mm 的空隙;剪力墙板与框架柱的间隙 a 还应满足下列要求:

$$2[u] \leqslant a \leqslant 4[u]$$

式中 $[u]$——荷载标准值下框架的层间侧移容许值。

(3)剪力墙墙板下端的缝隙,在浇筑楼板时,应该用混凝土填实;剪力墙墙板上部与上框架梁之间的间隙以及两侧与框架柱之间的间隙,宜用隔声的弹性绝缘材料填充,并用轻型金属架及耐火板材覆盖。

(4)钢板支撑剪力墙连接节点的极限承载力,应不小于钢板支撑屈服承载力的 1.2 倍,以避免大震作用下连接节点先于支撑杆件破坏。

3. 带缝混凝土剪力墙

带缝的混凝土剪力墙有开竖缝和开水平缝两种形式,常用带竖缝的混凝土剪力墙。

(1)带竖缝的混凝土剪力墙板的两侧边与框架柱之间,应留有一定的空隙,使彼此之间无任何连接。

(2)墙板的上端以连接件与钢梁用高强度螺栓连接;墙板下端除临时连接措施外,应全长埋于现浇混凝土楼板内,并通过楼板底面齿槽和钢梁顶面的焊接栓钉实现可靠连接;墙板四角还应采取充分可靠的措施与框架梁连接,如图 4 - 42 所示。

(3)带竖缝的混凝土剪力墙只承担水平荷载产生的剪力,不考虑承受框架竖向荷载产生的压力。

4.10   柱脚

4.10.1   柱脚的形式

在多层钢结构房屋中,柱脚与基础的连接宜采用刚接,也可采用铰接。刚接柱脚要传递

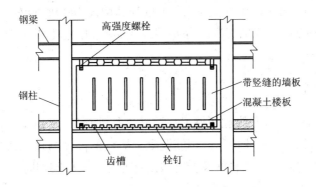

图 4 - 42　带竖缝的混凝土剪力墙板与钢框架的连接

很大的轴向力、弯矩和剪力,因此框架柱脚要求有足够的刚度,并保证其受力性能。刚接柱脚可采用埋入式、外包式和外露式。外露式柱脚也可设计成铰接。

4.10.2　埋入式柱脚

　　埋入式柱脚是指将钢柱底端直接插入混凝土基础或基础梁中,然后浇筑混凝土形成刚性固定基础。

　　(1)埋入式柱脚(图 4 - 43)的埋深对轻型工字形柱,不得小于钢柱截面高度的 2 倍;对于大截面的工字形和箱形柱,不得小于钢柱截面高度的 3 倍。

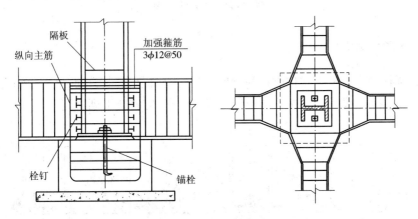

图 4 - 43　埋入式柱脚

　　(2)在钢柱埋入基础部分的顶部,应设置水平加劲肋或隔板。对于工字形截面柱,其水平加劲肋的外伸宽度的宽厚比不大于 $9\sqrt{235/f_y}$;对于箱形截面柱,其内部横隔板的宽厚比不大于 $30\sqrt{235/f_y}$。

　　(3)在钢柱埋入基础部分,应设置圆柱头栓钉,栓钉的数量和布置方式根据计算确定,且栓钉的直径不应小于 16 mm,其水平和竖向中心距均不应大于 200 mm。

　　(4)埋入式柱脚的外围混凝土内应配置钢筋。主筋(竖向钢筋)的大小应按计算确定,但其配筋率不应小于 0.2%,且其配筋不宜小于 4φ22,并在上部设弯钩。主筋的锚固长度不应小于 35d(d 为钢筋直径),当主筋的中心距大于 200 mm 时,应在每边的中间设置不小于

ϕ16 的架立筋。箍筋为 ϕ10@100,在埋入部分的顶部增设 3ϕ12@50 的 3 道加强箍筋。

(5)埋入式柱脚钢柱翼缘的混凝土保护层厚度,对于中柱不得小于 180 mm,对于边柱和角柱不得小于 250 mm。

4.10.3　外包式柱脚

外包式柱脚是指将钢柱柱脚底板搁置在混凝土基础顶面,再由基础伸出钢筋混凝土短柱将钢柱柱脚包住,如图 4-44 所示。钢筋混凝土短柱的高度与埋入式柱脚的埋入深度要求相同,短柱内主筋、箍筋、加强箍筋及栓钉的设置与埋入式柱脚相同。

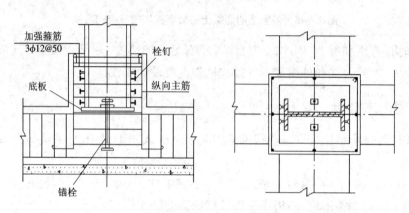

图 4-44　外包式柱脚

4.10.4　外露式柱脚

由柱脚锚栓固定的外露式柱脚作为铰接柱脚构造简单、安装方便,仅承受轴心压力和水平剪力。图 4-45 是常用的铰接柱脚连接方式,其设计应符合下列规定。

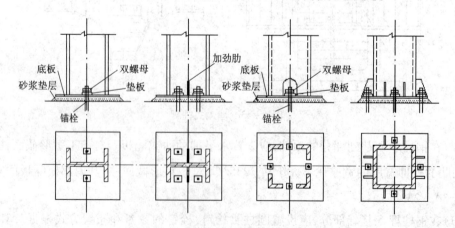

图 4-45　外露式柱脚铰接连接形式

(1)钢柱底板尺寸应根据基础混凝土的抗压强度设计值确定。

(2)当钢柱底板压应力出现负值时,应由锚栓来承受拉力。锚栓应采用屈服强度较低的材料,使柱脚在转动时具有足够的变形能力,所以宜采用 Q235 钢。锚栓直径应不小于 20

mm,当锚栓直径大于 60 mm 时,可按钢筋混凝土压弯构件中计算钢筋的方法确定锚栓的直径。

(3)锚栓和支承托座应连接牢固,后者应能承受锚栓的拉力。

(4)锚栓的内力应由其与混凝土之间的黏结力传递,所以锚栓埋入支座内的锚固长度不应小于 25d(d 为锚栓直径)。锚栓上端设置双螺帽以防螺栓松动,锚栓下端应设弯钩,当埋设深度受到限制时,锚栓应固定在锚梁上。

(5)柱脚底板的水平反力,由底板和基础混凝土间的摩擦力传递,摩擦系数取 0.4。当水平反力超过摩擦力时,应在底板下部焊接抗剪键(图 4 - 46)或外包钢筋混凝土。抗剪键的截面及埋深根据计算确定。

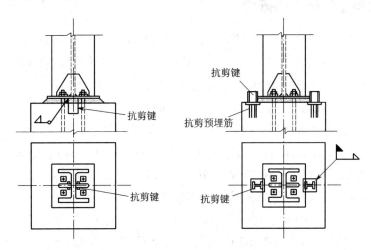

图 4 - 46 抗剪键的设置

第5章 高层房屋钢结构

5.1 高层房屋钢结构的概念和特点

5.1.1 高层房屋钢结构的概念

对于高层房屋结构的定义,不同规范之间有所差异。《建筑设计防火规范》(GB 50016—2014)中对高层建筑的定义为:建筑高度大于 27 m 的住宅建筑和建筑高度大于 24 m 的非单层厂房仓库和其他民用建筑。《高层建筑混凝土结构技术规程》(JGJ 3—2010)规定:10 层及 10 层以上或房屋建筑高度大于 28 m 的住宅建筑和房屋高度大于 24 m 的其他高层民用建筑。《民用建筑设计通则》(GB 50352—2005)规定:10 层及 10 层以上的住宅建筑和建筑高度大于 24 m 的其他民用建筑(不含单层公共建筑)为高层建筑。《高层民用建筑钢结构技术规程》(JGJ 99—2015)规定:10 层及 10 层以上或房屋高度大于 28 m 的住宅建筑以及房屋高度大于 24 m 的其他高层民用建筑钢结构。

高层房屋钢结构可用于办公楼、商业楼、住宅、公共建筑、医院、学校等。

高层房屋钢结构与多层房屋钢结构相比,在结构体系、建筑和结构布置、荷载及其组合、结构分析用的计算模型、楼面和屋面结构、框架柱、框架节点、构件拼接等方面有许多相同之处,本章将主要针对高层房屋钢结构与多层房屋钢结构的不同之处进行补充阐述。

5.1.2 高层房屋钢结构的特点

1. 结构性能的特点

(1)自重轻。以中等高度的高层结构为例,采用钢结构承重骨架,可比钢筋混凝土结构减轻自重 1/3 以上,因而可显著减轻结构传至基础的竖向荷载与地震作用。

(2)抗震性能良好。钢材良好的弹塑性性能可使承重骨架及节点等在地震作用下具有良好的延性及耐震性能。

(3)能充分地利用建筑空间。与同类钢筋混凝土高层结构相比,由于柱网尺寸可适当加大及承重柱截面尺寸较小,因而可相应增加建筑使用面积 2% ~ 4%。此外,由于可采用组合楼盖并利用钢梁腹板穿孔设置管线,还可适当降低建筑层高;由于设计柱网尺寸的选择幅度较大,更有利于满足建筑功能的空间划分。

(4)建造速度快。由于可以在工厂制造构件,并采用高强度螺栓与焊接连接以及组合楼板等配套技术进行现场装配式施工,与同类钢筋混凝土高层结构相比,一般可缩短建设周期 1/4 ~ 1/3。

(5)防火性能差。不加耐火防护的钢结构构件,其平均耐火极限约为 15 min,明显低于钢筋混凝土构件。故当有防火要求时,钢结构表面必须用专门的耐火涂层防护,以满足《建筑设计防火规范》(GB 50016—2014)的要求。

2. 结构荷载的特点

(1)水平荷载是设计控制荷载。高层房屋钢结构承受的主要荷载有恒重产生的竖向荷载、风压或地震作用产生的水平荷载。由竖向荷载作用引起的轴力与高层房屋的高度成正比。若水平荷载的大小沿高度不变,则由水平荷载作用引起的弯矩和侧向位移分别与高度的二次方和四次方成正比。由此可以看出,随着房屋高度的增加,水平荷载将成为控制结构的主要因素。实际上,风压还会随高度的增加而变大,地震作用产生的水平荷载也随高度的增加而增大,因此由水平荷载作用引起的弯矩和侧向位移将会更大,从而在结构设计中起主要作用。结构设计时应该尽可能采用能够减小风荷载的建筑外形和减小地震作用的结构体系。

(2)风荷载和地震作用虽然都是控制水平荷载,但由于两者性质不同,设计时应特别注意其各自的特性及计算要求。

①风荷载是直接施加于建筑表面的风压,其值和建筑物的体型、高度以及地形地貌有关。而地震作用却是地震时的地面运动迫使上部结构发生振动时产生并作用于自身的惯性力,故其作用力与建筑物的质量、自振特性、场地土条件等有关。

②高层钢结构属于柔性建筑,自振周期较长,易与风载波动中的短周期成分产生共振,因而风载对高层建筑有一定的动力作用。但可在风载中引入风振系数 β,仍按静载处理来简化计算。而地震作用的波动对结构的动力反应影响很大,必须按考虑动力效应的方法计算。

③风载作用时间长、频率高,因此,在风载作用下,要求结构处于弹性阶段,不允许出现较大的变形。而地震作用发生的概率很小,持续时间很短,因此,对抗震设计允许结构有较大的变形,允许某些结构部位进入塑性状态,从而使周期加长,阻尼加大,以吸收能量,达到"小震不坏,中震可修,大震不倒"。

3. 结构设计的特点

(1)要求更加注意对变形的控制,结构的侧向刚度往往是主要的设计控制指标。除了满足强度可靠性的要求外,还应更加注意按使用(如舒适度)要求的顶点位移限值及按保证围护结构不致严重损坏的层间位移限值控制。必要时还应考虑结构物在局部变形状态下的位移限值。

(2)要求采用更加准确与完善的设计方法。由于高层建筑的重要性及力学特征,为了较准确地判明其承载能力及适应变形能力,需采用较完善的设计方法。如其体型较特殊时,需进行风洞试验以确定其风荷载值。对抗震设防要求较高的高层结构需采用直接动力分析方法进行抗震计算分析,以便从强度、刚度和延性三个方面来判别高层结构的各部位是否安全。

(3)结构体系一般包括两个抗力系统,即抗重力系统和抗水平侧力系统。后者可按结构高度、建筑形式及水平荷载大小等分别选用框架、框架 – 抗剪结构(支撑、抗剪墙、筒体等)各类结构体系。其中剪力墙或筒体亦可采用钢筋混凝土结构,其技术经济效果更为良好。结构体系的选择将直接影响高层房屋的使用性能和造价,因此其在结构设计中起主导地位。为了可靠地协调结构整体工作,在构造上需设置各楼层的水平刚性楼板(一般为压型钢板与现浇混凝土的组合楼板)以及帽带、腰带水平桁架。在柱的下段需将其可靠且方便地嵌固于地下室或箱基墙中,通常将地下部分及地上若干层做成型钢混凝土结构(也称SRC 结构)。

(4)建筑和结构布置应受到关注和重视。高层房屋水平荷载作用的影响远大于多层房屋,当存在平面不规则或竖向不规则时,对高层房屋钢结构将产生更为严重的不利影响。建筑和结构布置不合理造成的不良后果,欲在结构设计阶段予以消除是不可能的。因此,唯一的解决办法就是改变建筑和结构布置。

5.2　高层房屋钢结构的材料选用

钢材的选用应综合考虑构件的重要性、荷载特征、结构形式、连接方法、应力状态、工作环境以及钢材品种和厚度等因素,合理地选用钢材牌号、质量等级,并应在设计文件中完整地注明对钢材的技术要求。

钢材的牌号和质量等级应符合下列规定。

(1)主要的承重构件所用钢材的牌号宜选用 Q345 钢、Q390 钢,一般构件宜选用 Q235钢,其材质和材料性能应分别符合现行国家标准《低合金高强度结构钢》(GB/T 1591—2018)和《碳素结构钢》(GB/T 700—2006)的规定。有依据时可选用更高强度级别的钢材。

(2)主要承重构件所用的较厚的板材宜选用高性能建筑用 GJ 钢板,其材质和材料性能应符合现行国家标准《建筑结构用钢板》(GB/T 19879—2015)的规定。

(3)外露承重钢结构可选用 Q235NH、Q355NH 或 Q415NH 等牌号的焊接耐候钢,其材质和材料性能应符合现行国家标准《耐候结构钢》(GB/T 4171—2008)的规定。选用时宜附加要求:保证晶粒度不小于 7 级,耐腐蚀指数不小于 6.0。

(4)承重构件所用钢材的质量等级不宜低于 B 级;抗震等级为二级及以上的高层民用建筑钢结构,其框架梁、柱和抗侧力支撑等主要抗侧力构件钢材的质量等级不宜低于 C 级。

(5)承重构件中厚度不小于 40 mm 的受拉板件,当其工作温度低于 − 20 ℃时,宜适当提高其所用钢材的质量等级。

(6)选用 Q235A 或 Q235B 级钢时应选用镇静钢。

承重构件所用钢材应具有屈服强度、抗拉强度、伸长率等力学性能和冷弯试验的合格保证;同时尚应有碳、硫、磷等化学成分的合格保证。焊接结构所用钢材尚应具有良好的焊接性能,其碳当量或焊接裂纹敏感性指数应符合设计要求或相关标准的规定。

高层民用建筑中按抗震设计的框架梁、柱和抗侧力支撑等主要抗侧力构件,其钢材性能要求尚应符合下列规定:

(1)钢材的抗拉性能应有明显的屈服台阶,其断后伸长率 A 不应小于 20%;

(2)钢材屈服强度波动范围不应大于 120 MPa,钢材实物的实测屈强比不应大于 0.85;

(3)抗震等级为三级及以上的高层民用建筑钢结构,其主要抗侧力构件所用钢材应具有与其工作温度相应的冲击韧性合格保证。

焊接节点区 T 形或十字形焊接接头中的钢板,当板厚不小于 40 mm 且沿板厚方向承受较大拉力作用(含较大焊接约束拉应力作用)时,该部分钢板应具有厚度方向抗撕裂性能(Z 向性能)的合格保证。其沿板厚方向的断面收缩率不应小于现行国家标准《厚度方向性能钢板》(GB/T 5313—2010)规定的 Z15 及允许限值。

钢框架柱采用箱形截面且壁厚不大于 20 mm 时,宜选用直接成方工艺成型的冷弯方(矩)形焊接钢管,其材质和材料性能应符合现行行业标准《建筑结构用冷弯矩形钢管》(JG/T 178—2005)中 I 级产品的规定;框架柱采用圆钢管时,宜采用直缝焊接圆钢管,其材质和材料性能应符合现行行业标准《建筑结构用冷成型焊接圆钢管》(JG/T 381—2012)的规定,其截面规格的径厚比不宜过小。

偏心支撑框架中的消能梁段所用钢材的屈服强度不应大于 345 MPa,屈强比不应大于 0.8;且屈服强度波动范围不应大于 100 MPa,有依据时,屈曲约束支撑核心单元可选用材质与性能符合现行国家标准《建筑用低屈服强度钢板》(GB/T 28905—2012)的低屈服强度钢。

钢结构楼盖采用压型钢板组合楼板时,宜采用闭口型压型钢板,其材质和材料性能应符合现行国家标准《建筑用压型钢板》(GB/T 12755—2008)的相关规定。

钢结构节点部位采用铸钢节点时,宜采用材质和材料性能符合现行国家标准《焊接结构用铸钢件》(GB/T 7659—2010)的 ZG270 - 480H、ZG300 - 500H 或 ZG340 - 550H 铸钢件。

钢结构所用焊接材料的选用应符合下列规定。

(1)手工焊焊条或自动焊焊丝和焊剂的性能应与构件钢材性能相匹配,其熔敷金属的力学性能不应低于母材的性能。当两种强度等级不同的钢材焊接时,宜选用与强度较低钢材相匹配的焊接材料。

(2)焊条的材质和性能应符合现行国家标准《非合金钢及细晶粒钢焊条》(GB/T 5117—2012)、《热强钢焊条》(GB/T 5118—2012)的有关规定。框架梁、柱节点和抗侧力支撑连接节点等重要连接或拼接节点的焊缝宜采用低氢型焊条。

(3)焊丝的材质和性能应符合现行国家标准《熔化焊用钢丝》(GB/T 14957—1994)、《气体保护电弧焊用碳钢、低合金钢焊丝》(GB/T 8110—2008)、《碳钢药芯焊丝》(GB/T 10045—2001)及《低合金钢药芯焊丝》(GB/T 17493—2008)的有关规定。

(4)埋弧焊用焊丝和焊剂的材质和性能应符合现行国家标准《埋弧焊用非合金钢及细晶粒钢实心焊丝、药芯焊丝和焊丝—焊剂组合分类要求》(GB/T 5293—2018)、《埋弧焊用低合金钢焊丝和焊剂》(GB/T 12470—2003)的有关规定。

钢结构所用螺栓紧固件材料的选用应符合下列规定。

(1)普通螺栓宜采用 4.6 或 4.8 级,其性能与尺寸规格应符合现行国家标准《紧固件机械性能 螺栓、螺钉和螺柱》(GB/T 3098.1—2010)、《六角头螺栓 C 级》(GB/T 5780—2016)和《六角头螺栓》(GB/T 5782—2016)的规定。

(2)高强度螺栓可选用大六角高强度螺栓或扭剪型高强度螺栓。高强度螺栓的材质、材料性能、级别和规格应符合现行国家标准《钢结构用高强度大六角头螺栓》(GB/T 1228—2006)、《钢结构用高强度大六角螺母》(GB/T 1229—2006)、《钢结构用高强度垫圈》(GB/T

1230—2006）、《钢结构用高强度大六角头螺栓、大六角螺母、垫圈技术条件》（GB/T 1231—2006）和《钢结构用扭剪型高强度螺栓连接副》（GB/T 3632—2008）的规定。

（3）组合结构所用圆柱头焊钉（栓钉）连接件的材料应符合现行国家标准《电弧螺柱焊用圆柱头焊钉》（GB/T 10433—2002）的规定。其屈服强度不应小于 322 MPa，抗拉强度不应小于 400 MPa，伸长率不应小于 14%。

（4）锚栓钢材可采用现行国家标准《碳素结构钢》（GB/T 700—2006）规定的 Q235 钢，《低合金高强度结构钢》（GB/T 1591—2018）中规定的 Q345 钢、Q390 钢或强度更高的钢材。

5.3　高层房屋钢结构体系的特点及选型

5.3.1　结构体系的特点

1. 纯框架结构体系

纯框架结构体系是由梁、柱通过节点的刚性构造连接而成的多个平面刚接框架结构组成的建筑结构体系。纯框架体系的优点是平面布置较灵活，刚度分布均匀，延性较好，具有较好的抗震性能，设计、施工也比较简便。缺点是侧向刚度较小，在高度较大的房屋中采用不合适、不经济。

2. 框架－支撑体系

在同一个框架－支撑体系中有两类不同的结构：一类是带有支撑的框架，称为支撑框架；另一类是纯框架，称为框架。支撑框架的抗侧刚度远大于框架。在水平力作用下，支撑框架是主要的抗侧力结构，承受主要的水平力，而框架只承受很小一部分水平力。由于框架－支撑体系由两种不同特性的结构组成，如设计得法，抗震时可成为双重抗侧力体系。框架－支撑体系的刚度大于纯框架体系，而又具有与纯框架体系相同的优点，因此它在高层房屋中的应用范围较纯框架体系广阔得多。

框架－支撑体系根据支撑类型的不同又可分为框架－中心支撑体系、框架－偏心支撑体系、框架－消能支撑体系和框架－防屈曲支撑体系。

1）框架－中心支撑体系

框架－中心支撑体系中的支撑轴向受力，因此刚度较大。在水平力作用下，受压力较大的支撑先失稳，支撑压杆失稳后，承载力和刚度均会明显降低，滞回性能不好，体系延性较差。一般用于抗震设防烈度较低的高层房屋中。

2）框架－偏心支撑体系

框架－偏心支撑体系中的支撑不与梁柱连接节点相交，而是交在框架横梁上，设计时把这部分梁段做成消能梁段，见图4－4。在基本烈度地震和罕遇地震作用下，消能梁段首先进入弹塑性达到消能的目的。因此框架－偏心支撑体系有较好的延性和抗震性能，可用于抗震设防烈度等于和高于8度的高层房屋中。

3）框架－消能支撑体系

框架－消能支撑体系是在支撑框架中设置消能器。消能器可采用黏滞消能器、黏弹性消能器、金属屈服消能器和摩擦消能器等。

框架－消能支撑体系利用消能器消能,减小大地震或大风对主体结构的作用,改善结构性能,降低材料用量和造价。

框架－消能支撑体系与框架－偏心支撑体系相比,具有以下优点:在大地震作用下体系损坏将发生在消能器上,因此检查、维修都比较方便;缺点是消能器较贵,有时不一定经济。

4)框架－防屈曲支撑体系

框架－防屈曲支撑体系是在支撑框架中采用一种特殊的防屈曲支撑杆。这种支撑杆在受拉和受压时都只能发生轴向变形,不发生侧向弯曲,因而也不会出现屈曲和失稳。这种支撑利用钢材受拉或受压时的塑性应变消能,其滞回曲线十分饱满,具有极佳的消能性能。

框架－防屈曲支撑体系采用中心支撑的布置形式,设计、制作与安装均较方便,而抗震性能又十分良好,因此虽然出现较晚,但在高层房屋中已得到迅速推广和应用。

3. 钢框架(或框筒)－混凝土核心筒(或剪力墙)体系

钢框架－混凝土核心筒和钢框筒－混凝土核心筒体系的结构示意图如图5－1和图5－2所示。这类体系与框架－剪力墙体系不同,混凝土剪力墙集中在结构的中部并形成刚度很大的筒体,称为混凝土核心筒,在核心筒外则布置钢框架或由钢框架形成的钢框筒。钢框架－混凝土核心筒体系,包括巨型柱－核心筒－伸臂桁架体系,因其造价低于全钢结构而抗震性能又优于钢筋混凝土结构,在我国的高层房屋中被广泛采用,特别是在超高层房屋中,往往被作为首选体系。

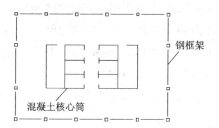 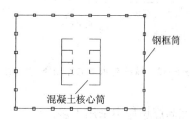

图5－1 钢框架－混凝土核心筒体系平面示意图　图5－2 钢框筒－混凝土核心筒体系平面示意图

这类体系由钢和混凝土两种不同材料组成,属于钢－混凝土混合结构体系中的一种。由于钢框架或钢框筒的抗侧刚度远小于混凝土核心筒的抗侧刚度,因此在水平力作用下,混凝土核心筒将承担绝大部分的水平力。钢框架或钢框筒承担的水平力往往不到全部水平力的20%。由于混凝土核心筒的延性较差,核心筒在地震水平力作用下会出现裂缝,刚度会明显降低,核心筒承担的水平力比例将会降低。核心筒承担剪力的减少部分将向钢框架或钢框筒转移。如果设计不当,则会出现连锁破坏,造成房屋倒塌。因此采用这类体系时必须防止这种情况。

这类体系一般宜设计成双重抗侧力体系,即混凝土核心筒和钢框架或钢框筒都应是能承受水平荷载的抗侧力结构,其中混凝土核心筒应是主要的抗侧力结构,而且应设计成有较好的延性,在高层房屋受地震水平力作用达到弹塑性变形限值时仍能承受不少于75%的水平力。钢框架或钢框筒作为第二道抗侧力结构,应设计成能承受不少于25%的水平力。

钢框筒与钢框架的差别是将柱加密,通常柱距不超过3 m,再用深梁与柱刚接,使其受力性能与筒壁上开小洞的实体筒类似,成为钢框筒。

这类体系虽也是双重抗侧力体系,但在抗震性能方面表现并不出色,基本上仍属于混凝土筒体的受力性能。在美国和日本的几次大地震中,采用这种体系的房屋均遭受严重破坏,目前国外在抗震区的高层房屋中几乎不采用这类体系。因此,在设计时必须十分注意采取提高其延性和抗震性能的严格措施。

在这类体系中,若采用混凝土剪力墙,则其抗震性能将更差。这类体系适宜在非抗震设防区的高层和超高层房屋中采用。

4.钢筒体结构体系

1)钢框筒结构体系

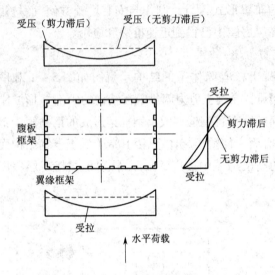

图 5 – 3　框筒在水平力作用下的柱轴力分布

钢框筒结构体系是将结构平面中的外围柱设计成钢框筒,而在框筒内的其他竖向构件主要承受竖向荷载。刚性楼面是框筒的横隔,可以增强框筒的整体性。

框筒是一空间结构,具有比框架体系大得多的抗侧刚度和抗扭刚度,承载力也比框架结构大,因此可以用于较高的高层房屋中。图 5 – 3 是框筒在水平力作用下的柱轴力分布情况。与实体筒不一样,由于框筒在剪力作用下产生的变形的影响,柱内轴力不再是线性分布,角柱的轴力大于平均值,中部柱的轴力小于平均值。这种现象称为剪力滞后。

框筒体系没有充分利用内部梁、柱的作用,在高层房屋中采用不多。

2)桁架筒结构体系

桁架筒结构体系是将外围框筒设计成带斜杆的桁架式筒,可以大大提高结构的抗侧刚度。桁架筒与框筒的差别在于前者的筒壁由桁架结构组成,其刚度和承载力均较框筒为大,可以用于很高的高层房屋。

3)钢框架 – 钢核心筒体系

钢框架 – 钢核心筒体系与钢框架 – 混凝土核心筒体系的主要差别就是前者采用了钢框筒作为核心筒,使体系延性和抗震性能大大改善,但用钢量有所增加。钢框架 – 钢核心筒体系属于双重抗侧力体系,有较好的抗震性能,可用于高度较大的高层房屋中。

4)筒中筒结构体系

筒中筒结构体系由外框筒和内框筒组成,其刚度比框筒结构体系大。刚性楼面起协调外框筒和内框筒变形和共同工作的作用。筒中筒体系与钢框筒 – 混凝土核心筒体系的不同在于钢筒中筒体系中的内筒也为钢框筒或钢支撑框筒。由于内筒采用了钢结构,其延性和抗震性能均大大改善。筒中筒体系的抗侧刚度和承载力都比较大,且又是双重抗侧力体系,因此常在高度很大的高层房屋中采用。

　　5）束筒体系

　　束筒体系是将多个筒体组合在一起,具有很大的抗侧刚度,且大大改善了剪力滞后现象,使各柱的轴力比较均匀,增大了结构的承载力,如图 5 - 4 所示。束筒体系平面布置灵活,而且在竖向可将各筒体设计成不同的高度,立面造型丰富,因此适用于超高层房屋。

　　5. 巨型结构体系

　　一般高层钢结构的梁、柱、支撑为一个楼层和一个开间内的构件,巨型结构则是由数个楼层和数个开间的构件组成了结构的梁、柱和支撑,一般可分为巨型框架结构和巨型桁架结构。巨型结构体系的最大优点是具有较好的抗震性能和抗侧刚度,房屋内部空间的分隔较为自由,可以灵活地布置大空间。

　　巨型结构体系出现的时间较短,但一经采用就显露出一系列的优点,如结构抗侧刚度大,抗震性能好,房屋内部空间利用自由,因此在超高层房屋中得到青睐。

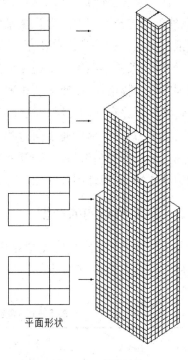

平面形状

图 5 - 4　束筒结构

　　6. 其他结构体系

　　上述各类结构体系是高层房屋钢结构体系的最基本形式,由此可以衍生出其他结构体系。目前最常用的是巨型柱 - 核心筒 - 伸臂桁架结构体系,如图 5 - 5 所示。巨型柱一般采用型钢混凝土柱,伸臂桁架采用钢桁架,高度可取 2 ~ 3 层层高。

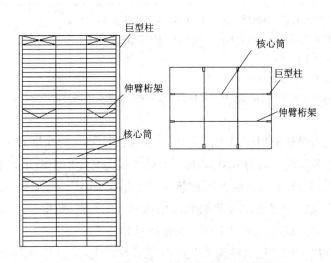

图 5 - 5　巨型柱 - 核心筒 - 伸臂桁架结构体系

这种体系以核心筒为主要抗侧力体系,巨型柱通过刚度极大的伸臂桁架与核心筒相连,参与结构的抗弯,可有效地减小房屋的侧向位移。当核心筒在水平力作用下弯曲时,刚性极大的伸臂桁架使楼面在它所在的位置保持为平截面,从而使巨型柱在内凹处缩短并产生压力,在外凸处伸长并产生拉力。由于此压力与拉力均处于结构的外围,力臂大,故形成了较大的抵抗力矩,减少了核心筒所受的弯矩,增加了结构的抗侧刚度,减少了结构的侧向位移。但是,伸臂桁架并不能使巨型柱在抵抗剪力中发挥更大的作用,另外,在伸臂桁架处,层间抗侧刚度突然大幅增加,而使与它相连的巨型柱产生塑性铰,这对抗震不利。

这种体系除在外围有巨型柱外,还布置有一般钢柱。由于一般钢柱的截面较小,一般不能分担水平力,只能起传递竖向荷载的作用,但它与楼面梁组成框架后,可以增加结构的抗扭刚度。如在伸臂桁架的同一楼层处在周围设置环桁架,可以加强外围一般柱的联系,加强结构的整体性,并使外围各柱能参与承担水平力产生的弯矩和剪力。

5.3.2　高层钢结构的选型

非抗震设计和抗震设防烈度为 6 度至 9 度的乙类和丙类高层民用建筑钢结构适用的最大高度应符合表 5 – 1 的要求。

表 5 – 1　高层民用建筑钢结构适用的最大高度　　　　　　　　　　　　　m

结构体系	6 度、7 度 (0.10g)	7 度 (0.15g)	8 度		9 度 (0.40g)	非抗震设计
			0.20g	0.30g		
纯框架	110	90	90	70	50	110
框架 – 中心支撑	220	200	180	150	120	240
框架 – 偏心支撑 框架 – 屈曲约束支撑 框架 – 延性墙板	240	220	200	180	160	260
筒体(框筒、筒中筒、桁架筒、束筒)巨型框架	300	280	260	240	180	360

注:1. 房屋高度指室外地面到主要屋面板板顶的高度(不包括局部凸出屋顶部分);

2. 超过表内高度的房屋,应进行专门研究和论证,采取有效的加强措施;

3. 表内筒体不包括混凝土筒;

4. 框架柱包括全钢柱和钢管混凝土柱;

5. 甲类建筑,6、7、8 度时宜按本地区抗震设防烈度提高 1 度后符合本表要求,9 度时应专门研究。

高层民用建筑钢结构适用的最大高宽比:①抗震设防烈度为 6 度和 7 度时不超过 6.5;②抗震设防烈度为 8 度时不超过 6.0;③抗震设防烈度为 9 度时不超过 5.5。

房屋高度不超过 50 m 的高层民用建筑可采用框架、框架 – 中心支撑或其他体系的结构;超过 50 m 的高层民用建筑,8、9 度时宜采用框架 – 偏心支撑、框架 – 延性墙板或屈曲约束支撑等结构。高层民用建筑不应采用单跨框架结构。

抗震设计的高层民用建筑的结构体系应符合下列规定:①应具有明确的计算简图和合理的地震作用传递路径;②应具有必要的承载能力、足够大的刚度、良好的变形能力和消耗地震能量的能力；③应避免因部分结构或构件的破坏而导致整个结构丧失承受重力荷载、风荷载和地震作用的能力；④对可能出现的薄弱部位，应采取有效的加强措施。

高层民用建筑的结构体系尚宜符合下列规定：①结构的竖向和水平布置宜使结构具有合理的刚度和承载力分布，避免因刚度和承载力突变或结构扭转效应而形成薄弱部位；②抗震设计时宜具有多道防线。

高层民用建筑的填充墙、隔墙等非结构构件宜采用轻质板材，应与主体结构可靠连接。房屋高度不低于 150 m 的高层民用建筑外墙宜采用建筑幕墙。

5.4　高层房屋钢结构体系的结构布置原则

5.4.1　高层房屋钢结构平面布置和竖向布置

高层房屋钢结构的平面布置和竖向布置与多层房屋钢结构的原则基本相同。高层房屋钢结构应根据抗震概念设计的要求明确设计建筑形体的规则性。不规则的建筑方案应按规定采取加强措施；特别不规则的建筑方案应进行专门的研究和论证，采用特别的加强措施；严重不规则的建筑方案不应采用。

在平面不规则类型中，高层房屋钢结构除了扭转不规则、凹凸不规则和楼板局部不连续不规则外，《高层民用建筑钢结构技术规程》（JGJ 99—2015）中规定了偏心布置不规则，即任一层的偏心率大于 0.15 或相邻层质心相差大于相应边长的 15%，偏心率按下式计算：

$$\varepsilon_x = \frac{e_x}{r_{ex}} \qquad \varepsilon_y = \frac{e_y}{r_{ey}} \tag{5-1}$$

$$r_{ex} = \sqrt{\frac{K_T}{\sum K_x}} \qquad r_{ey} = \sqrt{\frac{K_T}{\sum K_y}} \tag{5-2}$$

$$K_T = \sum (K_x \cdot \bar{y}^2) + \sum (K_y \cdot \bar{x}^2) \tag{5-3}$$

式中　　ε_x、ε_y——该层在 x 和 y 方向的偏心率；

e_x、e_y——x 和 y 方向水平荷载合力作用线到结构刚心的距离；

r_{ex}、r_{ey}——x 和 y 方向的弹性半径；

$\sum K_x$、$\sum K_y$——楼层各抗侧力构件在 x 和 y 方向的侧向刚度之和；

K_T——楼层的扭转刚度；

$\bar{x}$、$\bar{y}$——以刚心为原点的抗侧力构件坐标。

当框筒结构采用矩形平面形式时，应控制其平面长宽比小于 1.5，不能满足要求时，宜采用束筒结构。需抗震设防时，平面尺寸关系应符合表 5 - 2 的要求，表中相应尺寸的几何意义见图 5 - 6。

表5-2　L、l、l'、B'的限值

平面的长宽比		凹凸部分的长宽比		大洞口宽度比
L/B	L/B_{max}	l/b	l'/b	B'/B_{max}
≤5	≤4	≤1.5	≥1	≤0.5

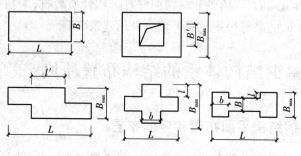

图5-6　表5-2中诸几何尺寸示意

高层房屋钢结构不宜设置防震缝。体型复杂、平立面不规则的建筑,应根据不规则程度、地基基础等因素,确定是否设防震缝;当在适当位置设置防震缝时,宜形成多个较规则的抗侧力结构单元。防震缝应根据抗震设防烈度、结构类型、结构单元的高度和高差情况,留有足够的宽度,其上部结构应完全分开;防震缝的宽度不应小于钢筋混凝土框架结构缝宽的1.5倍。

高层房屋钢结构可不设伸缩缝。当高层部分与裙房间不设沉降缝时,基础设计应进行基础整体沉降验算,并采取必要措施减轻差异沉降造成的影响,在施工中宜预留后浇带,连接部位还应加强构造和连接。

高层房屋钢结构的平面布置宜设置中心结构核心,将楼梯、电梯、管道等设置其中。对于抗震设防烈度7度或7度以上地区的建筑,在结构单元的端部角区或凹角部位,不宜设置楼梯、电梯间,必须设置时应采取加强措施。

5.4.2　高层房屋钢结构布置的其他要求

(1)高层房屋钢结构的楼板,必须有足够的承载力、刚度和整体性。楼板宜采用压型钢板现浇混凝土楼板、现浇钢筋桁架混凝土楼板或钢筋混凝土楼板,楼板与钢梁有可靠连接。6、7度时房屋高度不超过50 m的高层民用建筑,尚可采用装配式钢筋混凝土楼板,也可采用装配式楼板或其他轻型楼盖,应将楼板预埋件与钢梁焊接,或采取其他措施保证楼板的整体性。

(2)对转换楼层楼盖或楼板有大洞口等情况,宜在楼板内设置钢水平支撑。

(3)建筑物中有较大的中庭时,可在中庭的上端楼层用水平桁架将中庭开口连接,或采取其他增强结构抗扭刚度的有效措施。

(4)在设防烈度7度及7度以上地区的建筑中,各种幕墙与主体结构的连接应充分考虑主体结构产生层间位移时幕墙的随动性,使幕墙不增加主体结构的刚度。

(5)暴露在室外的钢结构构件,应采取隔热和防火措施,以减少温度应力的影响。

（6）高层建筑基础埋置较深,敷设地下室不仅起到补偿基础的作用,而且有利于增大结构抗侧倾的能力,因此高层钢结构宜设地下室。地下室通常采用钢筋混凝土剪力墙或框剪结构形式。

5.4.3 钢筒体结构体系布置原则

1. 钢框筒结构体系的布置原则

（1）框筒的高宽比不宜小于 3,否则不能充分发挥框筒的作用。

（2）框筒平面宜接近方形、圆形或正多边形,当为矩形时,长短边之比不宜超过 1.5。框筒平面的边长不宜超过 45 m,否则剪力滞后现象会较严重。

（3）框筒应做成密柱深梁。柱距一般为 1 ~ 3 m,不宜超过 4.5 m 和层高。框筒的窗洞面积不宜大于其总面积的 50% 。

（4）框筒柱截面刚度较大的方向宜布置在框筒的筒壁平面内,角柱应采用方箱形柱,其截面面积宜为非角柱的 1.5 倍左右。框筒为方、矩形平面时,也可将其做成切角方、矩形,以减小角柱受力和减轻剪力滞后现象。

（5）在框筒筒壁内,深梁与柱的连接应采用刚接。

2. 钢桁架筒结构体系的布置原则

钢桁架筒的筒壁是一个竖向桁架,由四片竖向桁架围成筒体。竖向桁架受力与桁架相同,其杆件可按桁架的要求布置,柱距可以放大,布置较框筒灵活。但桁架筒结构的高宽比仍不宜小于 3,筒体平面也以接近方形、圆形或正多边形为宜。

3. 钢框架 – 钢核心筒结构体系的布置原则

钢框架 – 钢核心筒结构体系中的钢框架柱距大,布置灵活,但周边梁与柱应刚性连接,在周围形成刚接框架。钢核心筒应采用桁架筒,以增加核心筒的刚度。核心筒的高宽比宜在 10 左右,一般不超过 15。外围框架柱与核心筒之间的距离一般为 10 ~ 16 m。外围框架柱与核心筒柱之间应设置主梁,梁与柱的连接可根据需要采用刚接或铰接。

4. 钢筒中筒结构体系的布置原则

钢筒中筒结构由钢外筒和钢内筒组成。钢外筒可采用钢框筒或钢桁架筒,其布置原则与钢框筒结构体系布置原则（1）（2）相同。钢内筒平面尺寸一般较小,都采用钢桁架筒。

钢筒中筒结构的布置尚应注意以下要求。

（1）内筒尺寸不宜过小,内筒边长不宜小于外筒边长的 1/3,内外筒之间的进深一般为 10 ~ 16 m。内筒的高宽比大约在 12,不宜超过 15。

（2）外筒柱与内筒柱的间距宜相同,外、内筒柱之间应设置主梁,并与柱刚接,以提高体系的空间工作作用。

5.5 高层房屋钢结构体系的荷载及荷载组合

5.5.1 竖向荷载和温度作用

（1）高层民用建筑的楼面活荷载、屋面活荷载及屋面雪荷载等应按现行国家标准《荷载规范》的规定采用。

（2）计算构件内力时，楼面及屋面活荷载可取各跨满载，楼面活荷载大于 4 kN/m² 时宜考虑楼面活荷载的不利布置。

（3）施工中采用附墙塔、爬塔等对结构有影响的起重机械或其他施工设备时，应根据具体情况验算施工荷载对结构的影响。

（4）旋转餐厅轨道和驱动设备的自重应按实际情况确定。

（5）擦窗机等清洗设备应按实际情况确定其大小和作用位置。

（6）直升机平台的活荷载应采用下列两款中能使平台产生最大内力的荷载：①直升机总重量引起的局部荷载，应按实际最大起飞重量决定的局部荷载标准值乘以动力系数确定；②等效均布荷载为 5 kN/m²。

（7）宜考虑施工阶段和使用阶段温度作用对钢结构的影响。

5.5.2　风荷载

由于风荷载在高层房屋钢结构设计中往往是起控制作用的荷载，在计算时，需要考虑的因素比多层房屋钢结构多，主要表现在以下两个方面：①基本风压应适当提高，对风荷载比较敏感的高层民用建筑，承载力设计时应按基本风压的 1.1 倍采用；②周边高层建筑对体型系数的影响。当多栋或群集的高层民用建筑相互间距离较近时，宜考虑风力相互干扰的群体效应。一般可将单栋建筑的体型系数乘以相互干扰增大系数，该系数可参考类似条件的试验资料确定，必要时通过风洞试验或数值技术确定。

计算主体结构的风荷载效应时，风荷载体型系数 μ_s 可按下列规定计算。

（1）对平面为圆形的建筑可取 0.8。

（2）对平面为正多边形及三角形的建筑可按下式计算：

$$\mu_s = 0.8 + 1.2/n \tag{5-4}$$

式中　　n——多边形的边数。

（3）高宽比不大于 4 的平面为矩形、方形和十字形的建筑可取 1.3。

（4）下列建筑可取 1.4：①平面为 V 形、Y 形、弧形、双十字形和井字形的建筑；②平面为 L 形和槽形及高宽比大于 4 的平面为十字形的建筑；③高宽比大于 4、长宽比不大于 1.5 的平面为矩形和鼓形的建筑。

（5）房屋高度大于 200 m 或者有下列情况之一的高层民用建筑，宜进行风洞试验或通过数值技术判断确定其风荷载：①平面形状不规则，里面形状复杂；②里面开洞或连体建筑；③周围地形和环境复杂。

（6）计算檐口、雨篷、遮阳板、阳台等水平构件的局部上浮风荷载时，风荷载体型系数不宜小于 2.0。（见《高层建筑混凝土结构技术规程》4.2.8）

（7）对于高度大于 30 m 且高宽比大于 1.5 的房屋，应考虑风压脉动对结构产生顺风向振动的影响。结构顺风向振动响应计算应按随机振动理论进行，结构的自振周期应按结构动力学计算。对横风向风振效应或扭转风振效应明显的高层民用建筑，应考虑横风向风振或扭转风振的影响。

（8）对于特别重要或体型复杂的单个高层房屋，其风荷载体型系数 μ_s 应由风洞试验确定。

5.5.3 地震作用

地震作用在高层房屋钢结构设计中是起主要控制作用的荷载。钢材有很好的塑性性能，因此如能充分利用钢材的塑性，组成具有良好消能性能的结构体系，就能减小地震作用的效应，得到抗震性能良好、用料经济的高层房屋。

根据"小震不坏、中震可修、大震不倒"的抗震设计目标，高层钢结构抗震设计应进行多遇地震作用及罕遇地震作用两阶段的抗震计算。

扭转特别不规则的结构，应计入双向水平地震作用下的扭转影响；其他情况，应计算单向水平地震作用下的扭转影响。按 9 度抗震设防的高层建筑钢结构，或者按 7 度（0.15g）、8 度抗震设防的大跨度和长悬臂构件，应计入竖向地震作用。

高层民用建筑钢结构的抗震计算，应采用下列方法。

（1）高层民用建筑钢结构宜采用振型分解反应谱法；对质量和刚度不对称、不均匀的结构以及高度超过 100 m 的高层民用建筑钢结构应采用考虑扭转耦联振动影响的振型分解反应谱法。

（2）高度不超过 40 m、以剪切变形为主且质量和刚度沿高度分布比较均匀的高层民用建筑钢结构，可采用底部剪力法。

（3）7 度至 9 度抗震设防的高层民用建筑，下列情况应采用弹性时程分析法进行多遇地震下的补充计算：①甲类抗震设防类别的房屋；②特殊不规则的高层民用建筑钢结构；③表 5-3 所列高度范围的房屋。

（4）计算罕遇地震作用下的结构变形和计算安装有消能减震装置的高层民用建筑的结构变形，可采用静力弹塑性分析方法或弹塑性时程分析方法。

表 5-3 采用弹性时程分析方法的房屋高度范围

烈度、场地类别	房屋高度范围/m
8 度 Ⅰ、Ⅱ类场地和 7 度	>100
8 度 Ⅲ、Ⅳ类场地	>80
9 度	>60

进行时程分析时，应符合下列规定。

（1）应按建筑场地类别和设计地震分组，选取实际地震记录和人工模拟的加速度时程曲线，其中实际地震记录的数量不应少于总数的三分之二，多组时程曲线的平均地震影响系数曲线应与振型分解反应谱法所采用的地震反应谱曲线在统计意义上相符。进行弹性时程分析时，每条时程曲线计算所得的结构底部剪力不应小于振型分解反应谱法计算结构的65%，多条时程曲线计算所得结构底部剪力平均值不应小于振型分解反应谱计算结果的80%。

（2）地震波的持续时间不宜小于建筑结构基本自振周期的 5 倍和 15 s，地震波的时间间距可取 0.01 s 或 0.02 s。

（3）输入的地震加速度的最大值可按表 5 – 4 采用。

（4）当取 3 组加速度时程曲线输入时，结构地震作用效应宜取时程法计算结果的包络值与振型分解反应谱法计算结果的较大值；当取 7 组及 7 组以上的时程曲线进行计算时，结构地震作用效应可取时程法计算结果的平均值与振型分解反应谱法计算结果的最大值。

表 5 – 4　时程分析所用地震加速度最大值　　　cm/s²

地震影响	6 度	7 度	8 度	9 度
多遇地震	18	35(55)	70(110)	140
设防地震	50	100(150)	200(300)	400
罕遇地震	125	220(310)	400(510)	620

注：7、8 度时括号内的数值分别用于设计基本地震加速度为 0.15g 和 0.30g 的地区。

计算地震作用时，重力荷载代表值应取永久荷载标准值和各可变荷载组合值之和。各可变荷载的组合值系数按表 5 – 5 采用。

表 5 – 5　组合值系数

可变荷载种类		组合值系数
雪荷载		0.5
屋面活荷载		不计入
按实际情况计算的楼面活荷载		1.0
按等效均布荷载计算的楼面活荷载	藏书库、档案库、库房	0.8
	其他民用建筑	0.5

高层房屋钢结构的地震影响系数应根据烈度、场地类别、设计地震分组和结构自振周期以及阻尼比确定。其水平地震影响系数最大值 α_{max} 应按表 5 – 6 采用；对处于发震断裂带两侧 10 km 以内的建筑，尚应乘以近场效应系数。近场效应系数 5 km 以内取 1.5，5 ~ 10 km 取 1.25。特征周期 T_g 应根据场地类别和设计地震分组按表 5 – 7 采用，计算罕遇地震作用时，特征周期应增加 0.05 s。周期大于 6.0 s 的高层民用建筑钢结构所采用的地震影响系数应专门研究。

表 5 – 6　水平地震影响系数最大值 α_{max}

地震影响	6 度	7 度	8 度	9 度
多遇地震	0.04	0.08 (0.12)	0.16 (0.24)	0.32
设防地震	0.12	0.23 (0.34)	0.45 (0.68)	0.90
罕遇地震	0.28	0.50 (0.72)	0.90 (1.20)	1.40

注：7、8 度时括号内的数值分别用于设计基本地震加速度为 0.15g 和 0.30g 的地区。

表 5 – 7　特征周期值 T_g　　　　　　　s

设计地震分组	场地类别				
	I_0	I_1	II	III	IV
第一组	0.20	0.25	0.35	0.45	0.65
第二组	0.25	0.30	0.40	0.55	0.75
第三组	0.30	0.35	0.45	0.65	0.90

高层房屋钢结构地震影响系数曲线如图 5 – 7 所示。当建筑结构的阻尼比为 0.05 时，地震影响系数曲线的阻尼调整系数应按 1.0 采用，形状参数应符合下列规定：①直线上升段，周期小于 0.1 s 的区段；②水平段，自 0.1 s 至特征周期 T_g 的区段，地震影响系数应取最大值 α_{max}；③曲线下降段，自特征周期至 5 倍特征周期的区段，衰减指数 γ 应取 0.9；④直线下降段，自 5 倍特征周期至 6.0 s 的区段，下降斜率调整系数 η_1 应取 0.02。当建筑结构的阻尼比不等于 0.05 时，曲线下降段的衰减指数、直线下降段的下降斜率调整系数和阻尼调整系数应按式(5 – 5)、式(5 – 6)和式(5 – 7)计算。

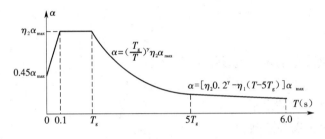

图 5 – 7　地震影响系数曲线

α—地震影响系数；α_{max}—地震影响系数最大值；η_1—直线下降段的下降斜率调整系数；γ—衰减指数；

T_g—特征周期；η_2—阻尼调整系数；T—结构自振周期

$$\gamma = 0.9 + \frac{0.05 - \xi}{0.3 + 6\xi} \tag{5 – 5}$$

$$\eta_1 = 0.02 + \frac{0.05 - \xi}{4 + 32\xi} \tag{5 – 6}$$

$$\eta_2 = 1 + \frac{0.05 - \xi}{0.08 + 1.6\xi} \tag{5 – 7}$$

式中　γ——曲线下降段的衰减指数；

　　　ξ——阻尼比；

　　　η_1——直线下降段的下降斜率调整系数，小于 0 时取 0；

　　　η_2——阻尼调整系数，当小于 0.55 时，应取 0.55。

多遇地震作用下计算双向水平地震作用效应时可不考虑偶然偏心的影响，但应验算单向水平地震作用下考虑偶然偏心影响的楼层竖向构件最大弹性水平位移与最大和最小弹性水平位移平均值之比；计算单向水平地震作用效应时应考虑偶然偏心的影响。每层质心沿垂直于地震作用方向的偏移值可按下列公式计算：

方形及矩形平面

$$e_i = \pm 0.05L_i \tag{5-8}$$

其他形式平面

$$e_i = \pm 0.172r_i \tag{5-9}$$

式中　e_i——第 i 层质心偏移值(m),各楼层质心偏移方向相同;

　　　　r_i——第 i 层相应质点所在楼层平面的转动半径(m);

　　　　L_i——第 i 层垂直于地震作用方向的建筑物长度(m)。

5.5.4　水平地震作用计算

采用振型分解反应谱法时,对于不考虑扭转耦联影响的结构,可采用式(5-10)计算结构 j 振型 i 层的水平地震作用标准值;当相邻振型的周期比小于 0.85 时,水平地震作用效应可采用式(5-11)计算。

$$F_{ji} = \alpha_j \gamma_j X_{ji} G_i \tag{5-10a}$$

$$\gamma_j = \sum_{i=1}^{n} X_{ji} G_i \Big/ \sum_{i=1}^{n} X_{ji}^2 G_i \ (i=1,2,\cdots,n; j=1,2,\cdots,m) \tag{5-10b}$$

$$S_{Ek} = \sqrt{\sum_{i=1}^{m} S_j^2} \tag{5-11}$$

式中　F_{ji}——j 振型 i 层的水平地震作用标准值;

　　　　α_j——相应于 j 振型自振周期的地震影响系数;

　　　　X_{ji}——j 振型 i 层的水平相对位移;

　　　　γ_j——j 振型的参与系数;

　　　　G_i——i 层的重力荷载代表值;

　　　　n——结构计算总质点数,小塔楼宜每层作为一个质点参与计算;

　　　　m——结构计算振型数,规则结构可取 3,当建筑较高、结构沿竖向刚度不均匀时可取 5~6;

　　　　S_{Ek}——水平地震作用标准值的效应;

　　　　S_j——j 振型水平地震作用标准值的效应(弯矩、剪力、轴向力和位移等)。

考虑扭转影响的平面、竖向不规则结构,按扭转耦联振型分解法计算时,各楼层可取两个正交的水平位移和一个转角位移共三个自由度,并应按式(5-12)~(5-19)计算结构的地震作用和作用效应。确有依据时,尚可采用简化计算方法确定地震作用效应。

j 振型 i 层的水平地震作用标准值,应按下列公式确定:

$$F_{xji} = \alpha_j \gamma_{tj} X_{ji} G_i$$
$$F_{yji} = \alpha_j \gamma_{tj} Y_{ji} G_i \ (i=1,2,\cdots,n; j=1,2,\cdots,m) \tag{5-12}$$
$$F_{tji} = \alpha_j \gamma_{tj} r_i^2 \varphi_{ji} G_i$$

式中　F_{xji}、F_{yji}、F_{tji}——j 振型 i 层的 x 方向、y 方向和转角方向的地震作用标准值;

　　　　X_{ji}、Y_{ji}——j 振型 i 层质心在 x、y 方向的水平相对位移;

　　　　φ_{ji}——j 振型 i 层的相对扭转角;

　　　　r_i——i 层转动半径,可取 i 层绕质心的转动惯量除以该层质量的商的正二次方根;

α_j——相当于第 j 振型自振周期 T_j 的地震影响系数,应按《高层民用建筑钢结构技术规程》(JGJ 99—2015)第 5.3.5 条、第 5.3.6 条确定;

γ_{tj}——计入扭转的 j 振型参与系数,可按式(5-13)~式(5-15)确定;

n——结构计算总质点数,小塔楼宜每层作为一个质点参与计算;

m——结构计算振型数,一般情况可取 9~15,多塔楼建筑每个塔楼振型数不宜小于 9。

当仅考虑 x 方向地震作用时:

$$\gamma_{xj} = \sum_{i=1}^{n} X_{ji} G_i \Big/ \sum_{i=1}^{n} (X_{ji}^2 + Y_{ji}^2 + \varphi_{ji}^2 r_i^2) G_i \tag{5-13}$$

当仅考虑 y 方向地震作用时:

$$\gamma_{yj} = \sum_{i=1}^{n} X_{ji} G_i \Big/ \sum_{i=1}^{n} (X_{ji}^2 Y_{ji}^2 + \varphi_{ji}^2 r_i^2) G_i \tag{5-14}$$

当考虑与 x 方向斜交的地震作用时:

$$\gamma_{tj} = \gamma_{xj} \cos \theta + \gamma_{yj} \sin \theta \tag{5-15}$$

式中　γ_{xj}、γ_{yj}——由式(5-13)、(5-14)求得的振型参与系数;

θ——地震作用方向与 x 方向的夹角(度)。

单向水平地震作用下,考虑扭转耦联的地震作用效应,应按下列公式确定:

$$S_{Ek} = \sqrt{\sum_{j=1}^{m} \sum_{k=1}^{m} \rho_{jk} S_j S_k} \tag{5-16}$$

$$\rho_{jk} = \frac{8 \sqrt{\xi_i \xi_k} (\xi_i + \lambda_T \xi_k) \lambda_T^{1.5}}{(1 - \lambda_T^2)^2 + 4\xi_j \xi_k (1 + \lambda_T^2)^2 \lambda_T + 4(\xi_j^2 + \xi_k^2) \lambda_T^2} \tag{5-17}$$

式中　S_{Ek}——考虑扭转的地震作用标准值的效应;

S_j、S_k——j、k 振型地震作用标准值的效应;

ξ_j、ξ_k——j、k 振型的阻尼比;

ρ_{jk}——j 振型与 k 振型的耦联系数;

λ_T——k 振型与 j 振型的自振周期比。

考虑双向水平地震作用下的扭转地震作用效应,应按下列公式中的较大值确定:

$$S_{Ek} = \sqrt{S_x^2 + (0.85 S_y)^2} \tag{5-18}$$

或

$$S_{Ek} = \sqrt{S_y^2 + (0.85 S_x)^2} \tag{5-19}$$

式中　S_x——仅考虑 x 向水平地震作用时的地震作用效应,按式(5-16)计算;

S_y——仅考虑 y 向水平地震作用时的地震作用效应,按式(5-16)计算。

采用底部剪力法计算高层民用建筑钢结构的水平地震作用(图 5-8)时,各楼层可仅取一个自由度,结构的水平地震作用标准值应按下列公式确定:

$$F_{Ek} = \alpha_1 G_{eq} \tag{5-20}$$

$$F_i = \frac{G_i H_i}{\sum_{j=1}^{n} G_j H_j} F_i (1 - \delta_n) \quad (i = 1, 2, \cdots, n) \tag{5-21}$$

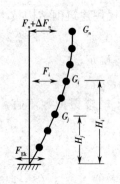

$$\Delta F_n = \delta_n F_{Ek} \qquad (5-22)$$

式中　F_{Ek}——结构总水平地震作用标准值(kN);

α_1——相应于结构基本自振周期的水平地震影响系数;

G_{eq}——结构等效总重力荷载代表值(kN),多质点可取总重力荷载代表值的85%;

F_i——质点 i 的水平地震作用标准值(kN);

G_i、G_j——集中于质点 i、j 的重力荷载代表值(kN);

H_i、H_j——质点 i、j 的计算高度(m);

δ_n——顶部附加地震作用系数;

ΔF_n——顶部附加水平地震作用(kN)。

图 5-8　结构水平地震作用计算简图

表 5-9　顶部附加地震作用系数 δ_n

T_g/s	$T_1 > 1.4T_g$	$T_1 \leqslant 1.4T_g$
$T_g \leqslant 0.35$	$0.08T_1 + 0.07$	
$0.35 < T_g \leqslant 0.55$	$0.08T_1 + 0.01$	0
$T_g > 0.55$	$0.08T_1 - 0.02$	

注:T_1 为结构基本自振周期。

高层民用建筑钢结构采用底部剪力法计算水平地震作用时,突出屋面的屋顶间、女儿墙、烟囱等的地震作用效应,宜乘以增大系数3。此增大部分不应往下传递,但与该突出部分相连的构件应予计入;采用振型分解反应谱法时,突出屋面部分可作为一个质点。

高层民用建筑钢结构抗震计算时的阻尼比取值宜符合下列规定:①多遇地震作用下的计算:高度不大于50 m可取0.04;高度大于50 m且小于200 m可取0.03;高度不小于200 m时宜取0.02;②当偏心支撑框架部分承担的地震倾覆力矩大于地震总倾覆力矩的50%时,多遇地震作用下的阻尼比可比本条1款相应增加0.005;③在罕遇地震作用下的弹塑性分析,阻尼比可取0.05。

5.5.5　竖向地震作用计算

如图 5-9 所示,设防烈度为 9 度时的高层民用建筑钢结构,其竖向地震作用标准值应按下列公式确定;楼层各构件的竖向地震作用效应可按各构件承受的重力荷载代表值的比例分配,并宜乘以增大系数1.5。

$$F_{Evk} = \alpha_{vmax} G_{eq} \qquad (5-23)$$

$$F_{vi} = \frac{G_i H_i}{\sum\limits_{j=1}^{n} G_j H_j} F_{Evk} \qquad (5-24)$$

式中　F_{Evk}——结构总竖向地震作用标准值(kN);

F_{vi}——质点 i 的竖向地震作用标准值(kN);

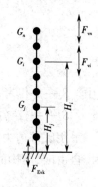

图 5-9　结构竖向地震作用计算简图

α_{vmax}——竖向地震影响系数的最大值,可取水平地震影响系数最大值的 65% ;

G_{eq}——结构等效总重力荷载(kN),可取其重力荷载代表值的 75% 。

跨度大于 24 m 的楼盖结构、跨度大于 12 m 的转换结构和连体结构,悬挑长度大于 5 m 的悬挑结构,结构竖向地震作用效应标准值宜采用时程分析法或振型分解反应谱法进行计算。时程分析计算时输入的地震加速度最大值可按规定的水平输入最大值的 65% 采用,反应谱分析时结构竖向地震影响系数最大值可按水平地震影响系数最大值的 65% 采用,设计地震分组可按第一组采用。

高层民用建筑中,大跨度结构、悬挑结构、转换结构、连体结构的连接体的竖向地震作用标准值,不宜小于结构或构件承受的重力荷载代表值与表 5 - 10 规定的竖向地震作用系数的乘积。

表 5 - 10　竖向地震作用系数

设防烈度	7 度	8 度		9 度
设计基本地震加速度	0.15g	0.20g	0.30g	0.40g
竖向地震作用系数	0.08	0.10	0.15	0.20

注:g 为重力加速度。

5.5.6　荷载组合

1. 承载能力极限状态设计

(1)对于非抗震设计,高层房屋钢结构的承载能力极限状态设计一般应采用下列荷载组合。

①楼面活荷载起控制作用:

$$1.2D + 1.4L_f + 1.4\max(S,L_s) + 1.4 \times 0.6w \qquad (5-25)$$

②风荷载起控制作用:

$$1.2D + 1.4w + 1.4 \times 0.7L_f + 1.4 \times 0.7\max(S,L_s) \qquad (5-26)$$

③永久荷载起控制作用:

$$1.35D + 1.4 \times 0.7L_f + 1.4 \times 0.7\max(S,L_s) + 1.4 \times 0.6w \qquad (5-27)$$

(2)对于抗震设计,高层房屋钢结构的承载能力极限状态设计应按多遇地震计算,其荷载组合为

$$1.2(D + 0.5L_f + 0.5L_s) + 1.3E_{EH} + 1.3 \times 0.85E_{EZ} + 1.4 \times 0.2w \qquad (5-28)$$

$$1.2(D + 0.5L_f + 0.5L_s) + 1.3E_{EZ} + 1.3 \times 0.85E_{EH} + 1.4 \times 0.2w \qquad (5-29)$$

式中　　D——恒载标准值;

L_s、L_f——屋面及楼面活荷载标准值;

S——雪荷载标准值;

w——风荷载标准值;

E_{EH}、E_{EZ}——分别代表水平地震作用和竖向地震作用。

当上式中的楼面活荷载 L_f 为书库、档案库、储藏室、密集柜书库、通风机房、电梯机房等的活荷载时,式(5-26)和式(5-27)中的组合系数0.7应改为0.9。

当高层房屋钢结构进行罕遇地震作用下的结构弹塑性变形计算时,其荷载组合为

$$D + 0.5L_f + 0.5L_s + E_{EH} + 0.85E_{EZ} \qquad (5-30)$$
$$D + 0.5L_f + 0.5L_s + 0.85E_{EH} + E_{EZ} \qquad (5-31)$$

2. 正常使用极限状态设计

(1)对于非抗震设计,高层房屋钢结构的正常使用极限状态设计的荷载组合如下。

①楼面活荷载起控制作用:

$$1.0D + 1.0L_f + 1.0\max(S, L_s) + 0.6w \qquad (5-32)$$

②风荷载起控制作用:

$$1.0D + 1.0w + 0.7L_f + 0.7\max(S, L_s) \qquad (5-33)$$

(2)对于抗震设计,高层房屋钢结构的正常使用极限状态设计的荷载组合为

$$D + 0.5L_f + 0.5L_s + E_{EH} + 0.85E_{EZ} \qquad (5-34)$$
$$D + 0.5L_f + 0.5L_s + 0.85E_{EH} + E_{EZ} \qquad (5-35)$$

当上式中的楼面活荷载 L_f 为书库、档案库、储藏室、密集柜书库、通风机房、电梯机房等的活荷载时,式(5-33)中的组合系数0.7应改为0.9。

5.6 高层房屋钢结构体系的分析

5.6.1 结构分析的规定及计算模型选用

1. 分析规定

高层房屋钢结构结构分析的规定与多层房屋钢结构的基本相同。考虑到高层房屋钢结构的特点,尚有以下规定。

(1)高层房屋钢结构在进行内力和位移计算时,不仅应考虑梁和柱的弯曲变形和剪切变形,还需考虑轴向变形。

(2)应考虑梁柱连接节点域的剪切变形对内力和位移的影响。

(3)进行水平地震作用计算时,结构各楼层对应于地震作用标准值的剪力 V_{Eki} 应符合下式要求:

$$V_{Eki} \geq \lambda \sum_{j=1}^{n} G_{Ej} \qquad (5-36)$$

式中 λ——水平地震剪力系数,不应小于表5-11规定的值,对于竖向不规则结构的薄弱层,尚应乘以1.15的系数;

G_{Ej}——第 j 层的重力荷载代表值;

n——结构计算总层数。

表 5 – 11　楼层最小地震剪力系数

类别	7 度	8 度	9 度
扭转效应明显或基本周期 小于 3.5 s 的结构	0.016(0.024)	0.032(0.048)	0.064
基本周期大于 5.0 s 的结构	0.012(0.018)	0.024(0.036)	0.048

注:1. 基本周期介于 3.5 s 和 5.0 s 之间的结构,可用线性插值;

2.7,8 度时括号内数值分别为用于设计基本地震加速度为 0.15g 和 0.30g 的地区。

2. 计算模型选用

高层房屋钢结构结构分析一般应采用空间结构计算模型,并根据需要采用空间结构 – 刚性楼面计算模型或空间结构 – 弹性楼面计算模型。因为这种模型能以较高精度反映结构的实际情况,用于受力复杂的高层房屋钢结构比较合适,能较好地保证其安全性。

计算模型中各单元的选用可参阅相关资料,在此不再阐述。

5.6.2　风荷载作用下的结构分析

1. 高层房屋钢结构在风荷载作用下结构分析的基本规定

高层房屋钢结构在风荷载作用下应将顺风向风荷载和横风向等效风荷载同时作用在承重结构上,按 5.5.6 节的荷载组合进行承载能力极限状态设计和正常使用极限状态设计。

除此之外,对圆形截面的高层房屋应进行横风向涡流共振的验算。对于高度超过 150 m 的高层房屋应进行结构舒适度校核。

2. 圆形截面高层房屋的横风向涡流共振验算

圆形截面高层房屋受到风力作用时,有时会发生旋涡脱落,若脱落频率与结构自振频率相符,就会出现共振。涡流共振现象在设计时应予以避免。

(1)为了避免涡流共振,圆形截面高层房屋钢结构应满足下式要求:

$$V_t \leqslant V_{cr} \tag{5 – 37}$$

$$V_t = \sqrt{1\,600\omega_t} \tag{5 – 38}$$

$$\omega_t = 1.4\mu_H\omega_0 \tag{5 – 39}$$

$$V_{cr} = \frac{5D}{T_1} \tag{5 – 40}$$

式中　V_t——顶部风速(m/s);

　　　ω_t——顶部风压设计值(kN/m²);

　　　μ_H——结构顶部风压高度变化系数;

　　　ω_0——基本风压(kN/m²);

　　　V_{cr}——临界风速(m/s);

　　　D——高层房屋圆形平面的直径;

　　　T_1——结构的基本自振周期(s)。

(2)当高层房屋圆形平面的直径沿高度缩小,斜率不大于 0.02 时,仍可按式(5 – 37)验算以避免涡流共振,但在计算 V_t 及 V_{cr} 对,可近似取 2/3 房屋高度处的风速和直径。

（3）当高层房屋不能满足式（5-37）时，应加大结构的刚度，减小结构的基本自振频率，使高层房屋满足式（5-37）。若无法满足式（5-37），可视不同情况按下列规定加以处理：

①当 $Re < 3.5 \times 10^6$ 时，可在构造上采取防振措施或控制结构的临界风速 V_{cr} 不小于 15 m/s。

Re 为雷诺数，可按下列公式确定：

$$Re = 69\ 000VD \qquad (5-41)$$

式中　V——计算高度处的风速（m/s）；

　　　D——高层房屋圆形平面的直径（m）。

②当 $Re \geqslant 3.5 \times 10^6$ 时，应考虑横风向风荷载的作用。

在 z 高度处振型 j 的横风向等效风荷载标准值 ω_{czj}，可由下列公式确定：

$$\omega_{czj} = |\lambda_j| V_{cr}^2 \varphi_{zj}/12\ 800\zeta_j \qquad (5-42)$$

式中　λ_j——计算系数，按表 5-12 确定；

　　　φ_{zj}——在 z 高度处的 j 振型系数；

　　　ζ_j——第 j 振型的阻尼比，对第一振型取 0.02，对高振型的阻尼比，也可近似按第一振型的值取用。

表 5-12　λ_j 计算用表

振型序号	H_1/H										
	0	0.1	0.2	0.3	0.4	0.5	0.6	0.7	0.8	0.9	1.0
1	1.56	1.56	1.54	1.49	1.41	1.28	1.12	0.91	0.65	0.35	0
2	0.73	0.72	0.63	0.45	0.19	-0.11	-0.36	-0.52	-0.53	-0.36	0

表中，H_1 为临界风速起始点高度：

$$H_1 = H \times \left(\frac{V_{cr}}{V_H}\right)^{1/\alpha} \qquad (5-43)$$

式中　α——地面粗糙度指数，对 A、B、C、D 四类分别取 0.12、0.16、0.22 和 0.30；

　　　V_H——结构顶部风速（m/s）。

横风向等效风荷载效应 S_C 应与顺风向风荷载效应 S_A 一起作用，按下式组合：

$$S = \sqrt{S_C^2 + S_A^2} \qquad (5-44)$$

3. 高度超过 150 m 的高层房屋的舒适度校核

高层房屋钢结构的舒适度按 10 年重现期风荷载下房屋顶点的顺风向和横风向最大加速度不应超过表 5-8 的限值。

表 5-8

使用功能	$a_{lim}/(m/s^2)$
住宅、公寓	0.20
办公、旅馆	0.28

高层房屋顺风向和横风向的顶点最大加速度可按下列规定计算。

（1）当高层房屋不需考虑干扰效应时。

①顺风向最大加速度按下式计算：

$$a_\mathrm{d} = \xi \nu \frac{\mu_\mathrm{s} \omega_\mathrm{H} A}{M} \tag{5-45}$$

式中　a_d——顺风向顶点最大加速度；

　　　ξ、ν——脉动增大系数和脉动影响系数，可按现行国家标准《荷载规范》的规定确定；

　　　μ_s——风荷载体型系数，按《荷载规范》和现行上海市标准《高层建筑钢结构设计规程》（DG/TJ 08—32—2008）的规定确定；

　　　ω_H——10 年重现期风压（kN/m²），按《荷载规范》取用；

　　　M——高层房屋总质量。

②横风向最大加速度按下式计算：

$$a_\mathrm{w} = g_\mathrm{R} \frac{H}{M_1} B \omega_\mathrm{H} \sqrt{\frac{\pi \theta_\mathrm{m} S_\mathrm{F}(f_1)}{4(\zeta_\mathrm{s1} + \zeta_\mathrm{a1})}} \tag{5-46}$$

式中　a_w——横风向顶点最大加速度（m/s²）；

　　　g_R——共振峰值因子；

　　　H——高层房屋高度；

　　　M_1——一阶广义质量；

　　　B——高层房屋迎风面宽度（m）；

　　　f_1——高层房屋横风向一阶频率；

　　　θ_m——横风向一阶广义风荷载功率谱修正系数；

　　　$S_\mathrm{F}(f_1)$——横风向一阶广义无量纲风荷载功率谱；

　　　ζ_s1——高层房屋横风向一阶结构阻尼比，可取 0.02；

　　　ζ_a1——高层房屋横风向一阶气动阻尼比。

③当高层房屋需考虑干扰效应时，顺风向顶点最大加速度和横风向顶点最大加速度应分别乘以顺风向动力干扰因子 η_dx 和横风向动力干扰因子 η_dy。η_dx 和 η_dy 按有关规定确定。

5.6.3　地震作用下的结构分析

高层房屋钢结构具有下列情况之一时，应进行弹塑性变形验算：①高度大于 150 m；②属于甲类建筑或设防烈度为 9 度时的乙类建筑。高层房屋钢结构具有下列情况之一时，宜进行弹塑性变形验算：①表 5 - 3 所列高度范围，且有表 4 - 2 所列的竖向不规则；②7 度Ⅲ、Ⅳ类场地和 8 度时的乙类建筑；③高度在 100～150 m。

高层房屋钢结构进行弹塑性变形验算时，宜采用弹塑性时程分析法，也可采用静力弹塑性分析法。弹塑性时程分析法采用的加速度时程曲线应按《建筑抗震设计规范》（GB 50011—2010）的规定采用，弹塑性时程分析法和静力弹塑性分析法的具体计算方法，可参阅有关专门书籍。

5.7 偏心支撑框架和防屈曲支撑框架设计

高层房屋钢结构的楼面、屋面、框架柱、框架梁、中心支撑结构以及节点设计等与多层房屋钢结构的类似,不再重复。本节将重点阐述偏心支撑框架和防屈曲支撑框架的设计。

5.7.1 偏心支撑框架设计的一般规定

偏心支撑的形式已在第4章中介绍。偏心支撑体系的消能梁段是高层房屋钢结构抗大震时的主要消能部件,设计时必须十分重视,确保消能梁段具有良好的延性和抗震性能。

为使消能梁段具有良好的滞回性能,起到预期的消能作用,消能梁段应符合下列构造规定。

(1)偏心支撑框架中的支撑斜杆,应至少有一端与梁连接,并在支撑与梁交点和柱之间或支撑同一跨内另一支撑与梁交点之间形成消能梁段。超过50 m的钢结构采用偏心支撑框架时,顶层可采用中心支撑。

(2)消能梁段及与消能梁段同一跨内的非消能梁段,其板件的宽厚比不应大于表5-13中规定的限值。

表 5-13 偏心支撑消能梁段截面板件宽厚比限值

板件名称		宽厚比限值
翼缘外伸部位		$8\sqrt{\dfrac{235}{f_y}}$
腹板	当 $\dfrac{N}{Af} \leqslant 0.14$ 时	$90\left(1 - 1.65\dfrac{N}{Af}\right)\sqrt{\dfrac{235}{f_y}}$
	当 $\dfrac{N}{Af} > 0.14$ 时	$33\left(2.3 - \dfrac{N}{Af}\right)\sqrt{\dfrac{235}{f_y}}$

注:表中 N 为消能梁段的轴力设计值;A 为消能梁段的截面面积;f、f_y 为消能梁段钢材的抗拉强度设计值和屈服强度。

(3)偏心支撑框架的支撑杆件的长细比不应大于 $120\sqrt{235/f_y}$。支撑截面板件的翼缘外伸部位和腹板宽厚比限值分别为 $(10 + 0.1\lambda)\sqrt{235/f_y}$、$(25 + 0.5\lambda)\sqrt{235/f_y}$。

(4)消能梁段的净长应符合下列要求。

当 $N \leqslant 0.16Af$ 时,其净长不宜大于 $1.6M_{lp}/V_1$。

当 $N > 0.16Af$ 时:①$\rho(A_w/A) < 0.3$ 时,$\alpha \leqslant 1.6M_{lp}/V_1$;②$\rho(A_w/A) \geqslant 0.3$ 时,$\alpha \leqslant [1.15 - 0.5\rho(A_w/A)]1.6M_{lp}/V_1$。其中,$\rho = N/V$。式中,$\alpha$ 为消能梁段的净长(mm);ρ 为消能梁段轴力设计值与剪力设计值的比值;M_{lp} 为消能梁段截面的全塑性受弯承载力;V_1 为消能梁段的受剪承载力。

(5)消能梁段的腹板不得贴焊补强板,也不得开洞。

(6)消能梁段的腹板应按下列规定设置加劲肋(图5-10)。

①消能梁段与支撑连接处,应在其腹板两侧设置加劲肋,加劲肋的高度应为梁腹板的高度,一侧的加劲肋宽度不应小于 $(b_f/2 - t_w)$,厚度不应小于 $0.75t_w$ 和 10 mm 的较大值。

②当 $\alpha \leq 1.6M_{\text{lp}}/V_1$ 时,中间加劲肋间距不应大于 $(30t_{\text{w}} - h/5)$。

③当 $2.6M_{\text{lp}}/V_1 < \alpha \leq 5M_{\text{lp}}/V_1$ 时,应在距消能梁段端部 $1.5b_{\text{f}}$ 处设置中间加劲肋,且中间加劲肋间距不应大于 $(52t_{\text{w}} - h/5)$。

④当 $1.6M_{\text{lp}}/V_1 < \alpha \leq 2.6M_{\text{lp}}/V_1$ 时,中间加劲肋的间距可取②和第③两者的线性插入值。

⑤当 $\alpha > 5M_{\text{lp}}/V_1$ 时,可不设置中间加劲肋。

⑥中间加劲肋应与消能梁段的腹板等高,当消能梁段截面的腹板高度不大于 640 mm 时,可设置单侧加劲肋;消能梁段截面腹板高度大于 640 mm 时,应在两侧设置加劲肋,一侧加劲肋的宽度不应小于 $(b_{\text{f}}/2 - t_{\text{w}})$,厚度不应小于 t_{w} 和 10 mm 的较大值。

⑦加劲肋与消能梁段的腹板和翼缘之间可采用角焊缝连接,连接腹板的角焊缝的受拉承载力不应小于 fA_{st},连接翼缘的角焊缝的受拉承载力不应小于 $fA_{\text{st}}/4$,A_{st} 为加劲肋的横截面面积。

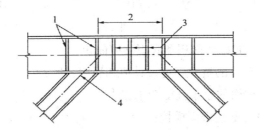

图 5 - 10　消能梁段的腹板加劲肋设置

1—双面全高设加劲肋;2—消能梁段上、下翼缘均设侧向支撑;3—腹板高大于 640 mm 时设双面中间加劲肋;
4—支撑中心线与消能梁段中心线交于消能梁段内

(7)消能梁段与柱的连接应符合下列规定:①消能梁段与柱翼缘应采用刚性连接,且应符合框架梁与柱的刚接要求;②消能梁段与柱翼缘连接的一端采用加强型连接时,消能梁段的长度可从加强的端部算起,加强的端部梁腹板应设置加劲肋。

(8)支撑与消能梁段的连接应符合下列规定:①支撑轴线与梁轴线的交点,不得在消能梁段外;②抗震设计时,支撑与消能梁段连接的承载力不得小于支撑的承载力,当支撑端有弯矩时,支撑与梁连接的承载力应按抗压弯设计。

(9)消能梁段与支撑连接处,其上、下翼缘应设置侧向支撑,支撑的轴力设计值不应小于消能梁段翼缘的轴向极限承载力的 6%,即 $0.06f_{\text{y}}b_{\text{f}}t_{\text{f}}$($f_{\text{y}}$ 为消能梁段钢材的屈服强度,b_{f}、t_{f} 分别为消能梁段翼缘的宽度和厚度)。

(10)与消能梁段同跨的框架梁的稳定不满足要求时,梁的上、下翼缘应设置侧向支撑,支撑的轴力设计值不应小于梁翼缘轴向承载力的 2%,即 $0.02fb_{\text{f}}t_{\text{f}}$($f$ 为框架梁钢材的抗拉强度设计值,b_{f}、t_{f} 分别为框架梁翼缘的宽度和厚度)。

5.7.2　偏心支撑消能梁段的设计

1. 消能梁段的抗剪承载力验算

在多遇地震作用下,消能梁段的抗剪承载力应按下式验算。

当 $N \leqslant 0.15Af$ 时

$$V \leqslant \frac{\phi V_1}{\gamma_{RE}} \qquad (5-47)$$

当 $N > 0.15Af$ 时

$$V \leqslant \frac{\phi V_{lc}}{\gamma_{RE}} \qquad (5-48)$$

式中　ϕ——系数,可取 0.9;

　　　γ_{RE}——消能梁段承载力抗震调整系数,取 0.85;

　　　V、N——消能梁段的剪力设计值和轴力设计值;

　　　V_1、V_{lc}——消能梁段的受剪承载力和计入轴力影响的受剪承载力,按下列公式计算:

$$V_1 = 0.58A_w f_y \text{ 或 } V_1 = 2M_{lp}/a, \text{取较小值} \qquad (5-49)$$

$$V_{lc} = 0.58A_w f_y \sqrt{1 - \frac{N}{(Af)^2}} \text{ 或 } V_{lc} = 2.4 \frac{M_{lp}}{a} \left(1 - \frac{N}{Af}\right) \qquad (5-50)$$

$$M_{lp} = W_{np} f \qquad (5-51)$$

式中　A、A_w——消能梁段的截面面积和腹板截面面积;

　　　f、f_y——消能梁段钢材的抗拉强度设计值和屈服强度;

　　　M_{lp}——消能梁段截面的全塑性受弯承载力;

　　　W_{np}——消能梁段的塑性截面模量;

　　　a——消能梁段的长度。

2. 消能梁段的抗弯承载力验算

在多遇地震作用下,消能梁段的抗弯承载力应按下式验算。

当 $N \leqslant 0.15Af$ 时

$$\frac{M}{W} + \frac{N}{A} \leqslant \frac{f}{\gamma_{RE}} \qquad (5-52)$$

当 $N > 0.15Af$ 时

$$\left(\frac{M}{h} + \frac{N}{2}\right) \frac{1}{b_f t_f} \leqslant \frac{f}{\gamma_{RE}} \qquad (5-53)$$

式中　M——消能梁段的弯矩设计值;

　　　W——消能梁段的截面模量;

　　　h——消能梁段的截面高度;

　　　b_f、t_f——消能梁段截面的翼缘宽度和厚度。

5.7.3　偏心支撑杆件的设计

偏心支撑斜杆承载力应按下式验算:

$$N_{br} \leqslant \varphi A_{br} f/\gamma_{RE} \qquad (5-54)$$

式中　A_{br}——支撑斜杆截面面积;

　　　φ——由支撑斜杆长细比确定的轴心受压构件稳定系数;

　　　γ_{RE}——支撑斜杆承载力抗震调整系数,取 0.85;

N_{br}——支撑斜杆轴力设计值,按下列规定取用。

由于在偏心支撑框架中,消能梁段是消能的最主要构件,因此在设计中应使消能梁段先屈服而支撑斜杆不屈曲。为了达到消能梁段屈服时支撑斜杆不屈曲,必须对支撑斜杆轴力设计值按以下公式进行调整。

$$N_{br} = \eta_{br} \frac{V_1}{V} N_{br,com}$$ （5 – 55）

式中　N_{br}——支撑的轴力设计值(kN);

V——消能梁段的剪力设计值(kN);

V_1——消能梁段不计入轴力影响的受剪承载力(kN);

$N_{br,com}$——对应于消能梁段剪力设计值 V 的支撑组合的轴力设计值(kN);

η_{br}——偏心支撑框架支撑内力设计值增大系数,其值在一级时不应小于 1.4,二级时不应小于 1.3,三级时不应小于 1.2,四级时不应小于 1.0。

5.7.4　偏心支撑框架柱和框架梁的设计

偏心支撑框架柱的设计可按 4.6 节进行,但其轴力设计值和弯矩设计值应按下列规定取用,以实现强柱弱梁的设计原则。

（1）位于消能梁段同一跨的框架梁的弯矩设计值由下式计算:

$$M_b = \eta_b \frac{V_1}{V} M_{b,com}$$ （5 – 56）

（2）框架柱轴力设计值 N_c 应由下式计算:

$$N_c = \eta_c \frac{V_1}{V} N_{c,com}$$ （5 – 57）

（3）框架柱弯矩设计值 M_c 应由下式计算:

$$M_c = \eta_b \frac{V_1}{V} M_{c,com}$$ （5 – 58）

式中　$N_{c,com}$、$M_{c,com}$——对应于消能梁段剪力设计值 V 的柱组合的弯矩计算值和轴力计算值;

M_b——位于消能梁段同一跨的框架梁的弯矩设计值;

M_c、N_c——框架柱的弯矩设计值和轴力设计值;

η_b、η_c——位于消能梁段同一跨的框架梁的弯矩设计值增大系数和柱内力设计值增大系数,其值在一级时不应小于 1.3,二、三、四级时不应小于 1.2。

5.7.5　防屈曲支撑框架的设计

1. 一般规定

防屈曲支撑框架体系是一种特殊的中心支撑框架体系,它与中心支撑框架体系的不同在于它的支撑斜杆采用防屈曲支撑构件。防屈曲支撑构件在受压和受拉时均能进入屈服消能,具有极佳的抗震性能。

防屈曲支撑框架一般采用梁柱刚接连接,支撑斜杆用螺栓或销轴与梁、柱连接,这样在支撑斜杆进入完全屈服状态时,结构仍具有必要的刚度。

防屈曲支撑框架中的支撑布置宜采用 V 形、人字形和单斜形等形式,不得设计为 K 形和 X 形。支撑采用 K 形布置时,会在框架柱中部支撑交汇处给柱带来侧向集中力的不利作用;X 形布置时,因防屈曲支撑截面较大,在交汇处难以实现。

防屈曲支撑框架应沿结构的两个主轴方向分别设置,在竖向宜连续布置,且形式一致,而支撑截面可由底层到高层逐步减小。

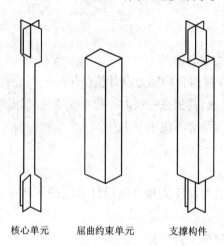

核心单元　屈曲约束单元　支撑构件

图 5-11　防屈曲支撑构件

防屈曲支撑构件由核心单元和屈曲约束单元组成,如图 5-11 所示。核心单元的中部为屈服段,采用一字形、十字形或工字形截面。由于要求支撑在反复荷载下屈服,钢材宜采用低屈服点钢材,伸长率不应小于 20%,并应具有工作温度条件下的冲击韧性合格保证,同时要求屈服强度值应稳定。屈曲约束单元的截面形式有方管和圆管,核心单元置于屈曲约束单元内,在屈曲约束单元内灌注砂浆或细石混凝土,使核心单元在受压时不会整体失稳而只能屈服。为了防止砂浆或混凝土与核心单元黏结,可在核心单元表面涂一层无黏结材料或设置非常狭小的空气层。由于防屈曲支撑在受压时不会整体失稳,因此在反复荷载作用下,具有与钢材一样的滞回曲线,曲线极为饱满,具有极佳的消能能力。

2. 防屈曲支撑构件的设计与构造

1) 支撑构件的设计

防屈曲支撑设计时,采用的荷载和荷载组合与其他抗侧力结构的高层房屋钢结构相同。在考虑多遇地震或风荷载的组合情况下,防屈曲支撑应保持在弹性状态,在罕遇地震作用下,约束屈服段应进入全截面屈服,其他部位应保持弹性状态。

防屈曲支撑构件应设计成仅承受轴心力作用,其轴向受拉和受压承载力设计值应按下式计算:

$$F_d = \alpha F_y = \alpha A_1 f_y \tag{5-59}$$

式中　α——材料强度折减系数,取 0.9;

　　　F_y——约束屈服段的屈服承载力,$F_y = A_1 f_y$;

　　　$A_1 \backslash f_y$——约束屈服段的截面面积和钢材的屈服强度。

防屈曲支撑不应发生整体屈曲,其控制条件是

$$\frac{P_{cr}}{\xi \omega R_y F_y} = \frac{\dfrac{\pi E_0 I_0}{l^2}}{\xi \omega R_y A_1 f_y} \geqslant 1.1 \tag{5-60}$$

式中　P_{cr}——防屈曲支撑构件的整体弹性屈曲荷载;

　　　$E_0 \backslash I_0$——屈曲约束单元材料的弹性模量和截面惯性矩;

　　　l——防屈曲支撑构件的长度;

R_y——约束屈服段钢材的超强系数,当 f_y 由试验确定时,R_y 取 1.0;

ξ、ω——支撑的受压强度调整系数及受拉强度调整系数,其值的确定参见式 (5-62)。

防屈曲支撑构件不应发生局部失稳,核心单元外伸段板件的宽厚比应满足:

$$\frac{b}{t} \leqslant 15\sqrt{\frac{235}{f}} \tag{5-61}$$

式中　b、t ——外伸段板件的外伸宽度和厚度。

2)支撑构件的构造

防屈曲支撑构件的核心单元钢板不允许有对接接头,与屈曲约束单元间的间隙值应不小于核心单元截面边长的 1/250,一般情况下取 1~2 mm。

防屈曲支撑的轴向变形能力应满足当防屈曲支撑框架产生 1.5 倍弹塑性层间位移角限值时在支撑轴向所需的变形量。在构造上应在外部预留空间,防止支撑受压时在轴向与混凝土直接接触。

3. 防屈曲支撑框架的梁、柱及节点设计

1)梁、柱的设计

防屈曲支撑框架的梁和柱的设计除应按一般框架的梁和柱考虑荷载和荷载组合外,尚应考虑防屈曲支撑构件全部屈服时的影响。

防屈曲支撑斜杆截面全部屈服时的最大轴力为

受拉时

$$D_b = \omega R_y A_1 f_y \tag{5-62a}$$

受压时

$$D_b = \xi \omega R_y A_1 f_y \tag{5-62b}$$

式中　ω——考虑应变强化的受拉强度调整系数,定义为支撑所在楼层的层间位移角达到弹塑性层间位移角的 1.5 倍时,支撑的最大受拉承载力与约束屈服段名义屈服承载力的比值,一般为 1.2~1.5,具体由试验确定;

ξ——支撑的受压强度调整系数,定义为支撑所在楼层的层间位移角达到弹塑性层间位移角的 1.5 倍时,支撑最大受压承载力与最大受拉承载力的比值,一般为 1.0~1.3,具体由试验确定。

支撑采用 V 形、人字形布置时,与支撑相连的梁应考虑拉、压不平衡力对横梁的不利影响。同时梁还应在不考虑支撑作用情况下,能抵抗恒、活载组合作用下的荷载效应。

与支撑构件相连的梁应具有足够的刚度,在荷载与 D_b 组合下,梁的挠度应不超过 $L/240$(L 为柱间梁的轴线距离)。

防屈曲支撑框架的梁、柱截面的板件宽厚比应分别满足表 4-7 和表 4-8 的规定。

2)节点设计的一般规定

梁、柱在与支撑构件连接处,应设置加劲肋。节点板和加劲肋的强度和稳定性均应进行验算。

防屈曲支撑构件与梁、柱连接的承载力应不小于 $1.1\omega R_y A_1 f_y$(受拉)和 $1.1\xi\omega R_y A_1 f_y$(受压)。支撑采用 V 形、人字形布置时,其连接节点也应能承担 V 形、人字形支撑产生的不平衡力。

5.7.6　防屈曲支撑框架结构分析及设计要点

防屈曲支撑框架结构的分析应按下述要求进行。

(1)多遇地震和风荷载作用下,防屈曲支撑框架结构可采用线性分析方法。

(2)罕遇地震作用下,防屈曲支撑框架结构的整体分析应采用弹塑性时程分析方法。防屈曲支撑的恢复力模型应由试验确定,试验方法应按有关规程的规定进行。

(3)防屈曲支撑框架结构的层间弹塑性位移角限值可取 1/800。

防屈曲支撑框架结构的设计,可按下列程序进行:

(1)仅考虑竖向荷载效应进行防屈曲支撑框架结构中梁柱的初步设计;

(2)采用反应谱法对防屈曲支撑约束屈服段的截面面积进行初步选择;

(3)校核多遇地震和风荷载作用下防屈曲支撑框架结构的承载力和刚度;

(4)采用弹塑性时程分析法校核罕遇地震作用下防屈曲支撑框架结构的弹塑性变形和消能机制;

(5)进行防屈曲支撑构件设计和支撑构件与梁、柱连接的设计。

第6章　预埋件、钢结构防护及施工验收

6.1　预埋件设计

6.1.1　基本原则

在预埋件设计中,应结合建筑物的特点及建筑设计的需要,合理选用材料和构造形式,做到技术先进、经济合理、安全适用、确保质量。

进行预埋件设计时,应遵守下列规范、全国通用建筑设计标准及有关标准的有关规定:

(1)《混凝土结构设计规范》(GB 50010—2010);

(2)《建筑抗震设计规范》(GB 50011—2010);

(3)《钢结构设计标准》(GB 50017—2017);

(4)《混凝土结构工程施工质量验收规范》(GB 50204—2015);

(5)《钢筋焊接及验收规程》(JCJ 18—2012);

(6)《建筑结构制图标准》(GB/T 50105—2010);

(7)《钢筋混凝土结构预埋件》(16G362)。

采用下列表达式进行预埋件承载力极限状态计算:

当预埋件承受恒载时

$$\gamma_0 S \leqslant R \tag{6-1}$$

当预埋件承受周围反复或多次重复荷载时

$$\gamma_0 S \leqslant K_1(或 K_2)R \tag{6-2}$$

当预埋件承受地震作用时

$$S = \frac{K_1(或 K_2)R}{\gamma_{RE}} \tag{6-3}$$

式中　R——满足构造要求的预埋件承载力设计值(恒载);

γ_0——结构重要性系数,对安全等级为一级、二级和三级的结构构件,可分别取 1.1、1.0 和 0.9;

S——作用力设计值,在疲劳强度验算中,荷载取用标准值;

K_1——光圆锚筋的承载力折减系数;

K_2——角钢、钢板或在其上焊接锚筋的预埋件承载力折减系数;

γ_{RE}——承载力抗震调整系数,在计算预埋件时,取 $\gamma_{RE}=1$。

当有地震、吊车荷载等作用时,将轴心受拉及受剪预埋件承载力设计值乘以折减系数 K_1(或 K_2)。K_1、K_2 见表 6-1。

表 6 - 1　承载力折减系数 K_1 及 K_2

分类	K_1	K_2
静力计算	1.0	1.0
抗震验算	0.8	0.7
中、重级吊车水平荷载作用时的疲劳验算	受拉 0.6受剪 0.4	

位于构件混凝土浇灌面的预埋件,其受剪承载力设计值应乘以折减系数 0.8,并要求在预埋板中间开设排气孔以保证混凝土浇灌密实。

6.1.2　材料

预埋件的钢板与型钢一般采用 Q235—B·F 钢,质量标准应符合《碳素结构钢》(GB 700—2006)规定的要求。

预埋件的锚筋采用 Ⅰ 级光圆钢筋,其牌号为 Q235;Ⅱ 级热轧带月牙钢筋,其牌号为 20MnSi 及 20MnNb,其质量标准应分别符合《钢筋混凝土用钢 第 1 部分:热轧光圆钢筋》(GB 1499.1—2008)及《钢筋混凝土用钢 第 2 部分:热轧带肋钢筋》(GB 1499.2—2007)的要求。

预埋件的锚筋不得采用冷加工钢筋。预埋件的受力锚筋宜采用直径 10～25 mm 的 Ⅱ 级钢筋,构造用的锚筋一般宜采用直径 6～8 mm 的 Ⅰ 级钢筋。混凝土结构表面温度高于 100 ℃时,混凝土结构中预埋件的钢筋应采用 Ⅱ 级钢筋。

在 100～200 ℃温度下,锚筋强度有所降低,此时锚筋强度设计值 f_y 应乘以温度作用下锚筋强度设计值的折减系数 γ_y。γ_y 按相关规定采用。

构造预埋件应埋置于 ≥C15 的混凝土构件内;当受力预埋件及锚筋采用 Ⅱ 级钢筋或角钢时,构件混凝土强度等级应采用 ≥C20 的混凝土。混凝土强度设计值按表 6 - 2 采用。

表 6 - 2　混凝土强度设计值　　　　　　　　　　　　　　　　N/mm²

强度种类	符号	混凝土强度等级					
		C15	C20	C25	C30	C35	C40
轴心抗压	f	7.5	10	12.5	15	17.5	19.5
抗拉	f_t	0.9	1.1	1.3	1.5	1.65	1.8

混凝土表面温度处于 60～200 ℃时,温度作用下混凝土的轴心抗压和抗拉强度设计值分别为混凝土轴心抗压强度设计值 f_c 和抗拉强度设计值 f_t 乘以温度作用下混凝土强度的折减系数 γ_c 和 γ_t,其值按表 6 - 3 采用。

直锚筋与锚板应采用 T 形焊,锚筋直径不大于 20 mm 时,宜优先采用压力埋弧焊。当采用压力埋弧焊时,应采用与主体金属(锚板和锚筋)强度相适应的焊丝。手工焊接的焊条应符合《非合金钢及细晶粒钢焊条》(GB/T 5117—2012)的规定。当锚筋与锚板的强度不同时,应按强度低的主体金属选用焊条型号。当锚板采用 Q235 等钢材时,用 E4300～E4313

型焊条。

表 6 - 3　温度作用下混凝土强度折减系数 γ_c 和 γ_t

温度/℃	60	100	150	200
γ_c	0.9	0.85	0.8	0.7
γ_t	0.85	0.75	0.65	0.55

6.1.3　预埋件的计算

1. 一般要求

预埋件主要计算内容为预埋件锚筋的承载力设计值。

锚筋的层数与根数:采用直钢筋作预埋件中的锚筋,不宜多于 4 层,且不宜小于 4 根,超过 4 层时按 4 层计算。受剪预埋件的锚筋在垂直于剪力方向可采用 1 层(2 根)。角钢预埋件常埋于柱间支撑与柱的连接节点,其锚筋常用单列。

锚筋层数的影响系数:受剪和受弯预埋件的强度计算公式是根据 2 层锚筋确定的,当锚筋层数增多时,预埋件承载力设计值有所降低,需将锚筋层数的影响系数 a_c 适当调低。当锚筋层数为 2 层时,取 $a_c = 1.0$,3 层时取 0.9,4 层时取 0.85。

预埋件的受力性能与预埋件锚板及焊于其上的传力件形式(如传力钢板、钢牛腿等)有关,传力件的设置应使预埋件锚筋的应力状态与计算假定一致。

预埋件承受的外力含有拉力或弯矩时,其强度计算必须考虑预埋件钢板因弯曲变形而使锚筋呈复合应力状态的影响,如传力件的设置能保证预埋件钢板不产生弯曲变形,则不必考虑此影响。

受拉锚筋和弯折锚筋的锚固长度应符合表 6 - 4 的要求。受剪和受压直锚筋的锚固长度不应小于 15d,受剪预埋件的角钢锚筋的锚固长度不小于其 4 倍肢宽,对于肢宽≥80 mm 的角钢,其锚固长度不应小于其 6 倍肢宽。受拉预埋件的角钢锚筋的锚固长度应按计算确定,但不应小于其 6 倍肢宽,角钢锚筋端部必须焊有端锚板。如计算中充分利用其强度,则埋置在混凝土内的锚固长度 l_a 不应小于前两项的要求。

表 6 - 4　受拉锚筋及弯折锚筋的最小锚固长度 l_a

钢筋牌号	混凝土强度等级			
	C15	C20	C25	≥C30
Ⅰ 级光圆钢筋	40d	30d	25d	20d
Ⅱ 级月牙肋钢筋	—	40d	35d	30d

注:1. 光圆钢筋端部均有弯钩。

　　2. 表内 Ⅱ 级钢筋的锚固长度系指直径≤25 mm 的钢筋。

　　3. 在任何情况下,受拉锚筋的锚固长度不应小于 250 mm。

　　4. 混凝土凝固过程中易有扰动的预埋件,其锚筋的锚固长度应适当增加。

2. 受拉预埋件计算

受拉预埋件(图 6 – 1)承载力设计值 N_u 应按下列公式计算:

$$N_u = 0.8 K_1 a_b A_s f_y \qquad (6-4)$$

$$a_b = 0.6 + 0.25 \frac{t}{d} \qquad (6-5)$$

式中　A_s——锚筋总截面面积;

　　　K_1——承受周期反复或多次重复荷载时的承载力折减系数;

　　　f_y——钢筋抗拉强度设计值;

　　　t——锚板厚度;

　　　d——锚筋直径;

　　　a_b——锚板弯曲变形的折减系数,当采取措施防止锚板弯曲变形时取 $a_b = 1$,当 $b/t \leqslant$
　　　　　　8 时 a_b 按式(6 – 5)计算。

计算预埋件锚板弯曲变形的折减系数 a_b 时,假定拉力板作用在每两排锚筋中间排锚筋
处,锚板弯曲变形的折算宽度 b 按图 6 – 2 确定。

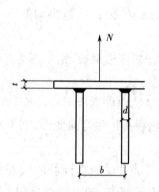

图 6 – 1　受拉预埋件

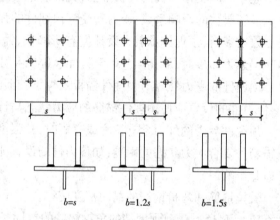

图 6 – 2　锚板弯曲变形的折算宽度

3. 受剪预埋件计算

1)采用钢筋直锚筋的受剪预埋件

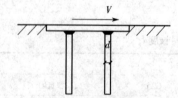

图 6 – 3　受剪预埋件

受剪预埋件(图 6 – 3)承载力设计值,应按下列公式
计算:

$$V_u = K_1 a_r a_v A_s f_y \qquad (6-6)$$

$$a_v = (4 - 0.08d) \sqrt{\frac{f_c}{f_y}} \qquad (6-7)$$

式中　a_r——顺剪力作用方向锚筋层数的影响系数,当等间距配置时,2 层取 1.0,3 层取
　　　　　　0.9,4 层取 0.85;

　　　a_v——锚筋受剪的承载力系数,当 $a_v > 0.7$ 时,取 $a_v = 0.7$;

　　　A_s——锚筋总截面面积;

　　　f_c——混凝土轴心抗压强度设计值;

d——锚筋直径。

钢筋直锚筋锚固长度不小于 $15d$。

2）采用直锚筋与弯折锚筋的受剪预埋件

配置直锚筋与弯折锚筋的预埋件（图 6-4、图 6-5）承载力设计值 V_u 应按式（6-8）计算。弯曲锚筋的直径不大于 18 mm，弯折角度 α 应在 15°与 45°之间，且仅在剪力作用下才参加工作，否则不考虑弯折锚筋的作用（图 6-4）。

$$V_u = K_1 f_y (0.9 a_r a_v A_s + 0.72 A_{sb}) \tag{6-8}$$

式中　A_s——直锚筋的截面面积；

　　　A_{sb}——弯折锚筋的截面面积。

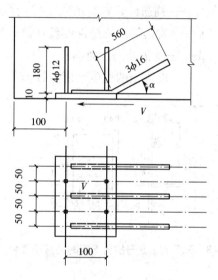

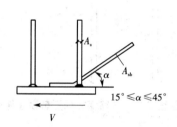

图 6-4　配置直锚筋与弯折锚筋

图 6-5　配置直锚筋与弯折锚筋的受剪预埋件实例

3）采用角钢锚筋的受剪预埋件

采用角钢锚筋的受剪预埋件（图 6-6、图 6-7）承载力设计值应按下式计算：

$$V_u = 3n K_2 a_r \sqrt{W_{\min} b' f_y f_c} \tag{6-9}$$

式中　$W_{\min}$——角钢对重心（平行于肢边）的最小弹性截面抵抗矩；

　　　b'——角钢肢宽度；

　　　n——角钢根数；

　　　K_2——预埋件用于地震区的钢筋混凝土构件时，其强度折减系数取用 $K_2 = 0.7$。

4）采用直锚筋与抗剪钢板的受剪预埋件

配置直锚筋与抗剪钢板的受剪预埋件（图 6-8、图 6-9）承载力设计值应按下列公式计算：

$$V_u = K_2 (a_r a_v A_s f_y + 0.7 A_v f_c) \tag{6-10}$$

$$0.7 K_2 A_v f_c \leqslant 0.3 V_u$$

式中　A_v——抗剪钢板的承压面积，$A_v = t_v \times h_v$，其中，t_v 为抗剪钢板宽度，h_v 为抗剪钢板高度；

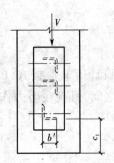

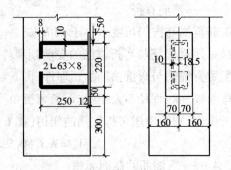

图 6-6　配置角钢锚筋的受剪预埋件　　　　图 6-7　配置角钢锚筋的受剪预埋件实例

a_r——锚筋排数影响系数,2 排时取 1.0,3 排时取 0.9,4 排时取 0.85;

f_y——直锚筋的抗拉强度设计值;

A_s——直锚筋的截面面积;

f_c——混凝土的抗压强度设计值。

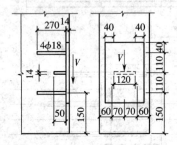

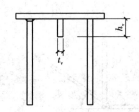

图 6-8　配置直锚筋与抗剪钢板的受剪预埋件　　图 6-9　配置直锚筋与抗剪钢板的受剪预埋件实例

4. 拉弯预埋件计算

同时承受法向拉力和弯矩的预埋件(图 6-10),其直锚筋截面面积 A_s 按下式计算:

$$A_s = \frac{N}{0.8 a_b f_y} + \frac{M}{0.4 a_r a_b z f_y} \tag{6-11}$$

式中　z——外层锚筋中心线之间的距离;

N——法向拉力设计值;

M——弯矩设计值。

5. 压弯预埋件计算

同时承受法向压力和弯矩的预埋件,其锚筋截面面积 A_s 按下式计算:

$$A_s = \frac{M - 0.4Nz}{0.4 a_r a_b f_y z} \tag{6-12}$$

$$N \leqslant 0.5 f_c A \tag{6-13}$$

当 $M \leqslant 0.4Nz$ 时,取

$$M - 0.4Nz = 0$$

式中　M——弯矩设计值;

N——法向压力设计值;

A——锚板的面积;

z——外层锚筋中心线之间的距离。

6. 弯剪预埋件计算

同时承受弯矩和剪力的预埋件(图 6-11)的直锚筋截面面积 A_s,取下列两公式结果中的较大值:

$$A_s \geqslant \frac{V}{a_r a_s f_y} + \frac{M}{1.3 a_b a_s f_y z} \qquad (6-14)$$

$$A_s \geqslant \frac{M}{0.4 a_b a_s f_y z} \qquad (6-15)$$

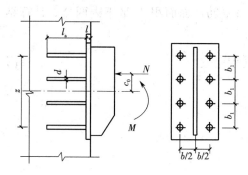

图 6-10　拉弯预埋件

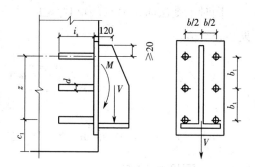

图 6-11　弯剪预埋件

7. 拉剪预埋件

同时承受法向拉力及剪力的预埋件,其直锚筋截面面积按下列公式计算:

$$A_s \geqslant \frac{V}{a_r a_s f_y} + \frac{N}{0.8 a_b f_y} \qquad (6-16)$$

8. 压剪预埋件计算

同时承受法向压力及剪力的预埋件(图 6-12),其直锚筋截面面积按下列公式计算:

$$A_s = \frac{V - 0.3N}{a_r a_s f_y} \qquad (6-17)$$

$$N \leqslant 0.5 f_c A \qquad (6-18)$$

式中　N——法向压力设计值;

　　　A——锚板面积。

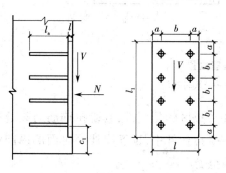

图 6-12　压剪预埋件

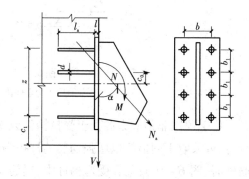

图 6-13　拉弯剪预埋件

9. 拉弯剪预埋件计算

同时承受法向拉力、剪力和弯矩的预埋件(图 6 - 13),其直锚筋截面面积 A_s 取下列两公式计算结果的较大值:

$$A_s \geq \frac{V}{a_r a_v f_y} + \frac{N}{0.8 a_b f_y} + \frac{M}{1.3 a_r a_b f_y z} \qquad (6-19)$$

$$A_s \geq \frac{N}{0.8 a_b f_y} + \frac{M}{0.4 a_r a_b f_y z} \qquad (6-20)$$

10. 压弯剪预埋件计算

同时承受法向拉力、剪力和弯矩的预埋件,其直锚筋截面面积 A_s 取下列两公式计算结果的较大值:

$$A_s \geq \frac{V - 0.3N}{a_r a_v f_y} + \frac{M - 0.4Nz}{1.3 a_r a_b f_y z} \qquad (6-21)$$

$$A_s \geq \frac{M - 0.4Nz}{0.4 a_r a_b f_y z} \qquad (6-22)$$

当 $M - 0.4Nz < 0$ 时,取 $M = 0.4Nz$,法向压力应符合 $N \leq 0.5 A f_c$。

6.1.4　预埋件构造

1. 一般要求

预埋件的构造形式应根据受力性能和施工条件确定,力求构造简单、传力直接。预埋件不应突出构件表面,也不应大于构件的外形尺寸,锚板短边尺寸较大的预埋件,应在钢板上开设排气孔,确保混凝土浇捣密实。预埋件的锚筋不得与构件中的主筋相碰,应设置在主筋内侧(图 6 - 14)。预埋件的设置应考虑施工与安装方便。受力预埋件的锚筋不宜采用 U 形及 L 形。受剪预埋件由弯折锚筋承受全部剪力时,尚应按构造设置直锚筋(图 6 - 15)。

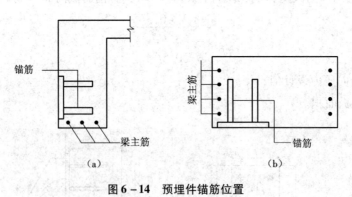

图 6 - 14　预埋件锚筋位置

(a)梁中预埋件锚筋　(b)柱中预埋件锚筋

位于预制非预应力混凝土受拉构件或受弯构件受拉区的预埋件,其受拉锚筋与裂缝平行时,可采取下列措施以增强锚筋的抗拔强度:①在受拉构件中,锚筋应伸至对面的纵向钢筋外面(图 6 - 16);②在受弯构件中,锚筋应尽量伸至受压区。

预埋件的外露部分,应在除锈后涂以油漆。当锚筋长度超过构件高度时,要求在现场弯折。

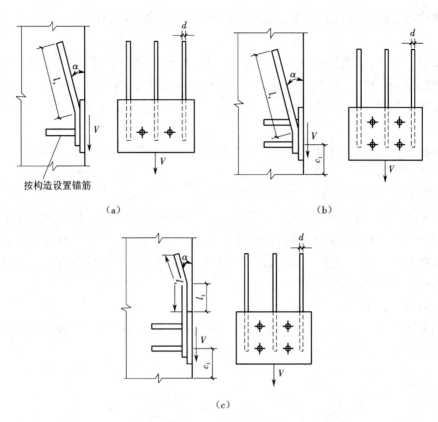

图 6 – 15 由钢板和弯折锚筋及直锚筋组成的受剪预埋件

（a）单排锚筋 （b）双排对中锚筋 （c）双排偏心锚筋

对单层工业厂房中的预埋件采取下列抗震构造措施：

（1）抗震设防烈度为 8 度和 9 度时，大型屋面板端头底面的预埋件宜采用角钢，并应与主筋焊牢；

（2）柱顶预埋件的锚筋，抗震设防烈度为 8 度时宜采用 $4\phi14$，9 度时宜采用 $4\phi16$，有柱间支撑的柱子，柱顶预埋件还应增设抗剪钢板；

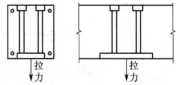

图 6 – 16 受拉构件中受拉锚筋的位置

（3）支撑低跨屋盖的中柱牛腿（柱肩）的预埋件，应与牛腿（柱肩）中承受水平拉力部分的纵向钢筋焊接，且焊接的钢筋在抗震设防烈度为 6 度和 7 度时不应少于 $2\phi12$，8 度时不应少于 $2\phi14$，9 度时不应少于 $2\phi16$；

（4）柱间支撑与柱连接节点预埋件的锚件，在抗震设防烈度 8 度 III、IV 类场地和 9 度时，宜采用角钢加端板，其他情况可采用 II 级变形钢筋，但锚固长度不应小于 30 倍锚筋直径。

2. 锚板厚度及锚筋距离

锚板厚度应大于锚筋直径的 60%，受拉和受弯预埋件的锚板厚度尚应大于 $b/8$，此处 b 为锚筋的间距。锚板厚度不宜小于 6 mm。当锚筋和钢板采用搭接焊时，锚板厚度应大于或等于锚筋直径的 30%。

　　锚筋中心至锚板边缘的距离 c_a 或 c_b 不应小于 $2d$ 及 20 mm,且应小于或等于 12 倍锚板厚度。

　　对受剪预埋件,其锚筋间距 b 及 b_1 不应大于 300 mm,其中 b_1 不应小于 $6d$ 及 70 mm,锚筋至构件边缘的距离 c_1 不应小于 $6d$ 及 70 mm, b、c 不应小于 $3d$ 及 45 mm。

　　对受拉预埋件,其锚筋的间距 b、b_1 和锚筋至构件边缘的距离 c,均不应小于 $3d$ 及 45 mm。

　　带有抗剪钢板的预埋件应符合要求,当无垂直压力作用(或垂直压力很小)时,锚板的厚度尚应适当增加。

　　3. 受拉、受剪锚筋锚固长度不够时的措施

　　在实际工程中,由于构件截面尺寸的限制,一些预埋件的锚固长度不能满足现行《混凝土结构设计规范》规定的受拉钢筋锚固长度的要求。但从预埋件的受力情况考虑,又要求能充分发挥锚筋的抗拉强度。因此必须对锚筋附加锚固措施。对锚筋的附加锚固措施,各国不尽相同,以下介绍常见的几种。

　　1)在锚筋端部加弯钩及插筋

　　采用Ⅱ级锚筋在其端部加弯钩及插筋,其构造符合图 6−17 的要求及满足以下要求时,其受拉承载力设计值可以按正常的锚固长度考虑:

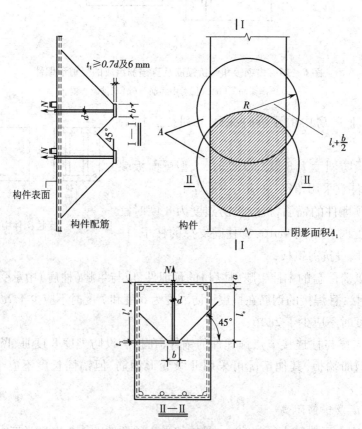

图 6−17　混凝土截锥体受力图

　　(1)插筋与锚筋弯钩连接处必须贴紧,并用电焊焊牢,也可用铁丝绑扎;

（2）位于同一排的锚筋弯钩方向宜保持一致，以便插筋绑扎；

（3）对成组锚筋采用本措施时，应视预埋件所在构件部位的不同而对构件增加不同的构造配筋。

2）在锚筋端部加焊钢板

在锚筋端部加焊钢板，其构造应符合下列要求：$1.5t_1 \geq b \geq 3.5d$；$t_1 \geq 0.7d$ 及 6 mm。

埋深 $l'_a \geq 10d$ 及 $0.3l_a$（l_a 为受拉锚筋的锚固长度）。

在端部加焊锚固钢板的圆锚筋和角钢锚筋，其受拉承载力设计值按 N_1、N_2 和 N_3 中的最小值确定，N_1、N_2 和 N_3 分别为混凝土截锥体受力图（图 6 – 17）所示的锚筋的受拉承载力、混凝土截锥体的承载力和端锚板的承载力，且应满足 $N_3 > N_2$。当用于预埋件抗震验算时，N_1 及 N_2 尚应乘以折减系数 0.8，N_3 乘以折减系数 0.7，且应满足 $N_3 \geq N_2 \geq N_1$。

3）对纯拉圆钢筋的锚筋强度折减

当纯拉圆钢筋的锚筋锚固长度不够时，其抗拉强度设计值可以按下式折减：

$$f' = \frac{l'_a}{l_a} f_y \qquad (6 – 23)$$

式中　f'——因锚固长度不足而折减的锚筋强度设计值；

l_a——受拉锚筋的锚固长度；

l'_a——满足最小锚固长度（$l_{a,min}$ 取 $l_{a,min} \geq 0.5l_a$ 及 $15d$，并且不受最小锚固长度 ≥ 250 mm 的限制）后的实际锚固长度。

式（6 – 23）不宜用于直接承受地震作用的预埋件。

4. 受剪锚筋至构件边缘不够时的措施

（1）当受剪锚筋距构件边缘的横向边距 c 小于 $3d$ 或 45 mm 但大于 $2d$ 时，应将总受剪承载力设计值乘以影响系数 ξ_2 加以折减，$\xi_2 = 1 - 0.08(3 - c/d)$。

（2）当受剪锚筋距构件边缘的纵向边距 c_1 小于 $6d$ 而大于 $4d$ 时，应将总受剪承载力设计值乘以影响系数 ξ_3 加以折减，$\xi_3 = 0.25c_1/d - 0.5$。

（3）当角钢锚筋距构件边缘的纵向边距在 $4b' \leq c_1 \leq 7b'$ 范围内时，应将总受剪承载力设计值乘以影响系数 ξ_4 加以折减，$\xi_4 = \sqrt[3]{c_1/7b'}$。

（4）梁端预埋件的受剪锚筋距构件边缘的距离不能满足规定要求时，应设附加钢筋加强，附加钢筋的直径 $d_1 = 0.8d$。

5. 预埋件的焊接

（1）受力预埋件应尽量采用直锚筋和钢板 T 形焊。预埋件的受拉锚件不得弯成 90° 角的 U 形或 L 形；

（2）当采用弯折锚筋和钢板搭接焊时，弯折锚筋与钢板间的夹角 α 不宜小于 15° 且不宜大于 45°，并应使弯折点避开焊缝，其距离不小于 $2d$ 或 30 mm。

（3）锚筋直径不大于 20 mm 时，应优先采用压力埋弧焊；如因施工条件限制，也可采用电弧焊，锚筋直径大于 20 mm 时，应尽量采用穿孔塞焊。

（4）直锚筋与钢板采用 T 形焊或搭接焊时，焊缝高度 h_f、宽度 b_f、长度 l_f 应符合相关要求。

6.2　钢结构的防腐与防火

6.2.1　钢结构防腐

钢结构耐锈蚀性较差,裸露的钢结构在大气作用下会产生锈蚀。若使用环境湿度大、有腐性介质存在,则锈蚀速度将更快。

钢结构产生锈蚀后,会使构件截面减小,降低承载能力,影响结构的使用寿命,特别是对轻型钢结构影响更大。因此《工业建筑防腐蚀设计规范》(GB 50046—2008)中规定:腐蚀性等级为强腐蚀、中等腐蚀时,桁架、柱、主梁等重要受力构件不应采用格构式和冷弯薄壁型钢;由角钢组成的T形截面、由槽钢组成的工字形截面,当腐蚀性等级为强、中等腐蚀时,不应采用,当腐蚀性等级为弱腐蚀时,不宜采用;钢结构杆件截面的厚度应满足钢板组合的构件不小于6 mm、闭口截面杆件的厚度不小于4 mm、角钢截面的厚度不小于5 mm的条件。

1. 钢结构腐蚀的机理

钢结构腐蚀分为化学腐蚀和电化学腐蚀两种。

化学腐蚀是气体及非电解质液体共同作用于金属表面而产生的,这种腐蚀常发生于化工厂及其附近的钢结构建筑,其腐蚀源来自化工厂的“跑、冒、滴、漏”等。这种腐蚀在干燥的环境中(如相对湿度小于50%)进展缓慢,但在潮湿的环境中,腐蚀速度很快。这种腐蚀也可由空气中的 CO_2、SO_2 的作用而产生 FeO 或 FeS。腐蚀程度随时间而逐步加深。

电化学腐蚀是钢材表面与电解质溶液产生电流,形成腐蚀电池,使钢材产生腐蚀的现象,产生这种腐蚀的条件是水和氧气共同存在。铁素体比较活泼,易失去电子,和水的氢氧根(OH^-)相结合生成氢氧化亚铁,且溶于水。反应式为

$$Fe^{2+} + 2OH^- = Fe(OH)_2$$

水中的氢氧化亚铁与水和氧结合生成赤锈,即氢氧化铁。反应式为

$$4Fe(OH)_2 + 2H_2O + O_2 = 4Fe(OH)_3$$

若水中有 NaCl 等盐类物质存在,还极易在钢材表面形成锈坑,对结构受力极为不利。表面不平也会使腐蚀速度加快。

2. 防腐的方法

一方面,钢结构腐蚀会减小构件截面,影响其承载力;另一方面,《钢结构设计标准》(GB 50017—2017)中规定,除有特殊需要外,设计中一般不应因考虑锈蚀而加大钢材截面的厚度。为此,不得不采取措施防止钢结构腐蚀,采取措施的依据是钢结构抗腐蚀机理。措施之一是改变钢材成分,使之不易腐蚀;其二是避开腐蚀介质,在钢材表面加一层保护层。于是就产生了如下的防腐方法。

1)制成合金钢

在钢材冶炼过程中,增加铜、铬、镍等元素以提高钢材的抗锈蚀能力,尤其是加入铬、镍合金元素,可制成不锈钢,具有很强的抗锈蚀能力。

2)金属镀层保护

在钢材表面施加金属镀层,如电镀或热浸镀锌等,以提高钢材的抗锈蚀能力。

3）非金属涂层保护

在钢材表面涂以非金属保护层，使钢材不受空气中有害介质的侵蚀。这是钢结构防腐最常用的一种方法。目前，我国涂料品种多，价格便宜，施工方便，这也是本节讨论的重点。

4）阴极保护

阴极保护主要用于水下钢结构，本节不予讨论。

5）构造措施

钢结构除必须采取防锈措施外，尚应在构造上尽量避免出现难于检查、清刷和油漆之处，以及能积留湿气和大量灰尘的死角或凹槽。闭口截面构件应沿全长和端部焊接封闭。这些构造措施虽没有直接防锈的作用，但它给钢结构营造了一个良好的环境，可减缓钢结构的锈蚀速度，对钢结构防锈也起到了积极的作用，在从事钢结构设计时，不容忽视。

3. 环境分类

钢结构锈蚀的条件是，环境中有化学腐蚀介质存在或空气中的湿度较大。在干燥环境中的钢结构，若无化学介质存在，几乎不会锈蚀。第二汽车厂于 1975 年对干燥钢管进行锈蚀试验，试验条件是将干燥钢管两端封闭，内壁不刷防锈涂料。两年后，打开钢管，内壁无锈蚀。华东建筑设计院做了同样的试验，1966 年将干燥钢管封闭，1973 年剖开，管内亦无锈蚀。在钢管内放水且两端封闭进行试验，其结果：第一年锈蚀 0.000 915 mm，第二年锈蚀 0.000 893 mm，可见环境对钢结构锈蚀有很大的影响。一般来说，空气中存在腐蚀介质，且湿度较大，钢结构就易于腐蚀。为了经济合理地做好钢结构防腐工作，首先应对钢结构所处的环境进行分类。

《工业建筑防腐蚀设计规范》（GB 50046—2008）中将钢结构腐蚀等级按所处环境的腐蚀介质含量和空气中的相对湿度分为强腐蚀、中腐蚀、弱腐蚀、微腐蚀 4 个等级。如空气中的氯含量在 $1 \sim 5$ mg/m^3，当相对湿度大于 75% 时，对钢结构为强腐蚀环境；当相对湿度小于 75% 时，为中等腐蚀环境。空气中的氯化氢含量在 $0.05 \sim 1$ mg/m^3，当相对湿度小于 60% 时，对钢结构为弱腐蚀环境。

冷弯薄壁型钢，一般用于中等腐蚀、弱腐蚀及无腐蚀的环境中，其环境分类见表 6 - 5。

表 6 - 5　外界条件对冷弯薄壁型钢结构的侵蚀作用分类

序号	地区	相对湿度/%	对结构的侵蚀作用分类		
			室内（采暖房屋）	室内（非采暖房屋）	室外
1	农村、一般城市的商业区及住宅区	干燥，<60	无侵蚀性	无侵蚀性	弱侵蚀性
2		一般，60~75	无侵蚀性	弱侵蚀性	中等侵蚀性
3		潮湿，>75	弱侵蚀性	弱侵蚀性	中等侵蚀性
4	工业区、沿海地区	干燥，<60	弱侵蚀性	中等侵蚀性	中等侵蚀性
5		一般，60~75	弱侵蚀性	中等侵蚀性	中等侵蚀性
6		潮湿，>75	中等侵蚀性	中等侵蚀性	中等侵蚀性

4. 防腐涂料

对处于强腐蚀环境中的钢结构,钢材宜采用耐候钢,如 10 磷铜稀土等。工程调查和试验表明,在气体介质作用下,耐候钢比普通碳素钢有更高的耐蚀性,使用寿命为 Q235 和 16Mn 钢的 2.5 倍。对于处在中等以下腐蚀环境中的钢结构,大多只要用适当的防腐涂料加以保护即可。

目前,国内防腐涂料种类繁多,性能、用途各异,选用时应视结构所处环境、有无侵蚀介质及建筑物的重要性而定,其选用原则如下。

1)具有良好的耐腐蚀性

不同的防腐涂料,其耐酸、耐碱、耐盐性能不同,如醇酸耐盐涂料,耐盐性和耐候性很好,耐酸、耐水性次之,而耐碱性能很差。

2)具有良好的附着力

底漆附着力的好坏直接影响防锈蚀涂料的使用质量。附着力差的底漆,涂膜容易发生锈蚀、起皮、脱落等现象。在钢基层表面,应涂刷按现行国家标准《漆膜附着力测定法》测定附着力为 1 级的底漆。

3)具有良好的耐候性

室外钢结构在风吹、雨淋、紫外线照射下,若其表面防锈涂层耐大气腐蚀性较差,不宜采用,特别是在我国东南沿海地区,空气湿度大,更应注意这个问题。

4)易于施工

涂料易于施工表现在两个方面:一是涂料的配制及其适应的施工方法(如刷涂、喷涂等),另一个是涂料的干燥性。干燥性差的涂料影响施工进度。毒性高的涂料影响施工操作人员的健康,不应采用。

5)应具有色泽

防腐涂料分底漆和面漆,面漆不仅应具有防腐作用,还应起到装饰作用,因此应具备一定的色泽,使建筑物更加美观。

6)防腐涂料的底漆、中间漆、面漆应配套

选用涂料时,应注意涂料的配套性。使用时最好选用同一厂家相同品种及牌号的产品配套使用,以使底漆与面漆良好结合。

5. 钢基材处理

试验研究表明,影响钢结构防腐涂层保护寿命的诸多因素中,最主要的是钢材涂装前钢材表面除锈质量,据统计分析,该因素影响程度占 50% 左右,故而提出钢基材表面处理质量等级的要求。我国《涂装前钢材表面锈蚀等级和除锈等级》等效采用国际标准 ISO 8501—1,将钢材表面原始锈蚀程度和采用不同方式除锈后的表面质量均分成几个等级,并附有样板照片,供目视比较评定等级。结合建(构)筑物钢结构的实际情况,《钢结构工程施工质量验收规范》(GB 50205—2001)中规定了除锈方法和除锈等级(表 6 - 6)。考虑到目前施工企业的实际情况,允许有条件地采用化学处理方法。

表 6 – 6　钢结构除锈方法和除锈等级

除锈方法	喷射或抛射除锈			手工和动力工具除锈	
除锈等级	Sa2	Sa2$\frac{1}{2}$	Sa3	St2	St3

注：当材料和零件采用化学除锈方法时，应选用具备除锈、磷化、钝化两个以上功能的处理液，其质量应符合《多功能钢铁表面处理液通用技术条件》的规定。

手工和动力工具除锈的 St2 等级，要求彻底用铲刀铲剖、用钢丝刷子刷擦、用机械刷子刷擦和用砂轮研磨等，除去钢结构表面疏松的氧化皮、锈和污物，最后用清洁干燥的压缩空气或干净的刷子清理表面，钢材表面应有淡淡的金属光泽。

St3 等级，表面除锈要求与 St2 相同，但更为彻底。除去灰尘后，该表面应具有明显的金属光泽。

Sa2 等级是对喷射或抛射除锈的要求，要求钢材表面几乎所有的氧化皮、锈及污物均应除去，用清洁干燥的压缩空气或干净刷子清理表面后，稍呈灰色。

Sa2$\frac{1}{2}$ 等级要求清除到钢材表面仅剩有轻微的点状或条状痕迹的程度。

Sa3 等级要求较高，应完全清除氧化皮、锈及污物，钢材表面应具有均匀的金属光泽。

选用哪种除锈等级，应全面考虑技术经济效果，并与涂料相适应。

6. 涂装施工

涂料涂装一般是分遍进行的，每遍涂层的厚度应符合设计要求。当设计无要求时，宜涂装 4 ~ 5 遍。干漆膜总厚度室外应为 150 μm，室内应为 125 μm，其允许偏差为 – 25 μm。涂装工程由工厂和安装单位共同完成时，每遍涂层干漆膜厚度允许偏差为 – 5 μm。

施工使用的涂料应当天配制，并不得随意添加稀释剂。

涂装温度以 5 ~ 38 ℃ 为宜，但在阳光照射下，应严格控制漆膜温度在 40 ℃ 以下，以免漆膜在高温下产生气泡，降低其与钢材的附着力。另外低于 0 ℃ 时，漆膜会因冻结而难以固化。

涂装时的空气湿度不得超过 85%，否则会因钢材表面结露，降低漆膜附着力。

在涂过漆的钢材表面上施焊，焊缝根部会出现密集的气孔，影响焊缝质量。因此，施工图中注明不涂装的部位不得涂装，安装焊缝处应留出 30 ~ 50 mm 暂不涂装。

6.2.2　钢结构防火

随着社会的发展，人们对防火性能越来越重视。从结构设计人员的角度看，火灾是建筑物在使用期间可能遇到的最危险的现象之一。高层建筑火灾的危害性在于：建筑物的功能复杂，火灾隐患多，且一旦起火，火势蔓延迅速，人员疏散困难，扑救难度大，造成的损失巨大。因此，建筑物及其构件在设计时，就应采取适当的防火措施，使其能抵御火灾的危害。高层钢结构在发展中需要解决的主要问题之一，就是防火问题。

1. 钢结构在高温下的性能

钢材是一种不燃烧的材料，但耐火性能差，它的力学性能，诸如屈服点、抗拉强度以及弹性模量,随温度的升高而降低,因而出现强度下降、变形加大等问题。试验研究表明,低碳钢在 200 ℃以下时拉伸性能变化不大,但在 200 ℃以上时弹性模量开始明显减小,500 ℃时弹性模量 E 值为常温的 50%,近 700 ℃时 E 值则仅为常温的 20%。屈服强度的变化大体与弹性模量的变化相似,超过 300 ℃以后,应力—应变关系曲线就没有明显的屈服台阶,在 400 ~500 ℃时钢材内部再结晶,使强度下降明显加快,到 700 ℃时屈服强度已所剩无几。所以钢材在 500 ℃时尚有一定的承载力,而到 700 ℃时则基本失去承载力,故 700 ℃被认为是低碳钢失去强度的临界温度。

火灾是一种灾难性荷载,如果把钢材高于屈服点直至结构最后破坏的强度储备都考虑进去,并考虑在一场火灾中,结构一般并不承受它的全部设计荷载(活荷载、地震荷载、风荷载),火灾导致结构发生破坏的临界温度将依钢种和结构不同而不同。对由低碳钢组成的结构在 500 ~550 ℃时,低合金钢结构的临界温度稍高一些,假定此时构件应力只是设计强度的一半左右。在火灾下钢结构的温度可达 900 ~1 000 ℃,所以钢结构应采取防火保护措施。钢结构防火保护的目的是使结构在发生火灾时,能满足防火规范规定的耐火极限时间。

2. 建筑构件的耐火极限

《建筑设计防火规范》(GB 50016—2014)根据建筑高度和层数将民用建筑分为单、多层民用建筑和高层民用建筑。高层民用建筑根据其建筑高度、使用功能和楼层的建筑面积可分为一类和二类。民用建筑的耐火等级可分为一、二、三、四级,不同耐火等级建筑相应构件的燃烧性能和耐火极限不应低于表 6 - 7 和表 6 - 8 的规定。民用建筑的耐火等级应根据其建筑高度、使用功能、重要性和火灾扑救难度等确定,同时应满足:地下或半地下建筑(室)和一类高层建筑的耐火等级不应低于一级;单、多层重要公共建筑和二类高层建筑的耐火等级不应低于二级。

规范规定的建筑构件耐火极限,大大缩小了允许设计人员主观决定的范围。但在实际结构中,当个别截面达到破坏温度时,并不一定会引起这个结构构件的破坏,按弹性理论设计的超静定结构仍具有强度储备,一根连续梁中某个别截面首先达到破坏温度时,在该截面上便产生了一个塑性铰,但梁仍保持承载力。

表 6 -7　不同耐火等级建筑相应构件的燃烧性能和耐火极限

构件名称		耐火极限/h			
		一级	二级	三级	四级
墙	防火墙	不燃性 3.00	不燃性 3.00	不燃性 3.00	不燃性 3.00
	承重墙	不燃性 3.00	不燃性 2.50	不燃性 2.50	难燃性 0.50
	非承重外墙	不燃性 1.00	不燃性 1.00	不燃性 0.50	可燃性
	楼梯间和前室的墙、电梯井的墙、住宅建筑单元之间的墙和分户墙	不燃性 2.00	不燃性 2.00	不燃性 1.50	难燃性 0.50
	疏散走道两侧的隔墙	不燃性 1.00	不燃性 1.00	不燃性 0.50	难燃性 0.25
	房间隔墙	不燃性 0.75	不燃性 0.50	难燃性 0.50	难燃性 0.25
柱		不燃性 3.00	不燃性 2.50	不燃性 2.00	难燃性 0.50
梁		不燃性 2.00	不燃性 1.50	不燃性 1.00	难燃性 0.50

续表

构件名称	耐火极限/h			
	一级	二级	三级	四级
楼板	不燃性 1.50	不燃性 1.00	不燃性 0.50	可燃性
屋顶承重构件	不燃性 2.00	不燃性 1.50	可燃性 0.50	可燃性
疏散楼梯	不燃性 1.50	不燃性 1.00	不燃性 0.50	可燃性
吊顶(包括吊顶搁栅)	不燃性 0.25	难燃性 0.25	难燃性 0.15	可燃性

注:1. 以木桩承重且墙体采用不燃材料的建筑,其耐火等级应按四级确定。

　　2. 住宅建筑构件的耐火极限和燃烧性能可按现行国家标准《住宅建筑规范》(GB 50368—2005)的规定执行。

表 6－8　建筑构件的燃烧性能和耐火极限

构件名称		燃烧性能和耐火极限/h	
		一级	二级
墙	防火墙	不燃烧体,3.00	不燃烧体,3.00
	承重墙、楼梯间墙、电梯井墙及单元之间的墙	不燃烧体,2.00	不燃烧体,2.00
	非承重墙、疏散走道两侧的隔墙	不燃烧体,1.00	不燃烧体,1.00
	房间的隔墙	不燃烧体,0.75	不燃烧体,0.50
柱	自楼顶算起(不包括楼顶的塔形小屋)15 m 高度范围内的柱	不燃烧体,2.00	不燃烧体,2.00
	自楼顶以下 15 m 算起至楼顶以下 55 m 高度范围内的柱	不燃烧体,2.50	不燃烧体,2.00
	自楼顶以下 55m 算起在其以下高度范围内的柱	不燃烧体,3.00	不燃烧体,2.50
其他	梁	不燃烧体,2.00	不燃烧体,1.50
	楼板、疏散楼梯及吊顶承重构件	不燃烧体,1.50	不燃烧体,1.00
	抗剪支撑,钢板剪力墙	不燃烧体,2.00	不燃烧体,1.50
	吊顶(包括吊顶搁栅)	不燃烧体,0.25	难燃烧体,0.25

注:1. 设在钢梁上的防火墙,不应低于一级耐火等级钢梁的耐火极限;

　　2. 中庭桁架的耐火极限可适当降低,但不应低于 0.5 h;

　　3. 楼梯间平台上部设有自动灭火设备时,其楼梯的耐火等级可不限制。

　　一个结构构件在达到破坏温度前所经历的时间,是按吸热的比值确定的。一个大截面构件要达到某一确定的温度需要吸收更多的热量。相反,小截面构件吸收热量就少一些。细而长的开敞式截面,其吸热比和升温比就高。而封闭式的管状截面或箱形截面,由于这些构件的热量只接触到截面的一边,其吸热比和升温比就低一些。

　　一个空心钢柱用混凝土填实时,有较高的耐火能力,因为钢柱吸热后有若干热量会传递到混凝土部分。同样,组合梁的耐火能力也有类似的提高,因为钢梁的温度会从顶部翼缘把热量传递给混凝土,而自身温度降低。

　　如果考虑以上关系,就有可能缓和必须满足的严格的耐火要求,采用较薄的防护材料,从而降低防火费用。在有些设计中,已经考虑在封闭型截面柱内灌注混凝土的可能性。混凝土可以吸收热量,减慢钢柱的升温速度,并且一旦钢柱屈服,混凝土可以承受大部分的轴向荷载,防止结构倒塌。

3. 建筑钢构件的防火措施

钢结构构件与其他材料构成的结构构件一样,必须具备要求的耐火能力。未加保护的钢构件的耐火极限一般仅为 0.25 h,必须采取适当的防火措施,才能达到表 6-7 的耐火要求。一般来说,依靠适当的保护手段,钢结构构件可以达到任一要求的防火等级。

1)防火保护材料

(1)防火涂料。钢结构防火涂料是专门用于喷涂钢结构构件表面,能形成耐火隔热保护层,以提高钢结构耐火极限的一种耐火材料,按其阻燃作用的原理可分为膨胀型和非膨胀型两种。

①膨胀型防火涂料又称为薄涂型涂料,涂层厚度一般为 2~7 mm,有一定的装饰效果,所含树脂和防火剂只有在受热时才起防护作用。当温度升高至 150~350 ℃时,涂层能迅速膨胀 5~10 倍,从而形成适当的保护层,这种涂料的耐火极限一般为 1~1.5 h。在薄涂型防火涂料下面,钢构件应做好全面的防腐措施,包括底漆涂层和面漆涂层。

②非膨胀型涂料为厚涂型防火涂料,它由耐高温硅酸盐材料、高效防火添加剂等组成,是一种预发泡、高效能的防火涂料。涂层呈粒状面,密度小,导热率低。涂层厚度一般为 8~50 mm;通过改变涂层厚度可以满足不同耐火极限的要求。高层钢结构构件的耐火极限在 1.5 h 以上,应选用厚涂型防火涂料。

(2)由厚板或薄板构成的外包层防火板。这种防火板材常用的有石膏板、水泥蛭石板、硅酸钙板和岩棉板等。使用时通过胶结剂或紧固件固定在钢构件上。采用外包金属板时,应内衬隔热材料。

(3)外包混凝土保护层,它可以现浇成型,也可用喷涂法。通常要求在外包层内埋设钢丝网或用小截面钢筋加强,以限制收缩裂缝和遇火爆裂。现浇外包混凝土的容重大,应用上受到一定的限制。

2)选用防火保护材料的基本原则

(1)现代建筑对防火材料的阻燃性提出越来越高的要求,防火材料应具有良好的绝热性,其导热系数小或热容量大。

(2)在火灾升温过程中不开裂、不脱落、能牢固地附着在构件上,本身又有一定的强度和黏结度,连接固定方便。

(3)不腐蚀钢材,呈碱性且氯离子的含量低。

(4)不含危害人体健康的石棉等物质。

材料的上述性能,只有通过其物理化学性能特别是基本热力学性能的测试数据、耐火试验测试报告和长期使用情况的调查才能反映出来,生产厂家应提供有关方面的技术资料和检测合格报告。

3)防火保护层的厚度

防火保护材料选好后,确定保护层的厚度就显得十分重要。影响保护层厚度的因素较多,如钢构件的种类、截面形状、尺寸大小以及要求的耐火极限等,保护层厚度可参照有关规范或规程选用。

(1)《钢结构防火涂料应用技术规程》(CECS24:90)制定了薄涂型和厚涂型防火涂料的

耐火极限,如表6-9所示。

表6-9　防火涂料耐火极限

耐火性能	防火涂料类型							
	有机薄涂料			无机厚涂料				
涂层厚度/mm	3	5.5	7	15	20	30	40	50
耐火极限/h	0.5	1.0	1.5	1.0	1.5	2.0	2.5	3.0

高层钢结构的梁、柱和其他构件均可根据表6-9的耐火极限确定涂层厚度。防火涂料产品应具有消防部门认可的、国家技术监督检测机构检测后提供的耐火极限检测报告和理化性能检测报告,生产厂方须有消防监督部门核发的生产许可证、产品合格证和详细的使用说明。涂料的喷涂应由经过培训合格的专业队伍施工。

(2)《建筑设计防火规范》(GB 50016—2014)表5.1.2列出了各类建筑构件的燃烧性能和耐火极限。

4)防火措施与构造

(1)钢柱。喷涂防火涂料是目前最普遍采用的钢结构防火措施。钢柱一般采用厚涂型防火涂料,其涂层厚度应满足构件的耐火极限要求。防火涂料中的底层和面层涂料应相互配套,底层涂料不得腐蚀钢材。喷涂施工时,节点部位宜作加厚处理。对喷涂的技术要求和验收标准均应符合国家标准《钢结构防火涂料应用技术规范》(CECS 24:90)的规定。

防火板材包覆保护。当采用石膏板、蛭石板、硅酸钙板、岩棉板等硬质防火板材作为保护层时,板材可用黏结剂或紧固铁件固定,黏结剂应在预计耐火时间内受热而不失去黏结作用。若钢柱为开口截面(如工字形截面),则在板的接缝部位,柱翼缘之间嵌入一块厚度较大的防火材料作为横隔板(图6-18)。当包覆层数大于或等于两层时,各层板应分别固定,板的水平缝应至少错开500 mm。用板材包覆保护具有干法施工、不受气候条件限制、融防火保护和装修于一体的优点,但对板的裁剪加工、安装固定、接缝处理等技术要求较高,应用范围不及防火涂料普遍。

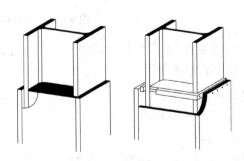

图6-18　钢柱用板材防护

外包混凝土保护层。可采用C20混凝土或加气混凝土,混凝土内宜用细箍筋或钢筋网进行加固,以固定混凝土,防止其遇火剥落(图6-19)。图6-19(a)中H型钢柱翼缘间如用混凝土填实,可大大增加柱的热容量,火灾中可充分吸收热量,减慢钢柱的升温速度。

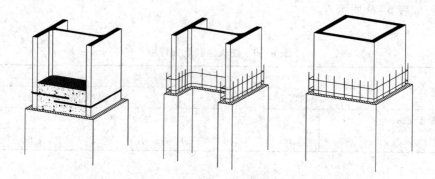

图 6 – 19　钢柱外包混凝土防护

(a)细箍筋混凝土矩形包裹　(b)钢筋网混凝土 H 形包裹　(c)钢筋网混凝土矩形包裹

钢丝网抹灰作保护层。其做法是在柱子四周包以钢丝网,缠上细钢丝,外面抹灰,边角另加保护钢条(图 6 – 20)。灰浆内掺以石膏、蛭石或珍珠岩等防火材料。用抹灰作防火保护层的耐火极限较低。

钢柱包以矿棉毡(或岩棉毡),并用金属板或其他不燃性板材包裹(图 6 – 21)。

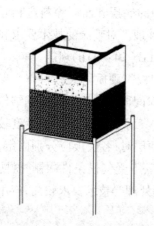

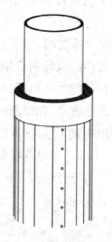

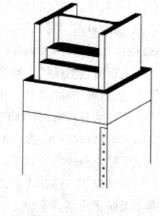

图 6 – 20　钢柱外做钢丝网抹灰　　　　　　图 6 – 21　钢柱用矿棉毡等包裹

(2)钢梁。钢梁的防火保护措施可参照钢柱的做法。当喷涂防火涂料时,遇下列情况应在涂层内设置与钢构件相连的钢丝网:

①承受冲击振动荷载的梁;

②涂层厚度大于或等于 40 mm 的梁;

③腹板高度超过 1.5 m 的梁;

④采用黏结强度小于 0.05 MPa 的钢结构防火涂料。

设置钢丝网时,钢丝网的固定间距以 400 mm 为宜,可固定在焊于梁的抓钉上,钢丝网的接口应至少有 400 mm 宽的重叠部分,且重叠不得超过 3 层,并保持钢丝网与构件表面的净距在 3 mm 以上。

用防火板材包覆的梁,在固定前,在梁上先用一些防火材料做成板条并将其卡在梁上,然后将防火板材用钉子或螺钉固定在它的上面(图6-22)。

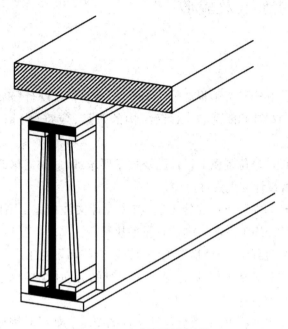

图6-22 钢梁用板材防护

(3)楼盖。楼板是直接承受人和物的水平承重构件,起着分隔楼层(横向防火分隔物)和传递荷载的作用。当采用钢筋混凝土楼板时,应增加钢筋保护层厚度。简支的钢筋混凝土楼板,保护层厚度为10 mm时,耐火极限为1.0 h;保护层厚度为20 mm时,耐火极限为1.25 h;保护层厚度为30 mm时,耐火极限为1.5 h。楼板的耐火极限除取决于保护层厚度外,还与板的支撑情况及制作加工等因素有关。

预应力楼板的耐火极限偏低,这主要是由于:钢筋经过冷拔、冷拉后产生了高强度,在火灾温度作用下,其强度和刚度下降较快;在火灾作用下,钢筋的蠕变要比非预应力钢筋快得多。

当采用压型钢板与混凝土组合楼板时,应依据上部混凝土厚度确定是否需要进行防火保护。当混凝土厚度$h_1 \geq 80$ mm、板厚$h \geq 110$ mm时,由于混凝土板的体积比较大,整体升温比较缓慢,钢板的温度基本等同于混凝土板的温度,压型钢板下表面可以不加防火保护,当上部混凝土厚度仅≥ 50mm时,下部应采用厚度≥ 12 mm的防火板材或防火涂料加以防护。若压型钢板仅作为模板使用,下部可不作防火保护。

此外,吊顶对梁和楼板的防火起一定的保护作用,可以把楼盖与吊顶看作一个防火整体。在高层钢结构中,选用什么样的吊顶十分重要,应考虑在费用增加不多的情况下,能起到防水保护作用。但即使如此,楼盖构件(梁和板)仍需要做直接的防火保护层。

(4)屋盖与中庭。屋盖与中庭采用钢结构承重时,其吊顶、望板、保温材料等均应采用不燃烧材料,以减少发生火灾时对屋顶钢构件的威胁。屋顶钢构件应采用喷涂防火涂料、外包不燃烧板材或设置自动喷水灭火系统等保护措施,使其达到规定的耐火极限要求。当规定的耐火极限在1.5 h及以下时,宜选用薄涂型钢结构防火涂料。

6.3　钢结构的施工及验收

6.3.1　一般要求

(1)钢结构的制作和安装必须根据施工图进行,并应符合现行《钢结构工程施工质量验收规范》(GB 50205—2001)的规定。对钢结构的焊接,应符合《钢结构焊接规范》(GB 50661—2011)的规定。

(2)施工图应按设计单位提供的设计图及技术要求编制,如需修改设计图,必须取得原设计单位同意,并签署设计变更文件。

(3)钢结构的制作和安装单位在施工前,应按设计文件和施工图要求编制工艺规程和安装的施工组织设计(或施工方案),并认真贯彻执行。

(4)在制作和安装过程中,应严格按工序,检验、合格后下道工序方能进行。

(5)钢结构的制作和安装工作,应遵守国家现行的劳动保护和安全技术等方面的有关规定。

(6)钢材应附有质量证明书,并符合设计文件的要求。如果对钢材的质量有疑义,应抽样检验,其结果符合国家标准的规定和设计文件的要求时方可采用。

(7)钢材表面锈蚀、麻点或划痕的深度不得大于该钢材厚度负偏差值的一半;断口处如有分层缺陷,应会同有关部门研究处理。

(8)连接材料(焊条、焊丝、焊剂、高强度螺栓、圆柱头焊钉、精制螺栓、普通螺栓等)和涂料(底漆及面漆等)均应附有质量证明书,并符合设计文件的要求和国家标准的规定。

(9)严禁使用药皮脱落或焊芯生锈的焊条、受潮结块或已熔烧过的焊剂以及锈蚀、碰伤或混批的高强度螺栓。

6.3.2　钢结构的制作

1.放样、号料和切割

(1)放样和号料,应根据工艺要求预留焊接收缩余量及切割、刨边和铣平等的加工余量。

(2)零件的切割线与号料线的允许偏差不应超过下列限值。

①气割:零件宽度、长度 ±3.0 mm。

②切割面平面度:$0.05t$(t 为切割面厚度),且不应大于 2.0 mm。

③割纹深度 0.3 mm。

④局部缺口深度 1.0 mm。

⑤机械剪切:零件宽度、长度 ±3.0 mm。

⑥边缘缺棱 1.0 mm。

⑦型钢端部垂直度 2.0 mm。

(3)切割截面与钢材表面不垂直度应不大于钢材厚度的 10%,且不得大于 2.0 mm。

（4）切割前，应将钢材表面切割区域内的铁锈、油污等清除干净；切割后，应清除边缘上的熔瘤和飞溅物等。

（5）精密切割的零件，其表面粗糙度不得大于 0.03 mm。

（6）碳素结构钢工作地点温度低于 –20 ℃、低合金结构钢工作地点温度低于 –15℃时，不得剪切和冲孔。

2. 矫正、弯曲和边缘加工

（1）碳素结构钢工作地点温度低于 –16 ℃、低合金结构钢工作地点温度低于 –12℃时，不得冷矫正和冷弯曲。矫正后的钢材表面不应有明显的凹槽和损伤，表面划痕深度不宜大于 0.5 mm。

（2）钢材矫正后的允许偏差应符合要求。

（3）零件、部件冷矫正和冷弯曲时，其曲率半径和最大弯曲矢高如无设计要求，应参照相关规定，满足冷矫正和冷弯曲的最小曲率要求。

（4）碳素结构钢和低合金结构钢，允许加热矫正，其加热温度应为 700 ~ 800 ℃，最高温度严禁超过 900 ℃，最低温度不得低于 600 ℃。

（5）零件热加工时，加热温度为 900 ~ 1 000 ℃（钢材表面呈现淡黄色），也可控制在 1 100 ~ 1 300 ℃；碳素结构钢和低合金结构钢在温度分别下降到 700 ℃（钢材表面呈现蓝色）和 800 ℃（钢材表面呈现红色）之前应结束加工；低合金结构钢应自然冷却。

（6）加工弯曲的零件，其弦长大于 1 500 mm 时，应用弦长不小于 1 500 mm 的弧形样板检查；弯曲零件弦长小于 1 500 mm 时，样板的弦长应与零件的弦长相等，其间隙不得大于 2 mm。

（7）刨边的零件，其刨边线与号料线的允许偏差为 ±1 mm，刨边线的弯曲矢高不应超过弦长的 1/3 000，且不得大于 2 mm；铣平面的表面粗糙度不得大于 0.03 mm。

（8）焊接坡口加工尺寸的允许偏差应符合国家标准《气焊、手工电弧焊及气体保护焊焊缝坡口的基本形式与尺寸》（GB 985.1—2008）和《埋弧焊的推荐坡口》（GB/T 985.2—2008）中的有关规定。

3. 组装

（1）组装前，连接表面及沿每边焊缝 30 ~ 50 mm 范围内的铁锈、毛刺和油污等必须清除干净。

（2）焊接组装的允许偏差不得超过规定值。

（3）构件端部铣平后应有 75% 的面积顶紧接触面，用 0.3 mm 塞尺检查，其塞入面积之和不得大于总面积的 25%，边缘最大间隙不得大于 0.8 mm。

（4）桁架结构组装时，杆件轴线交点偏移量不得大于 3.0 mm。

（5）定位点焊应与正式焊接具有相同的焊接工艺和焊接质量要求；点焊高度不宜超过设计焊缝高度的 2/3，点焊长度宜大于 40 mm 和接头中较薄部件厚度的 4 倍，间距宜为 300 ~ 600 mm，应填满弧坑，并由有合格证的工人实施点焊。如发现点焊上有气孔或裂纹，必须清除干净后重焊。

4. 焊接

1）一般要求

（1）焊工应通过考试并取得合格证后方可施焊。合格证中应注明焊工的技术水平及所能担任的焊接工作。如停焊时间超过半年以上，应对其重新考核。

（2）焊条、焊丝、焊剂和药芯焊丝均应储存在干燥、通风良好的地方，并设专人保管。

焊条、焊剂和药芯焊丝在使用前，必须按产品说明书及有关工艺文件规定的技术要求进行烘干。酸性焊条保存时应有防潮措施，受潮的焊条使用前应在 100~150 ℃范围内烘焙 1~2 h；低氢型焊条烘干后必须存放在保温箱（筒）内，随用随取。焊条烘干后在大气中的放置时间不应超过 4 h，重新烘干次数不应超过 1 次。焊丝应除净锈蚀和油污。

（3）首次采用的钢种和焊接材料，必须进行焊接工艺性能和力学性能试验，符合要求后方可采用。

（4）施焊前焊工应复查组装质量和焊缝区的处理情况，如不符合要求应修整合格后方能施焊，焊接完毕后应清除熔渣及金属飞溅物，并在焊缝附近打上钢印代号。

（5）碳素结构钢厚度大于 34 mm 和低合金结构钢厚度大于或等于 30 mm，工作地点温度不低于 0 ℃时，应进行预热，其预热温度及层间温度宜控制在 100~150 ℃，预热区在焊接坡口两侧各 80~100 mm 范围内；工作地点温度低于 0 ℃时，预热温度应按试验确定。

（6）常用低合金结构钢施焊有最低温度要求。

（7）雨雪天气时，禁止露天焊接，构件焊区表面潮湿或有冰雪时，必须清除干净方可施焊。焊条电弧焊和自保护药芯焊丝电弧焊，其焊接作业区最大风速不宜超过 8 m/s，气体保护电弧焊不宜超过 2 m/s，若超出上述范围，则应采取有效措施以保障焊接电弧区域不受影响。

（8）T 形接头角焊缝和对接接头的平焊缝，其两端必须配置引弧板和引出板，其材质和坡口形式应与被焊工件相同。焊条电弧焊和气体保护焊焊缝引弧板和引出板长度应大于 25 mm，埋弧焊引弧板和引出板长度应大于 80 mm。

焊接完毕后，引弧板、引出板宜用火焰切割、碳弧气刨或机械方法去除，并沿受力方向修磨平整，严禁用锤击落。

（9）切口或坡口边缘上的缺棱，当其尺寸为 1~3 mm 时，可用机械加工或修磨平整，坡口不超过 1/10；当缺棱或沟槽超过 3 mm 时，则应用 ϕ3.2 以下的低氢型焊条补焊，并修磨平整。

切口或坡口边缘上若出现分层性质的裂纹，需用 10 倍以上的放大镜或超声波探测其长度和深度。当长度 a 和深度 d 均在 50 mm 以内时，在裂纹的两端各延长 15 mm，连同裂纹一起用铲削、电弧气刨、砂轮打磨等方法加工成坡口，再用 ϕ3.2 低氢型焊条补焊，并修磨平整；当其深度 $d>50$ mm 或累计长度超过板宽的 20% 时，除按上述方法处理外，还应在板面上开槽或钻孔，增加塞焊。

当分层区的边缘与板边的距离 $b\geqslant 20$ mm 时，可不进行处理，但当分层的累计面积超过板面积的 20%，或累计长度超过板边缘长度的 20% 时，则该板不宜使用。

（10）不应在焊缝以外的母材上引弧。

（11）对非密闭的隐蔽部位，应按施工图的要求进行涂层处理后，方可进行组装；对刨平顶紧的部位，必须经质量部门检查合格后才能施焊。

（12）在组装好的构件上施焊，应严格按焊接工艺规定的参数以及焊接顺序进行，以控制焊后构件变形，控制焊接变形可采用反变形措施。在约束焊道上施焊，应连续进行；如因故中断，再焊时应对已焊的焊缝局部进行预热处理。

（13）因焊接而变形的构件，可用机械（冷矫）或局部加热（热矫）方法进行矫正。调质钢的矫正温度严禁超过其最高回火温度，其他钢材的矫正温度不应超过 800 ℃或钢厂推荐温度两者中的较低值。

（14）碳弧气刨工必须经过培训，合格后方可操作。刨削时，应根据钢材的性能和厚度选择适当的电源极性、碳棒直径和电流。

碳弧气刨应采用直流电，并要求反接电极（即工件接电源负极）。

为避免产生"夹碳"或"贴渣"等缺陷，除采用合适的刨削速度外，应使碳棒与工件间具有合适的倾斜角度。操作时应先打开气阀，使喷口对准刨槽，然后再引弧起刨。如发现"夹碳"，应在夹碳边缘 5~10 mm 处重新起刨，深度要比夹碳处深 2~3 mm；"贴渣"可用砂轮打磨。

露天操作时，应沿顺风方向操作；在封闭环境下操作时，要有通风措施。

2）手工电弧焊

（1）手工电弧焊焊接电流应按焊条产品说明书的规定，并参照钢结构焊接规程选用。

（2）坡口底层焊道宜采用小于 ϕ3.2 mm 的焊条，底层根部焊道应采用适宜的尺寸，以防产生裂纹。

（3）要求焊透的对接双面焊缝和 T 形接头角焊缝的背面，可用清除焊根的方法施焊。

3）埋弧焊

（1）用于埋弧焊的焊剂应按工艺确定的型号与焊丝牌号相匹配。焊剂必须干燥，不得含灰尘、铁屑和其他杂物。

（2）对接接头埋弧自动焊应选用适宜的焊丝规格。

（3）对厚壁焊件及线能量敏感的钢材宜采用多层埋弧焊，

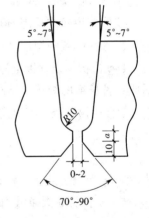

图 6-23　厚壁焊件
典型坡口示意

其典型坡口见图 6-23。多层埋弧焊焊接时，首先用埋弧自动焊或手工电弧焊焊满背面的 V 形坡口。用埋弧自动焊时，钝边 a 取 4 mm；用手工电弧焊时，其钝边 a 取 2.0 mm。V 形坡口焊完后，再进行正面焊缝的多层埋弧焊。当焊件很厚时，可采用双 U 形坡口，进行双面多层焊。

（4）焊接前应按工艺文件的要求调整焊接电流、电弧电压、焊接速度、送丝速度等参数后方可正式施焊。

（5）焊接区应保持干燥，不得有油、锈和其他污物。

（6）埋弧焊每道焊缝熔敷金属横截面的成型系数（宽度与深度之比）应大于 1。

4）二氧化碳气体保护电弧焊

（1）二氧化碳气体保护焊所用的气瓶上必须装有预热器和流量计，气体纯度不得低于99.5%。使用前应进行防水处理。当气瓶内的压力低于 1.0 MPa 时，应停止使用。对细焊丝（直径小于或等于 2.0 mm）的气体流量宜控制在 10 ~ 25 L/min；焊丝直径大于 2.0 mm 的，气体流量宜控制在 30 ~ 50 L/min。

（2）水平对接二氧化碳气体保护焊焊接参数可按相关规定选用。

（3）二氧化碳气体保护焊必须用直流电且反接电极。

5）药芯焊丝焊接

气体保护药芯焊丝焊接时的二氧化碳流量宜为 10 ~ 25 L/min。

6）管状焊条丝极电渣立焊

（1）中厚钢板的对接接头和角接接头的立焊缝，可采用管状焊条丝极电渣立焊。

（2）焊接钢板厚度为 20 ~ 60 mm 时，可用 1 根管状焊条和 1 根填充焊丝；板厚为 60 ~ 100 mm 范围时，则用 2 根管状焊条和 2 根填充焊丝；板厚大于 100 mm 时可用 3 根管状焊条和 3 根填充焊丝焊接。

（3）管状焊条丝极电渣立焊的材料应满足以下要求：

①管状焊条的管材宜用 15 号或 20 号冷拔无缝钢管，管径和长度应根据工艺要求选定；

②管状焊条的涂层应均匀，其厚度一般为 1.5 ~ 3.0 mm；

③填充焊丝应采用 H08A、H08MnA 等，直径为 3.2 mm；

④管状焊条的焊剂，应采用与焊条药皮相同的药粉或采用 431 焊剂。

（4）管状焊条丝极电渣立焊所采用的结晶器，可做成 100、400、500 mm 等不同长度，以适应各种长度的焊缝。结晶器冷却水的温度宜控制在 50 ~ 60 ℃。

（5）管状焊条丝极电渣立焊的焊接工艺参数可按表 6 - 10 选用。焊接电流按下式计算：

$$I = RS \tag{6-24}$$

式中　I——焊接电流（A）；

　　　S——管状焊条截面面积（mm^2）；

　　　R——常数，取 5 ~ 6。

表 6 - 10　管状焊条丝极电渣立焊焊接工艺参数

板厚/mm	间隙/mm	钢管外径×壁厚/(mm × mm)	焊丝直径/mm	电流/A	电压/V	引弧药粉量/g
50	22 ~ 24	12 × 4	3.2	550 ~ 600	40 ~ 46	≥250
40	24 ~ 26	12 × 4	3.2	500 ~ 600	40 ~ 46	≥250
30	24 ~ 26	12 × 4	3.2	500 ~ 550	40 ~ 46	≥150
24	26 ~ 28	12 × 4	3.2	500 ~ 550	40 ~ 44	≥120
20	28 ~ 30	12 × 4	3.2	500 ~ 550	40 ~ 42	≥100

（6）管状焊条丝极电渣立焊施焊时，工件装配错口偏差不得大于 2 mm，焊口要装引入、

引出板,板厚与工件相同;焊接过程中应防止熔渣流失;结晶器与工件表面如有间隙,可用耐火水泥堵塞;渣池深度应控制在 30~60 mm。

(7)管状焊条丝极电渣立焊焊缝成型应光滑、美观,不得有未熔合、裂纹等缺陷;当板厚小于 30 mm 时,压痕、咬边不得大于 0.5 mm;板厚大于或等于 30 mm 时,压痕、咬边不得大于 1.0 mm。

7)塞焊和槽焊

(1)塞焊和槽焊可采用手工电弧焊、气体保护电弧焊及药芯焊丝电弧焊等焊接工艺。

(2)平焊时,应先沿接头根部四周环绕施焊,焊至孔洞中心,使接头根部及底部先熔敷一层;然后将电弧引向四周,重复上述过程分层熔敷焊满全孔,达到规定厚度。熔敷金属表面的熔渣应在结束焊接前保持溶液状态。如电弧熄灭或熔渣冷却,在重新焊接前必须彻底清除熔渣。

(3)立焊时,先在接头根部引弧,从孔的下侧向上焊,使内板表面熔化,然后焊向孔边,在孔顶处停焊,清除熔渣。在孔的相对一侧重复此过程,清除熔渣后,以相同方法堆焊其他各层,焊满全孔,达到规定厚度为止。

(4)仰焊时,焊接方法与平焊工艺相同,但在每道堆焊后,熔渣应冷却并彻底清除。

(5)当槽孔长度超过宽度 3 倍以上,或槽伸展到构件边缘时,可按本节有关规定施焊。

8)焊接检查

焊接检查一般要求包括以下几个方面。

①建筑钢结构焊接质量检查应由专业技术人员担任,并须经岗位培训取得质量检查员岗位合格证书。

②质量检查人员应在主管质量的工程师指导下,按本规程及施工图纸和技术文件要求,对焊接质量进行监督和检查,并对检查项目负责。

③质量检查人员的主要职责:对所用钢材及焊接材料的规格、型号、材质以及外观进行检查,其均应符合设计图纸和规程的规定;监督、检查焊工严格按焊接工艺及技术操作规程施焊,发现违反者,检查员有权制止其工作;检查焊工合格证及施焊资格,禁止无证焊工上岗。

外观检查一般要求包括以下几个方面。

①普通碳素结构钢应在焊接后冷却到工作环境温度,低合金结构钢应在焊接 24 h 后方可进行外观检查。

②焊接工件外观检查,一般用肉眼或量具检查焊缝和母材的裂纹及缺陷,也可用放大镜检查,必要时进行磁粉或渗透探伤。

③焊缝的位置、外形尺寸必须符合施工图和《钢结构工程施工质量验收规范》(GB 50205—2001)的要求。焊缝外观检验质量标准见表 6-11 的规定。

表6–11　焊缝外观检验质量标准

项次	项目	焊缝质量标准		
		一级	二级	三级
1	未焊满	不允许	$\leq 0.2\ mm + 0.02t$，且$\leq 1.0\ mm$	$\leq 0.2\ mm + 0.04t$，且$\leq 2.0\ mm$
			每100.0 mm焊缝内缺陷总长$\leq 25.0\ mm$	
2	根部收缩	不允许	$\leq 0.2\ mm + 0.02t$，且$\leq 1.0\ mm$	$\leq 0.2\ mm + 0.04t$，且$\leq 2.0\ mm$
			长度不限	
3	咬边	不允许	$\leq 0.05t$，且$\leq 0.5\ mm$；连续长度$\leq 100.0\ mm$，且焊缝两侧咬边总长$\leq 10\%$焊缝全长	$\leq 1.0t$且$\leq 1.0\ mm$，长度不限
4	弧坑裂纹	不允许	不允许	允许存在个别长度$\leq 5.0\ mm$的弧坑裂纹
5	电弧擦伤	不允许	不允许	允许存在个别电弧擦伤
6	接头不良	不允许	缺口深度$0.05t$，且$\leq 0.5\ mm$	缺口深度$0.1t$，且$\leq 1.0\ mm$
			每1 000.0 mm焊缝不应超过1处	
7	表面夹渣	不允许	不允许	深度$\leq 0.1t$，长度$\leq 0.5t$，且$\leq 20.0\ mm$
8	表面气孔	不允许	不允许	每50.0 mm焊缝长度内允许直径$\leq 0.4t$且$\leq 3.0\ mm$的气孔2个，孔距≥ 6倍孔径

注：表内t为连接处较薄的板厚。

无损检验一般要求包括以下几个方面。

①建筑钢结构焊缝的无损检验应根据施工图要求及有关标准、规程的规定进行。无损检验不合格的焊缝,应按规程规定的方法进行返修,返修后必须再进行无损检验。

②无损检验人员必须经无损检测专业培训,考试合格并取得无损检测资格证书。

③无损探伤报告和底片(包括返修后重拍片)、记录纸等应全部交有关部门存档备查。

④对接焊缝的射线探伤按《金属熔化焊焊接接头射线照相》(GB/T 3323—2005)的有关规定进行。

⑤每个焊缝射线检验点都应做出明显的识别标记,并在焊缝边缘母材上打上检测编号钢印。

⑥建筑钢结构焊缝射线探伤的质量标准分两级:一级相当于 GB/T 3323—2005 标准中的二级;二级相当于 GB/T 3323—2005 标准中的三级。

⑦射线探伤不合格的焊缝,要在其附近再选 2 个检验点进行探伤;如这 2 个检验点中又发现 1 处不合格,则该焊缝必须全部进行射线探伤。

⑧建筑钢结构对接焊缝的超声波探伤,应按《焊缝无损检测　超声检测　技术、检测等级和评定》(GB/T 11345—2013)的有关规定进行。角焊缝及 T 形接头焊缝的探伤方法和灵敏度可按 GB/T 11345—2013 标准采用,其推荐操作方法见《钢结构焊接规范》(GB 50661—2011)。

⑨每个焊缝超声波检验点都应有明显的识别标记,并在焊缝边缘母材上打上检测编号钢印。

⑩建筑钢结构焊缝(包括角焊缝和 T 形接头焊缝)超声波探伤的质量标准分两级:一级相当于 GB/T 11345—2013 标准中的一级;二级相当于 GB/T 11345—2013 标准中的二级。

对于要求焊透的吊车梁上翼缘与腹板的 T 形接头焊缝,可允许单个条性缺陷长度小于 50 mm,但在 1 000 mm 焊缝长度内条性缺陷的总和应小于 100 mm。

⑪超声波探伤的每个探测区焊缝长度应不小于 300 mm。对超声波探伤不合格的检验区,要在其附近再选 2 个检验区进行探伤;如这 2 个检验区中又发现 1 处不合格,则该焊缝必须全部进行超声波探伤。

⑫磁粉探伤及渗透探伤试验方法可参照《焊缝无损检测　磁粉检测》(GB/T 26951—2011)的要求进行。

5. 制孔

(1)精制螺栓孔的直径应与螺栓公称直径相等,孔应具有 H12 的精度。

(2)高强度螺栓(六角头螺栓、扭剪型螺栓等)孔的直径应比螺栓杆公称直径大 1 ~ 3 mm。螺栓孔应具有 H14(H15)的精度。

(3)零件、部件上孔的位置度,在编制施工图时,宜按照国家标准《形状和位置公差未注公差值》(GB 1184—1996)计算标注,如设计无要求,成孔后任意两孔间距离的允许偏差值应符合规定要求。

(4)板叠上所有螺栓孔均应采用量规检查,其通过率为:

①用比孔的公称直径小 1.0 mm 的量规检查,应通过每组孔数的 85% ;

②用比螺栓公称直径大 0.2 ~ 0.3 mm 的量规检查,应全部通过。

(5)按上条第②项检查,量规不能通过的孔必须经施工图编制单位同意后,才可扩钻或焊补后重新钻孔。扩钻后的孔径不得大于原设计孔径 2.0 mm;补孔应用与母材材质相同的焊条焊补,严禁用钢块填塞。每组孔中焊补重新钻孔的数量不得超过 20%。处理后均应进行记录。

6. 摩擦面的加工

(1)高强度螺栓连接,必须对构件摩擦面进行加工处理。处理后的摩擦系数应符合设计要求。其方法可选用下列任意一种:

①喷砂、喷(抛)丸;

②酸洗;

③砂轮打磨,打磨方向应与构件受力方向垂直。

注:用上述方法处理后的摩擦面,如设计无要求,不生锈者可即行组装或加涂无机富锌漆;生锈者,安装时需用钢丝刷清除浮锈。

(2)处理好摩擦面的构件,应有保护摩擦面的措施,并不得涂油漆或污损。出厂时必须附有 3 组同材质同处理方法的试件,以供复验摩擦系数。

(3)高强度螺栓板面接触应平整,间隙应按规定加工。

7. 端部铣平

端部铣平的允许偏差应符合表 6 - 12 的规定。

表6-12　端部铣平的允许偏差

项次	项目	允许偏差
1	两端铣平时构件长度	±2.0 mm
2	铣平面的不平直度	0.3 mm
3	铣平面的倾斜度(正切值)	不大于 $l/1\,500$
4	表面粗糙度	0.03 mm

8.除锈、涂刷、编号和发运

(1)钢结构的除锈和涂底漆工作应在质量检查部门对制作质量检验合格后,方可进行。

(2)除锈质量分为两级并应符合表6-13的规定。

表6-13　除锈质量等级

等级	质量标准	除锈方法
1	钢材表面应露出金属光泽	喷砂、抛丸和酸洗
2	钢材表面存留不能再清楚的轧制表皮	一般工具(如钢铲、钢丝刷清洗)

(3)涂料和涂刷厚度均应符合设计要求。如涂刷厚度设计无要求,一般宜涂刷四至五遍。漆膜总厚度:室外为 $125\sim175$ μm,室内为 $100\sim150$ μm。配置好的涂料不宜存放过久,使用时不得添加稀释剂。

(4)涂刷时,工作地点的温度应为 $5\sim38$ ℃,相对湿度不应大于85%。雨天或构件表面有结露时,不宜作业。涂刷后4小时内严防雨淋。

(5)施工图中注明不加涂层的部位,均不得涂刷。安装焊缝处应留出 $30\sim50$ mm 宽的范围暂不涂刷。

(6)涂层涂刷完毕后,应在构件上按原编号标注。重大构件应标明重量、重心位置和定位标记。

(7)构件发运时,应采取措施防止变形。

(8)传力铣平端和铰轴孔的内壁应涂抹防锈剂,铰轴孔应加以保护。

9.构件验收

(1)构件制作完成后,检查部门应按照施工图的要求和现行国家标准《钢结构工程施工质量及验收规范》(GB 50205—2001)、《钢结构焊接规范》(GB 50661—2011)及现行《钢结构工程施工规范》(GB 50755—2012)的规定,对成品进行检查验收。

(2)构件出厂时,制造单位应提交产品质量证明书和下列技术文件:

①设计变更文件、钢结构施工图(应在图中注明修改部位);

②制作中对问题处理的协议文件;

③所用钢材和其他材料的质量证明书和试验报告;

④高强度螺栓摩擦系数的实测资料;

⑤发运构件的清单。

6.3.3 钢结构的安装

1. 一般要求

(1)钢结构的安装程序,必须确保结构的稳定性和不导致永久性的变形。

(2)安装前,应按照构件明细表核对进场的构件,查验质量证明书和设计更改文件;工厂预装的大型构件在现场组装时,应根据预组装的合格记录进行。

(3)构件在工地制孔、组装和焊接以及涂刷等的质量要求均应符合 6.3.2 节的有关规定。

(4)构件在运输和安装过程中,被破坏的涂层部分以及安装连接处,应按照 6.3.2 节第 8 条的有关规定补涂。涂刷面层应在结构安装完成并固定后进行。

(5)构件安装和校正时,如检测空间的间距和跨度超过 10 m,应用夹具和拉力计数器配合卷尺使用,其拉力值应根据温差换算标定读数。

(6)钢结构试验的方法,应按设计要求和专门规范的规定进行。

(7)严禁在吊车梁的下翼缘和腹板上焊接悬挂物和卡具。

2. 基础

(1)构件安装前,必须取得基础验收的合格资料(行列线和标高等)。基础施工单位可分批或一次交付,但每批所交付的合格资料,应包括一个安装单元的全部柱基基础。

(2)安装前,应根据基础验收资料复核各项数据,并标注在基础表面上。支撑面、地脚螺栓(锚栓)的允许偏差应符合表 6 – 14 的规定。

表 6 – 14 支撑面、地脚螺栓(锚栓)的允许偏差   mm

项目		允许偏差
支撑面	标高	±3.0
	水平度	$l/1\ 000$
地脚螺栓(锚栓)	螺栓中心偏移	5.0
	螺栓露出长度	+30.0 0
	螺纹长度	+30.0 0
预留孔中心偏移		10.0

(3)复核定位应使用轴线控制点和测量标高的基准点。

(4)钢柱脚下面的支撑构造,应符合设计要求,需要填塑钢板时,每叠不得多于 3 块。

(5)钢柱脚底板面与基础间的空隙,应用细石混凝土浇筑填实。

3. 运输和堆存

(1)装卸、运输和堆存,均不得损坏构件或使其产生变形。堆存时应将构件放置在垫木上。已变形的构件应予矫正,并重新检验。

(2)钢结构运送到安装地点的顺序,应符合安装程序,并应成套供应。

(3)堆存时,应考虑扩大拼装和安装程序的要求。

4.安装和校正

(1)构件安装宜采用扩大拼装和综合安装的施工方法。

(2)扩大拼装时,对容易变形的构件应进行强度和稳定性验算。必要时,应采取加固措施。

(3)采用综合安装方法时,其结构必须能划分成若干独立单元或体系,每一体系(单元)的全部构件安装完后,均应具有足够的空间刚度和可靠的稳定性。

(4)需要利用已安装好的结构吊装其他构件和设备时,应征得设计单位的同意,同时应采取措施防止损坏结构。

(5)确定几何位置的主要构件(柱、刚架等)应吊装在设计位置上,在松开吊钩前应作初步校正并固定。

(6)多层框架构件的安装,每完成一个层间的柱后应进行校正,继续安装上一个层间时,应考虑下一个层间安装的偏差值。

(7)已安装的结构单元,在检测调整时,应考虑外界环境影响(如风力、温差和日照)下出现的自然变形。吊车梁和轨道的调整应在主要构件固定后进行。

(8)设计要求顶紧的节点,相接触的两个平面必须保证有70%紧贴,用0.3 mm的塞尺检查,插入深度的面积之和不得大于总面积的30%。边缘最大间隙不得大于0.8 mm。

5.连接和固定

(1)对各类构件的连接接头,必须经过检查,合格后、方可紧固和焊接。

(2)高强度螺栓安装时应先使用安装螺栓和冲钉。在每个节点上穿入的安装螺栓和冲钉数量,应根据安装过程所承受的荷载计算确定,并应符合下列规定:

①不得少于安装孔总数的1/3;

②安装螺栓不应少于2个;

③冲孔穿入数量不宜多于安装螺栓数量的30%;

④不得用高强度螺栓兼作安装螺栓。

(3)永久性的普通螺栓连接应符合下列规定。

①每个螺栓不得垫两个以上的垫圈,或用大螺母代替垫圈。螺栓拧紧后,外露丝扣应为2~3扣,并应防止螺母松动。

②任何安装孔均不得随意用气割扩孔。

(4)安装焊缝的质量标准应符合设计要求和6.3.2节的有关规定。

(5)需承受荷载的定位焊缝,焊点数量、高度和长度应经由计算确定;不承受荷载者的点焊长度,不得小于设计焊缝长度的10%,并不小于50 mm。

(6)采用高强度螺栓连接,需在工地处理构件摩擦面时,其摩擦系数值必须符合设计要求。制造厂处理好的构件摩擦面,安装前,应逐组复验所附试件的摩擦系数,合格后方可安装。

(7)高强度螺栓(包括与高强度螺栓配套的螺母和垫圈)连接时,应在同一包装箱中配套使用。施工有剩余时,必须按批号分别存放,不得混放混用。在储存、运输和施工过程中应防止受潮生锈、玷污和碰伤。

(8)安装高强度螺栓时,构件的摩擦面应保持干燥,不得在雨中作业。

(9)高强度螺栓应顺畅穿入孔内,不得强行敲打。为便于操作,穿入方向宜一致,并不得作临时安装螺栓用。

(10)安装高强度螺栓必须分两次(即初拧和终拧)拧紧,初拧扭矩值可取终拧扭矩值的50%,复拧扭矩应等于初拧扭矩。终拧扭矩值应符合设计要求,并按下式计算:

$$T_c = kP_c d \tag{6-25}$$

式中　T_c——施工终拧扭矩值(N·m);

　　　k——高强度螺栓连接副的扭矩系数平均值,取 0.110~0.150;

　　　P_c——高强度大六角头螺栓预拉力,可按《钢结构工程施工规范》(GB 50755—2012)表 7.4.6-1 选用(kN);

　　　d——高强度螺栓公称直径(mm)。

(11)每组高强度螺栓的拧紧顺序应从节点中心向边缘施拧。当天安装的螺栓应在当天拧紧完毕,其外露丝扣应为 2~3 扣。

(12)扭剪型高强度螺栓,以拧掉尾部梅花卡头为终拧结束。

(13)采用转角法施工,初拧结束后应在螺母与螺杆端面同一处刻划出终拧角的起始线和终止线以待检查。

(14)扭矩法施工:

①机具应在班前和班后进行标定检查;

②检查时,应将螺母回退 30°~50°再拧至原位,测定终拧扭矩值,其偏差不得大于±10%。

(15)大六角高强度螺栓终拧结束后,应进行检查。检查时,如发现欠拧、漏拧应补拧,超拧应更换。欠拧、漏拧宜用 0.3~0.5 kg 重的小锤逐个敲检。

6. 工程验收

(1)钢结构工程的竣工验收,应在建筑物的全部或具有空间刚度单元部分的安装工作完成后进行。

(2)钢结构安装工程的质量必须符合《钢结构工程施工质量验收规范》(GB 50205—2001)的规定。

(3)竣工验收,应提交下列文件:

①钢结构竣工图、施工图和设计更改文件;

②在安装过程中所达成的协议文件;

③安装所用的钢材和其他材料的质量证明书或试验报告;

④隐蔽工程中间验收记录、构件调整后的测量资料;

⑤高强度螺栓的检查记录;

⑥焊缝质量检验资料、焊工编号或标记;

⑦钢结构工程试验记录(如设计有要求)。

参 考 文 献

[1]陈绍蕃.钢结构[M].北京:中国建筑工业出版社,2001.

[2]钟善桐.钢结构[M].北京:中国建筑工业出版社,2001.

[3]包头钢铁设计研究院,中国钢结构协会房屋建筑钢结构协会.钢结构设计与计算[M].北京:机械工业出版社,2001.

[4](日)渡边邦夫,大泽茂树,内藤龙夫,等.钢结构设计与施工[M].周耀坤,等,译.北京:中国建筑工业出版社,2000.

[5]罗邦富,魏明钟,沈祖炎,等.钢结构设计手册[M].北京:中国建筑工业出版社,2000.

[6]赵熙元.建筑钢结构设计手册(上、下)[M].北京:冶金工业出版社,1995.

[7]沈祖炎,陈扬骥,陈以一.钢结构基本原理[M].2版.北京:中国建筑工业出版社,2005.

[8]陈建平.钢结构工程施工质量控制[M].上海:同济大学出版社,1999.

[9]《轻型钢结构设计手册》编辑委员会.轻型钢结构设计手册[M].北京:中国建筑工业出版社,1998.

[10]资料集编写组.高层钢结构建筑设计资料集[M].北京:机械工业出版社,1999.

[11]刘声扬.钢结构[M].3版.北京:中国建筑工业出版社,2001.

[12]陈富生.高层建筑钢结构设计[M].北京:中国建筑工业出版社,2000.

[13]秦效启.钢结构技术、规范、规程概论[M].上海:同济大学出版社,1999.

[14]宗听聪.钢结构构件和结构体系概论[M].上海:同济大学出版社,1999.

[15]《轻型钢结构设计指南(实例与图集)》编辑委员会.轻型钢结构设计指南(实例与图集)[M].北京:中国建筑工业出版社,2001.

[16]朱伯龙,张琨联.建筑结构抗震设计原理[M].上海:同济大学出版社,1999.

[17]王肇明.钢结构设计原理[M].上海:同济大学出版社,1995.

[18]周学军.门式刚架轻钢结构设计与施工[M].济南:山东科学技术出版社,2001.

[19]严正庭,严立.简明钢结构设计手册[M].北京:中国建筑工业出版社,1997.

[20]周绥平.钢结构[M].武汉:武汉工业大学出版社,2000.

[21]吴建有.钢结构设计原理[M].北京:中国建材工业出版社,2001.

[22]刘锡良,陈志华,等.平板网架分析、设计与施工[M].天津:天津大学出版社,2000.

[23]刘锡良.现代空间结构[M].天津:天津大学出版社,2003.

[24]陈敖宜,陈志华,等.天津市钢结构住宅设计规程[S].天津:天津市建设管理委员会,2003.

[25]陈敖宜,等.现代中高层钢结构住宅体系的研究报告[R].天津:天津市建设管理委员会,2003.

[26]李长永,姜忻良,谭丁.钢结构耗能支撑及弹塑性时程分析[R].马鞍山:第二届全国现代结构工程学术研讨会,2002:608-612.

[27]陈绍蕃.钢结构设计原理[M].3版.北京:科学出版社,2005.

[28]陈绍蕃.钢结构稳定设计指南[M].2版.北京:中国建筑工业出版社,2004.

[29]王达时.钢结构(下册)[M].上海:同济大学印刷厂,1962.

[30]欧阳可庆.钢结构[M].北京:中国建筑工业出版社,1991.

[31]陈绍蕃.钢结构(下册)[M].北京:中国建筑工业出版社,2003.

[32]哈尔滨建筑工程学院.大跨房屋钢结构[M].北京:中国建筑工业出版社,1993.

[33]沈祖炎,陈扬骥.网架与网壳[M].上海:同济大学出版社,1997.

[34]董石麟,罗尧治,赵阳,等.新型空间结构分析、设计与施工[M].北京:人民交通出版社,2006.

[35]陈明,吴昊.轻钢建筑系统实用手册[M].上海:同济大学出版社,2004.

[36]沈祖炎.钢结构制作安装手册[M].北京:中国计划出版社,1998.

[37]中国钢结构协会.建筑钢结构施工手册[M].北京:中国计划出版社,2002.

[38]J.沃登尼尔.钢管截面的结构应用[M].张其林,刘大康,译.上海:同济大学出版社,2004.

[39]李国强,李杰,苏小卒.建筑结构抗震设计[M].北京:中国建筑工业出版社,2002.

[40]方鄂华,钱稼茹,叶列平.高层建筑结构设计[M].北京:中国建筑工业出版社,2003.

[41]刘声扬,王汝恒,王来.钢结构原理与设计[M].武汉:武汉理工大学出版社,2005.

[42]马人乐,罗列,邓洪洲,等.建筑钢结构设计[M].2版.上海:同济大学出版社,2008.

[43]黄呈伟.钢结构设计[M].北京:科学出版社,2005.

[44]王仕统.钢结构设计[M].广州:华南理工大学出版社,2010.

[45]中华人民共和国住房和城乡建设部.钢结构设计标准:GB 50017—2017[S].北京:中国计划出版社,2017.

[46]中华人民共和国建设部.建筑结构可靠度设计统一标准:GB 50068—2001[S].北京:中国建筑工业出版社,2001.

[47]中华人民共和国住房和城乡建设部.建筑结构荷载规范:GB 50009—2012[S].北京:中国建筑工业出版社,2012.

[48]中华人民共和国建设部.钢结构工程施工质量验收规范:GB 50205—2001[S].北京:中国计划出版社,2001.

[49]中华人民共和国建设部.冷弯薄壁型钢结构技术规范:GB 50018—2002[S].北京:中国计划出版社,2002.

[50]中华人民共和国住房和城乡建设部.门式刚架轻型房屋钢结构技术规范:GB 51022—2015[S].北京:中国建筑工业出版社,2015.

[51]中华人民共和国住房和城乡建设部.高层民用建筑钢结构技术规程:JGJ 99—2015[S].北京:中国建筑工业出版社,2015.

[52]中华人民共和国住房和城乡建设部.钢结构焊接规范:GB 50661—2011[S].北京:中国建筑工业出版社,2011.

[53]国际标准.钢结构设计与材料:ISO/DIS 10721[S].北京:钢结构设计规范国家标准管理组,1999.